新工科人才培养·电气信息类应用型系列规划教材

数字电子技术与仿真

刘海珊　李洪芹◎主编

中国铁道出版社有限公司
CHINA RAILWAY PUBLISHING HOUSE CO., LTD.

内 容 简 介

本书采用先"逻辑"后"电路"的次序,首先讲解数制、码制和逻辑代数等基础知识,接着重点讲解组合逻辑电路和时序逻辑电路的分析与设计方法,再介绍触发器、时序逻辑电路的分析与设计、门电路与半导体存储器的电路结构、工作原理,数字电子电路及系统设计,并采用当今数字设计实验验证的新方法(Proteus 仿真软件)来描述数字电路。全书内容安排循序渐进,由浅入深,并设有适量例题帮助读者理解和掌握重点、难点。

本书适合作为高等院校电气信息类、机电类、轨道交通等专业的教材,也可作为电气工程技术人员及相关领域工程师的参考书。

图书在版编目(CIP)数据

数字电子技术与仿真/刘海珊,李洪芹主编 . —北京:
中国铁道出版社有限公司,2021.1(2023.12 重印)
新工科人才培养·电气信息类应用型系列规划教材
ISBN 978-7-113-27456-6

Ⅰ.①数⋯ Ⅱ.①刘⋯②李⋯ Ⅲ.①数字电路-电子
技术-高等学校-教材 Ⅳ.①TN79

中国版本图书馆 CIP 数据核字(2020)第 240745 号

书　　名：**数字电子技术与仿真**
作　　者：刘海珊　李洪芹

策　　划：曹莉群　　　　　　　　　　　编辑部电话：(010)63549508
责任编辑：陆慧萍　绳　超
封面设计：刘　莎
责任校对：张玉华
责任印制：樊启鹏

出版发行：中国铁道出版社有限公司(100054,北京市西城区右安门西街 8 号)
网　　址：http://www.tdpress.com/51eds/
印　　刷：三河市兴达印务有限公司
版　　次：2021 年 1 月第 1 版　2023 年 12 月第 3 次印刷
开　　本：787 mm×1 092 mm 1/16　印张：15.25　字数：389 千
书　　号：ISBN 978-7-113-27456-6
定　　价：42.00 元

前　言

为了积极推进新工科建设下的基础教学改革,按照教育部《普通高等学校本科专业类教学质量国家标准》对数字电子技术理论教学的基本要求,结合自动化、电气工程及其自动化、电子信息工程、轨道交通信号与控制、材料工程等专业对数字电子技术的课程要求,联合业内具有丰富数字电子技术教学经验和实践应用能力的教师,专门编写了本书。

本书主要包括逻辑代数基础、组合逻辑电路、触发器、时序逻辑电路、门电路与半导体存储器、数字电子电路及系统设计、基于 Proteus 的数字电子技术仿真实验等内容。本书内容简明易学,以帮助初学者比较轻松地掌握基本内容,特别适合用于翻转式或混合式教学,也适合相关专业的自学者自学。

本书主要特色:

1. 结构清晰

全书各章按照知识点编排,既相互独立,又相互联系,力求顺序合理,逻辑性强,可读性强,使学生更易学习和掌握。

2. 突出虚实结合

为了进一步丰富教学内容并增强实用性,特别引入了基于 Proteus 的数字电子技术仿真实验,软硬结合,注重能力培养,这也使学习变得生动有趣。第 6 章数字电子电路及系统设计和第 7 章基于 Proteus 的数字电子技术仿真实验的内容突出工程设计及应用。先介绍数字电路设计的基本要求,然后给出数字电路设计的步骤及实例。每个实验给出完整的实验要求和设计过程。学生可以按照书中所讲述的内容操作,顺利完成仿真任务。实验过程非常接近实际操作的效果,便于培养学生的创新能力及工程实际的应用能力。

3. 理论联系实际

本书为"新工科人才培养·电气信息类应用型系列规划教材"之一。其内容设计简洁,同时拓展考研相关的知识点,适当引入工程应用内容以突出针对性和实用性,帮助学生提升理解和分析能力。书中安排了适量的例题和习题,以帮助学生进一步理解和掌握相关的知识点。题型多样,具有一定的启发性、灵活性和实践性。浓缩教学内容,用言简意赅的语言精讲要点、重难点,便于学生理解记忆。

本书适用于高等院校电气信息类、机电类、轨道交通等专业数字电子技术基础课程的教学。而数字电子技术课程在教学要求中是"入门性质的技术基础课",课程的主要任务是使学生获得数字电子技术方面的基本知识、基本理论和基本技能,为深入学习数字电子技术并为其在相关专业中的应用打下基础。本课程学习过程中可从以下几方面入手:

(1)数字电子技术的数学基础是逻辑代数,此部分与其他课程的关联较少,必须要掌握逻辑代数的基本知识、理论,如数制和码制等,这是本书最基本的内容。

　　(2)数字电路中以集成电路为主,学习中重点掌握各集成器件的逻辑功能及输入和输出特性。但也不必对所有数字逻辑电路逐一掌握,只需要学会分析、设计数字逻辑电路的一般方法。尤其是组合逻辑电路和时序逻辑电路的分析方法和设计方法,这是数字电子技术课程的核心内容。

　　(3)结合 Proteus 软件,重视相关的仿真实验。通过仿真实验,进一步加深对书中基本电路、基本分析方法、基本理论的理解,培养电子电路实际操作能力。软件仿真便于较快地明确目标,节省时间,不受实验设备、场地的限制。在利用软件对数字电子电路进行辅助设计时,还可进一步通过实验操作和硬件安装、调试,感受工程应用的特点,积累实践经验,提高实验能力。

　　本书由上海工程技术大学电气类电学基础教学团队编写,由刘海珊和李洪芹任主编,参与编写工作的还有田瑾、张振华、邹睿和高飞。在编写过程中,每位教师都将其多年的教学经验倾囊而出,力求做到条理清晰、语言准确、文字简洁、图表规范。本书在编写过程中也得到了同行专家的帮助,在此致以诚挚的感谢!

　　限于编者水平,书中难免存在不妥之处,恳请广大读者给予批评指正。

编　者

2020 年 7 月

目 录

第 1 章
逻辑代数基础

引 言

  本章主要介绍数制和码制的基本概念和数字电路中常用的数制和编码,并重点讨论不同数制之间的转换方法。同时介绍了二进制数的基本运算和反码、补码的定义及运算。最后讨论了各种不同的编码方式。详细介绍了逻辑代数的基本运算、基本定律和基本运算规则,然后介绍逻辑函数的表示方法及逻辑函数的代数化简法和卡诺图化简法。逻辑代数有其自身独立的规律和运算法则,而不同于普通代数。

内容结构

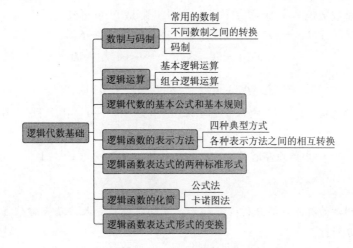

学习目标

通过本章内容的学习,应该能够做到:

(1) 熟练掌握数制和码制;

(2) 灵活运用逻辑代数的基本公式和运算规则;

(3) 学会逻辑函数的表示方法及其相互转换;

(4) 熟练掌握逻辑函数表达式的两种标准形式;

(5) 掌握逻辑函数的公式化简和卡诺图化简法,以及包含无关项的逻辑函数的化简;

(6) 掌握逻辑函数表达式的四种类型及相互转换。

1.1 数制与码制

电子系统中的信号可以分为两大类：模拟量和数字量。模拟量是随时间连续变化的物理量。其特点是具有连续性。表示模拟量的信号称为模拟信号，工作在模拟信号下的电子电路称为模拟电路。

数字量是时间、幅值上不连续的物理量。其特点是具有离散性。表示数字量的信号称为数字信号，工作在数字信号下的电子电路称为数字电子电路。数字信号通常用数码来表示，数码可以通过数制表示数值的大小，如二进制码、十进制码和十六进制码等。用数码通过码制来表示不同的事物或事物的不同状态，码制是指不同的编码方式，如各种 BCD 码、循环码等。

1.1.1 常用的数制

1. 十进制数

十进制是最常见、最广泛使用的一种数制，可表示数的基本数符为 $0 \sim 9$，是以 10 为基数的进位计数制。进位规则是"逢十进一，借一当十"。其中位权以基数为底，数位序数为指数的幂。

通常，一个整数数位为 n，小数数位为 m 的十进制数 N 可写成：

$$(N)_{10} = (K_{n-1} \times 10^{n-1} + K_{n-2} \times 10^{n-2} + \cdots + K_1 \times 10^1 +$$
$$K_0 \times 10^0 + K_{-1} \times 10^{-1} + \cdots + K_{-m} \times 10^{-m}) \tag{1-1}$$
$$= \sum_{i=m}^{n-1} (K_i \times 10^i) \quad (n \text{、} m \text{ 均为绝对值})$$

比如：$(328.013)_{10} = 3 \times 10^2 + 2 \times 10^1 + 8 \times 10^0 + 0 \times 10^{-1} + 1 \times 10^{-2} + 3 \times 10^{-3}$

↑

小数点左起首位称整数部分位，其位权为 $10^0 = 1$

 注意：

考虑到十进制数的特点，其分析过程起始位置的特殊性，此方法又称位置计数法，即从小数点处开始左右分析。

一个数码的进制表示，可用数字下标来表示，如 $(N)_2$ 表示二进制；$(N)_{10}$ 表示十进制；$(N)_8$ 表示八进制；$(N)_{16}$ 表示十六进制。

有时也用字母作为下标，如 $(N)_B$ 表示二进制，B 即 Binary；$(N)_D$ 表示十进制，D 即 Decimal；$(N)_O$ 表示八进制，O 即 Octal；$(N)_H$ 表示十六进制，H 即 Hexadecimal。

2. 二进制数

二进制数可表示数的基本数符为 0 或 1，是以 2 为基数的进位计数制。进位规则是"逢二进一，借一当二"。比如，两个一位二进制数 1 相加时，产生高位进位 1，其结果为二进制数 10。

$$
\begin{array}{r}
1 \\
+\quad 1 \\
\hline
1\quad 0
\end{array}
$$

通常，一个整数数位为 n，小数数位为 m 的二进制数 N 可写成：

$$
\begin{aligned}
(N)_2 &= (B_{n-1} \times 2^{n-1} + B_{n-2} \times 2^{n-2} + \cdots + B_1 \times 2^1 + B_0 \times 2^0 + \\
&\quad B_{-1} \times 2^{-1} + \cdots + B_{-m} \times 2^{-m})_{10} \\
&= \sum_{i=m}^{n-1} (D_i \times 2^i)
\end{aligned}
\tag{1-2}
$$

例如：$(11011.11)_2 = 1 \times 2^4 + 1 \times 2^3 + 0 \times 2^2 + 1 \times 2^1 + 1 \times 2^0 + 1 \times 2^{-1} + 1 \times 2^{-2}$

$\qquad\qquad = 16 + 8 + 0 + 2 + 1 + 0.5 + 0.25 = (27.75)_{10}$

3. 八进制数

八进制数的基数是 8，可表示数符为 0～7，是多位二进制数的一种简明表示形式。二进制整数从最低位（小数从最高位）起，每三位用一位八进制数表示；若缺位，则用零补齐。

例如：$(110110011)_B = (110\ 110\ 011)_B = (663)_O$

$\qquad (572.03)_O = (101\ 111\ 010.000\ 011)_B$

4. 十六进制数

十六进制数的基数是 16，可表示数符为 0～9、A～F，对应的十进制数为 0～15，是多位二进制数的一种简明表示形式。二进制整数从最低位（小数从最高位）起，每四位用一位十六进制数表示；若缺位，则用零补齐。

例如：$(110110011)_B = (0001\ 1011\ 0011)_B = (1B3)_H$

$\qquad (5FB.03)_H = (0101\ 1111\ 1011.0000\ 0011)_B$

$\qquad (F9AD)_H = (1111\ 1001\ 1010\ 1101)_B$

 注意：

目前在计算机上常用的是 8 位、16 位和 32 位二进制数表示和计算，由于 8 位、16 位和 32 位二进制数都可以用 2 位、4 位和 8 位十六进制数表示，故在编程时用十六进制书写非常方便。

不同进制数的对照表见表 1-1。

表 1-1 不同进制数的对照表

十进制数	二进制	八进制	十六进制
00	0000	00	0
01	0001	01	1
02	0010	02	2
03	0011	03	3
04	0100	04	4
05	0101	05	5
06	0110	06	6
07	0111	07	7

十进制数	二进制	八进制	十六进制
08	1000	10	8
09	1001	11	9
10	1010	12	A
11	1011	13	B
12	1100	14	C
13	1101	15	D
14	1110	16	E
15	1111	17	F

1.1.2　不同数制之间的转换

1. 十进制与二进制之间的相互转换

十进制可以与二进制、八进制、十六进制之间相互转换。

整数部分：将十进制整数转换为二进制采用除 2 取余法，再将所取得的余数倒排列就得到对应的二进制数。

即将十进制整数除以 2，得到一个商和一个余数；再将得到的商除以 2，又得到一个商和一个余数；以此类推，直至商等于 0 为止，再将所得到的余数倒排列就得到对应的二进制数。

例如：将 $(12)_{10}$ 转换为二进制，整数部分采用除 2 取余的方法。

$$
\begin{array}{r|l}
2 & 12 \\ \hline
2 & 6 \\ \hline
2 & 3 \\ \hline
2 & 1 \\ \hline
  & 0
\end{array}
\begin{array}{l}
\cdots\cdots \text{余数为}\ 0 = k_0 \\
\cdots\cdots \text{余数为}\ 0 = k_1 \\
\cdots\cdots \text{余数为}\ 1 = k_2 \\
\cdots\cdots \text{余数为}\ 1 = k_3
\end{array}
$$

所以，$(12)_{10} = (1100)_2$。

小数部分：将十进制小数转换为二进制采用乘 2 取整法，再将所得到的整数部分顺排列就得到对应的二进制数。

即将十进制小数逐次乘以 2，以乘积到 1 为止（或到有效位数为止），再将每次所取得的积的整数部分按各自出现的顺序依次排列就得到对应的二进制数。

$$
\begin{array}{r}
0.8125 \\
\times \qquad 2 \\ \hline
1.6250 \cdots\cdots \text{整数部分为}\ 1 = k_{-1} \\
0.6250 \\
\times \qquad 2 \\ \hline
1.2500 \cdots\cdots \text{整数部分为}\ 1 = k_{-2} \\
0.2500 \\
\times \qquad 2 \\ \hline
0.5000 \cdots\cdots \text{整数部分为}\ 0 = k_{-3}
\end{array}
$$

$$0.5000$$
$$\underline{\times\qquad 2}$$
$$1.000\cdots\cdots\text{整数部分为}\ 1 = k_{-4}$$

故 $(0.8125)_{10} = (0.1101)_2$。

一个十进制数既有整数又有小数，则分别转换后相加即可。参照上述计算结果则有：

$$(12.8125)_{10} = (1100.1101)_2$$

 注意：

若小数乘 2 无法使尾数为零，则可根据精度要求求出足够位数。另外，无论整数部分还是小数部分，k_i 的取值顺序一定不能错。

2. 十进制与八进制、十六进制之间的相互转换

数制转换实质就是将一个数从一种进位制转化为等值的另一种进位制。比如，将十进制转换为八进制、十六进制，对于整数部分和小数部分分别采取与前述十进制转二进制相同的方法。整数部分转换除以基数 8 或 16，得到的余数几位 k_i，以此类推，反复将每次得到的商除以基数直到商为零，就可以得到整数部分的每一个系数。小数部分转换乘以基数 8 或 16，所得乘积的整数部分即为 k_{-m}，以此类推，将每次乘以基数得到的乘积的小数部分再乘以基数，直到小数部分为零；或小数部分不为零，但已满足误差要求进行"四舍五入"为止。从而求出八进制或十六进制小数部分的每一个系数。

反之，将二进制、八进制、十六进制转换为十进制，只需要按照前文所述内容按位权展开即可，求各位数值之和即可得到相应的十进制数。

3. 二进制与八进制之间的相互转换

从表 1-1 中可以看到，每位八进制数均可用三位二进制数表示。故而，以小数点为界，将二进制数的整数部分从低位开始，小数部分从高位开始，每三位一组，首（尾）位不足三位的补零，然后每组三位二进制数用一位八进制数表示。

例 1.1　将 $(11101.010101)_2$ 转换为八进制。

$$(011\ 101.\ 010\ 101)_2$$
$$\downarrow\qquad\downarrow\qquad\downarrow\qquad\downarrow$$
$$= (3\qquad 5.\qquad 2\qquad 5)_8$$

反之，若将八进制转换为二进制，见例 1.2。

例 1.2　将 $(62.45)_8$ 转换为二进制。

$$(6\qquad 2.\qquad 4\qquad 5)_8$$
$$\downarrow\qquad\downarrow\qquad\downarrow\qquad\downarrow$$
$$= (110\qquad 010.\qquad 100\qquad 101)_2$$

4. 二进制与十六进制之间的相互转换

由于二进制的位数比较多，不便于书写和记忆，通常可用十六进制数或者八进制数来描述二进制数。从表 1-1 中可以看到，每位十六进制数均可用四位二进制数表示。故而，以小数点为界，将二进制数的整数部分从低位开始，小数部分从高位开始，每四位一组，首位不足四位的补零，然后每组四位二进制数用一位十六进制数表示。

例 1.3　将 $(1011110.1011001)_2$ 转换为十六进制。

$$(0101\ 1110.\ 1011\ 0010)_2$$
$$\downarrow\qquad\downarrow\qquad\quad\downarrow\qquad\downarrow$$
$$=(5\qquad E.\qquad B\qquad 2)_H$$

反之，若将十六进制转换为二进制，见例 1.4。

例 1.4　将 $(9F1C.04A)_H$ 转换为二进制。

$$(\ 9\quad F\quad 1\quad C\ .\ 0\quad 4\quad A)_H$$
$$\downarrow\quad\downarrow\quad\downarrow\quad\downarrow\qquad\downarrow\quad\downarrow\quad\downarrow$$
$$=(\ 1001\ \ 1111\ \ 0001\ \ 1100\ .\ 0000\ 0100\ 1010)_2$$

注意：

（1）二进制转换为十进制：一般直接按照公式直接展开即可。

（2）十进制转换为八进制（十六进制）：一般先把十进制转换为二进制，再转换为八（十六）进制。

（3）八进制（十六进制）转换为十进制：先把八（十六）进制转换为二进制，再转换为十进制。

1.1.3　码　　制

1. 原码、反码和补码

各种数制都有原码、反码和补码之分。前面介绍的十进制数和二进制数都属于原码。二进制的反码和补码很重要，因为它们允许表达负数。

在数字电子计算机中，二进制数的正负号也用 0 和 1 表示，以最高位作为符号位，正数为 0，负数为 1。

例如：　0 0100 表示 +4　　　　　1 0011 表示 -3

$(0\ 1010111)_2 = (+87)_{10}$

　　$\downarrow$

符号位

$(1\ 1010111)_2 = (+87)_{10}$

　　$\downarrow$

符号位

为了简化运算电路，在数字电路中两数相减的运算是用它们的补码相加来完成的。二进制数的补码是这样定义的：最高位为符号位，正数为 0，负数为 1；正数的补码和它的原码相同；负数的补码为原码的数值位逐位求反，然后在最低位上加 1。

例如：计算 $(1001)_2 - (0101)_2$，根据二进制减法运算规则有：

$$\begin{array}{r}1001\\-0101\\\hline 0100\end{array}$$

在采用补码运算时，首先求出 $(1001)_2$ 和 $-(0101)_2$ 的补码，即正数的补码是符号位加数值位，正数的符号位为 0，数值位为正数本身；负数的符号位为 1，数值位为正数逐位求反后再加 1，即

$$[+1001]_\text{补} = \mathbf{0}\ 1001$$

$$\downarrow$$

$$符号位$$

$$[-0101]_\text{补} = \mathbf{1}\ 1011$$

$$\downarrow$$

$$符号位$$

然后将两个补码相加并舍去进位：

$$\begin{array}{r} 0\ 1001 \\ +\ 1\ 1011 \\ \hline \end{array}$$

溢出 1 0 0100

这样就把减法运算转换为加法运算。

2. 二进制编码

用文字、符号或数码来表示特性对象的过程称为编码。数字系统中常用的二进制编码，即用二进制代码表示相关的对象。这里重点介绍二-十进制码 BCD 码。

在数字系统中，一般是采用二进制数进行运算的，但是由于人们习惯采用十进制，因此常需要进行十进制数和二进制数之间的转换。为了便于数字系统处理十进制数，经常采用编码的方法，即以若干位二进制码来表示一位十进制数，这种代码为二进制编码的十进制数，简称二-十进制码或 BCD 码（binary coded decimal codes）。常见的 BCD 码如表 1-2 所示，有 8421 码、5421 码、2421 码和余 3 码等。实际应用中一般计算问题的原始数据大多是十进制数，人们为计算机设计了一种用二进制数为它编码，该编码称 BCD 码。

一位的 BCD 码可以用四位二进制表示：0001（1）～1001（9）。

一字节的 BCD 码可表示数值范围为 0～99。

1）8421 码

8421 码是一种有权码，0～9 的 8421 码与其二进制码完全相同，所以求一个数的 8421 码就将这个数按位转化为二进制（四位，不足前面补 0）。例如，十进制的 123，二进制为 1111011，8421 码为（0001 0010 0011）$_\text{BCD8421}$。和四位自然二进制码不同的是，8421BCD 码只选用了四位二进制码中前 10 组代码，即 0000～1001 分别代表它所对应的十进制数，余下的六组代码不用。

2）5421 码

5421 码是一种有权码，四位二进制码的权依次为 5，4，2，1。从十进制的 0～9 转换为 5421 码，就是按照每一位的权凑出所要的数字，在凑 5421 码的时候，先用大的数，比如 9，9＝5＋4，所以 9 的 5421 码就是 1100。但是四位二进制码可以表示 16 个数，十进制中只有 10 个，就会有 6 个用不到（不允许出现），这 6 个分别是 0101、0110、0111、1101、1110、1111。

3）2421 码

2421 码也是一种有权码，四位二进制码的权依次为 2，4，2，1。从十进制的数制转换到 2421 码也是凑的思路。但是出现了两个 2，并且还有 4（＝2＋2）就注定了这个规律要比 5421 码稍微复杂一些。2421 码中的 10 个数码中，0 和 9，1 和 8，2 和 7，3 和 6，4 和 5，代码的对应位恰好一个是 0 时，另一个就是 1，即互为反码。可见 2421BCD 码具有对 9 互补的特点，它是一种对 9 的自补代码（即只要对某一组代码各位取反就可以得到 9 的补码），这在运算电路中使用较为方便。

4）余 3 码

余 3 码是一种无权码，是在数字二进制的每个码组加上 0011，也就是在 8421 码的基础上再加上 0011。

5）余 3 循环码

余 3 循环码是无权码，即每个编码中的 1 和 0 没有确切的权值，整个编码直接代表一个数值。主要优点是相邻编码只有一位变化，避免了过渡码产生的"噪声"。

常用 BCD 码见表 1-2。

表 1-2　常用 BCD 码

十进制数	8421 码	5421 码	2421 码	余 3 码	余 3 循环码
0	0000	0000	0000	0011	0010
1	0001	0001	0001	0100	0110
2	0010	0010	0010	0101	0111
3	0011	0011	0011	0110	0101
4	0100	0100	0100	0111	0100
5	0101	1000	1011	1000	1100
6	0110	1001	1100	1001	1101
7	0111	1010	1101	1010	1111
8	1000	1011	1110	1011	1110
9	1001	1100	1111	1100	1010

3. ASCII 码

在计算机中，所有的数据在存储和运算时都要使用二进制数表示（因为计算机分别用高电平和低电平表示 1 和 0），在计算机中存储时也要使用二进制数来表示，而具体用哪些二进制数字表示哪个符号，当然每个人都可以约定自己的一套规则（这就叫编码），如果要想互相通信而不造成混乱，就必须使用相同的编码规则。美国有关的标准化组织就出台了 ASCII 编码，统一规定了常用符号用哪些二进制数来表示。

美国标准信息交换代码是由美国国家标准学会（American National Standard Institute, ANSI)制定的，是一种标准的单字节字符编码方案，用于基于文本的数据。它最初是美国国家标准，供不同计算机在相互通信时用作共同遵守的西文字符编码标准，后来它被国际标准化组织（International Organization for Standardization，ISO）定为国际标准，称为 ISO 646 标准，适用于所有拉丁文字字母。

ASCII 码使用指定的七位或八位二进制数组合来表示 128 种或 256 种可能的字符。标准 ASCII 码又称基础 ASCII 码，使用七位二进制数（剩下的一位二进制为 0）来表示所有的大写和小写字母，数字 0～9、标点符号，以及在美式英语中使用的特殊控制字符。其中：0～31 及 127（共 33 个）是控制字符或通信专用字符（其余为可显示字符），如控制符：LF（换行）、CR（回车）、FF（换页）、DEL（删除）、BS（退格）、BEL（响铃）等；通信专用字符：SOH（文头）、EOT（文尾）、ACK（确认）等；ASCII 值为 8、9、10 和 13 分别转换为退格、制表、换行和回车字符。它们并没有特定的图形显示，但会依不同的应用程序，而对文本显示有不同的影响。

32～126（共 95 个）是字符（32 是空格），其中 48～57 为 0～9 十个阿拉伯数字。65～90 为

26 个大写英文字母，97～122 号为 26 个小写英文字母，其余为一些标点符号、运算符号等。

同时还要注意，在标准 ASCII 中，其最高位（b7）用作奇偶校验位，后 128 个称为扩展 ASCII 码。许多基于 x86 的系统都支持使用扩展（或"高"）ASCII 码。扩展 ASCII 码允许将每个字符的第 8 位用于确定附加的 128 个特殊符号字符、外来语字母和图形符号。用七位二进制数编码的 ASCII 码使用最广。

1.2　逻 辑 运 算

逻辑代数又称布尔代数，是研究逻辑关系的一种数学工具，被广泛应用于数字电路的分析和设计。逻辑代数是一种描述客观事物逻辑关系的数学方法。

逻辑代数和普通代数一样也可以用字母表示变量，但逻辑代数的变量取值只能是 0 和 1。在逻辑关系中只有 0 或 1 两种取值，又称二值逻辑。这里的 0 和 1 不是具体的数值，也不存在大小关系，而是表示两种逻辑状态。在研究实际问题时，0 和 1 所代表的含义由具体的研究对象而定。所以，逻辑代数所表达的是逻辑关系而不是数值关系，这就是它与普通代数本质的区别。

逻辑代数中的逻辑变量往往用字母 A、B、C…表示。每个变量只取"0"或"1"两种情况，即变量不是取"0"，就是取"1"，不可能有第三种情况。它相当于信号的有或无，电平的高或低，电路的导通或断开，灯的亮或灭等等。这使逻辑代数可以直接用于二值系统逻辑电路的研究。

在各种逻辑关系中，当输入变量（A，B，C，…）取值确定后，输出变量（Y）的取值便随之而定。输出与输入之间存在一种函数关系，这种函数关系称为逻辑函数，可写作 $Y=F(A, B, C, …)$。逻辑函数式是用逻辑基本运算组合而成的数学表达式，用来表示逻辑函数或事物的逻辑关系。

逻辑代数有三种基本的逻辑运算：与运算、或运算和非运算，其他的各种复杂逻辑运算由这三种基本运算组合而成。

1.2.1　基本逻辑运算

1. 或运算——逻辑加

有一个事件，当决定该事件的诸变量中只要有一个存在，这件事就会发生，这样的因果关系称为"或"逻辑关系，又称逻辑加，或者称为或运算。

例如在图 1-1(a) 所示电路中，灯 Y 亮这个事件由两个条件决定，只要开关 A 与 B 中有一个闭合时，灯 Y 就亮。因此，灯 Y 与开关 A 与 B 满足或逻辑关系，可以用逻辑函数表达式表示为

$$Y=A+B \tag{1-3}$$

读作"Y 等于 A 或 B"，或者"Y 等于 A 加 B"。

若以 A、B 表示开关的状态，"1"表示开关闭合，"0"表示开关断开；以 Y 表示灯的状态，为"1"时，表示灯亮，为"0"时，表示灯灭。则得到表 1-3，这种表称为真值表。真值表直观

地反映了逻辑变量（A、B）与函数（Y）的因果关系。

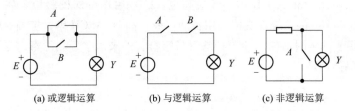

(a) 或逻辑运算　　　　(b) 与逻辑运算　　　　(c) 非逻辑运算

图 1-1　三种基本逻辑运算的开关模拟电路图

表 1-3　或逻辑真值表及运算规则

变　　量		或　逻　辑	或逻辑运算规则
A	B	$A+B$	
0	0	0	$0+0=0$
0	1	1	$0+1=1$
1	0	1	$1+0=1$
1	1	1	$1+1=1$

这里必须指出的是，逻辑加法与算术加法的运算规律不同，有的尽管表面上相同，但实质不同，要特别注意在逻辑代数中 $1+1=1$。

2. 与运算——逻辑乘

有一个事件，当决定该事件的诸变量中必须全部存在，这件事才会发生，这样的因果关系称为"与"逻辑关系。例如，在图 1-1(b) 所示电路中，开关 A 与 B 都闭合时，灯 Y 才亮，因此它们之间满足"与"逻辑关系。与逻辑又称逻辑乘，其真值表见表 1-4，逻辑函数表达式为

$$Y=A \cdot B=AB \tag{1-4}$$

读作"Y 等于 A 与 B"，或者"Y 等于 A 乘 B"。与逻辑运算规则表面上与算术运算一样。"与"逻辑和"或"逻辑的输入变量不一定只有两个，可以有多个。

表 1-4　与逻辑真值表及运算规则

变　　量		与　逻　辑	与逻辑运算规则
A	B	AB	
0	0	0	$0 \cdot 0=0$
0	1	0	$0 \cdot 1=0$
1	0	0	$1 \cdot 0=0$
1	1	1	$1 \cdot 1=1$

3. 非运算——逻辑非

当一事件的条件满足时，该事件不会发生；条件不满足时，该事件才会发生，这样的因果关系称为"非"逻辑关系。图 1-1(c) 所示电路表示了这种关系。其真值表见表 1-5，逻辑函数表达式为

$$Y=\overline{A} \tag{1-5}$$

读作 "Y 等于 A 非"。非逻辑只有一个输入变量。

表 1-5　非逻辑真值表及运算规则

变　量	非　逻　辑	非逻辑运算规则
A	$\overline{A}$	
0	1	$\overline{0}=1$
1	0	$\overline{1}=0$

　　基本逻辑运算也可以通过图形符号表示，如图 1-2 所示。这些图形符号也用于表示相应的逻辑门电路，逻辑门在本书后面章节介绍，在此先给出这些逻辑门的图形符号。图 1-2 中第一行是国家标准规定的符号，第二行是常见于国外一些书刊或者资料上的惯用符号。

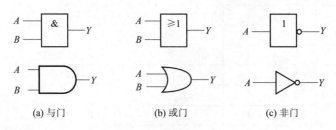

(a) 与门　　　　　(b) 或门　　　　　(c) 非门

图 1-2　基本逻辑门

1.2.2　组合逻辑运算

　　将基本逻辑运算进行各种组合，可以获得与非、或非、与或非、异或、同或等组合逻辑运算。各种组合逻辑运算的表达式如下，真值表和运算规则见表 1-6。

1）与非逻辑运算

逻辑表达式为

$$Y=\overline{A \cdot B} \tag{1-6}$$

2）或非逻辑运算

逻辑表达式为

$$Y=\overline{A+B} \tag{1-7}$$

3）与或非逻辑运算

逻辑表达式为

$$Y=\overline{AB+CD} \tag{1-8}$$

4）异或逻辑运算

逻辑表达式为

$$Y=A\oplus B=\overline{A}B+A\overline{B} \tag{1-9}$$

 注意：

　　一次异或逻辑运算只有两个输入变量，多个变量的异或运算，必须两个变量分别进行，并且与运算顺序无关。例如 $A\oplus B\oplus C$，先进行其中两个变量的异或运算，其结果再和第三个变量进行异或运算。以下的同或运算也具有同样的特点。

5）同或逻辑运算

逻辑表达式为

$$Y = A \odot B = \overline{A}\,\overline{B} + AB \tag{1-10}$$

表 1-6   组合逻辑运算真值表和运算规则

逻辑变量				与非	或非	与或非	异或	同或
C	D	A	B	$\overline{ABCD}$	$\overline{A+B+C+D}$	$\overline{AB+CD}$	$A \oplus B$	$A \odot B$
0	0	0	0	1	1	1	0	1
0	0	0	1	1	0	1	1	0
0	0	1	0	1	0	1	1	0
0	0	1	1	1	0	0	0	1
0	1	0	0	1	0	1		
0	1	0	1	1	0	1		
0	1	1	0	1	0	1		
0	1	1	1	1	0	0		
1	0	0	0	1	0	1		
1	0	0	1	1	0	1		
1	0	1	0	1	0	1	—	—
1	0	1	1	1	0	0		
1	1	0	0	1	0	0		
1	1	0	1	1	0	0		
1	1	1	0	1	0	0		
1	1	1	1	0	0	0		

与基本逻辑运算有对应的逻辑门一样，组合逻辑运算也有相应的逻辑门符号，这些符号基本上是由基本逻辑门的与门、或门和非门符号组合而成的，如图 1-3 所示。

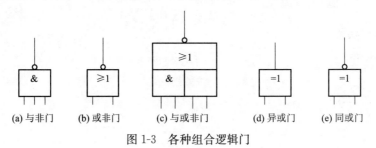

(a) 与非门   (b) 或非门   (c) 与或非门   (d) 异或门   (e) 同或门

图 1-3   各种组合逻辑门

1.3   逻辑代数的基本公式和基本规则

1.3.1   逻辑代数的基本公式

逻辑代数是通过它特有的基本公式（或称基本定律）来实现各种逻辑函数化简的，它的常用基本公式见表1-7。

表 1-7 逻辑代数常用基本公式

公式名称	公 式	
0-1律	$A \cdot 0=0$	$A+1=1$
自等律	$A \cdot 1=A$	$A+0=A$
等幂律	$A \cdot A=A$	$A+A=A$
互补律	$A \cdot \overline{A}=0$	$A+\overline{A}=1$
交换律	$A \cdot B=B \cdot A$	$A+B=B+A$
结合律	$A \cdot (B \cdot C)=(A \cdot B) \cdot C$	$A+(B+C)=(A+B)+C$
分配律	$A(B+C)=AB+AC$	$A+BC=(A+B)(A+C)$
吸收律 1	$(A+B)(A+\overline{B})=A$	$AB+A\overline{B}=A$
吸收律 2	$A(A+B)=A$	$A+AB=A$
吸收律 3	$A(\overline{A}+B)=AB$	$A+\overline{A}B=A+B$
多余项定律	$(A+B)(\overline{A}+C)(B+C)=(A+B)(\overline{A}+C)$	$AB+\overline{A}C+BC=AB+\overline{A}C$
反演律(摩根定律)	$\overline{AB}=\overline{A}+\overline{B}$	$\overline{A+B}=\overline{A} \cdot \overline{B}$
还原律	$\overline{\overline{A}}=A$	

例 1.5 证明：$A+\overline{A}B=A+B$。

证 由公式得

$$左端=(A+\overline{A}) \cdot (A+B)=1 \cdot (A+B)=(A+B)=右端$$

即

$$A+\overline{A}B=A+B$$

上式说明：当一项中为变量 x，另一个与项中含有 $\overline{x}$ 时，这个 $\overline{x}$ 是多余的，可以去掉。显然

$$\overline{A}+AB=\overline{A}+B$$

也是成立的。

 注意：

在基本公式中，应当牢记以下几个常用结论：

(1) 1加任何变量，结果都为1；0乘任何变量，结果都为0。

(2) 多个同一变量的和仍然是它本身，例如：$A|A|\cdots|A=A$；多个同一变量的积仍然是它本身，例如：$A \cdot A \cdot \cdots \cdot A=A$。

(3) 同一变量的原变量与反变量之和恒为1($x+\overline{x}=1$)；同一变量的原变量与反变量之积恒为 0($x \cdot \overline{x}=0$)。

(4) 摩根定律：$\overline{AB}=\overline{A}+\overline{B}$，$\overline{A+B}=\overline{A} \cdot \overline{B}$。

(5) $A+\overline{A}B=A+B$，$AB+\overline{A}C+BCD\cdots=AB+\overline{A}C$，这两个公式也应牢记。

(6) 对复杂的逻辑式进行运算时，仍需遵守与普通代数一样的运算优先顺序：先算括号里的内容，其次算乘法，最后算加法。

1.3.2 基本规则

逻辑代数中还有三个基本规则：代入规则、反演规则和对偶规则，它们和基本定律一起构

成了完整的逻辑代数系统，可以用来对逻辑函数进行描述、推导和变换。

1. 代入规则

代入规则与普通代数没有区别，由以下两例可以看出该规则的含义。

例 1.6   证明：$\overline{A+B+C}=\overline{A}\cdot\overline{B}\cdot\overline{C}$。

证   由摩根定律知 $\overline{A+B}=\overline{A}\cdot\overline{B}$，若将等式两端的 B 用 $B+C$ 代替可得

$$\overline{A+B+C}=\overline{A+(B+C)}=\overline{A}\cdot\overline{(B+C)}=\overline{A}\cdot\overline{B}\cdot\overline{C}$$

即多个变量之和的非，等于各变量之非的积。

例 1.7   证明：$\overline{ABC}=\overline{A}+\overline{B}+\overline{C}$。

证   由摩根定律知 $\overline{AB}=\overline{A}+\overline{B}$，若将等式两端的 B 用 BC 代替可得

$$\overline{ABC}=\overline{A\cdot(BC)}=\overline{A}+\overline{BC}=\overline{A}+\overline{B}+\overline{C}$$

即多个变量之积的非，等于各变量之非的和。

2. 反演规则

已知函数 F，要求其反函数 $\overline{F}$ 时，只要将 F 中所有原变量变为反变量、反变量变为原变量、与运算变成或运算（乘变加）、或运算变成与运算（加变乘）、0 变为 1、1 变为 0、两个或两个以上变量共用的长"非"号保持不变，便得到 $\overline{F}$，这就是反演规则。反演规则也称为摩根定律。

下面可用一个例子来证明其正确性。

例 1.8   求 $F=A+\overline{B+\overline{C}+\overline{D+E}}$ 的反函数 $\overline{F}$。

解   按照反演规则可直接得到

$$\overline{F}=\overline{A}\cdot\overline{\overline{B}\cdot C\cdot\overline{\overline{D}\cdot\overline{E}}}$$

还可以用摩根定律求出反函数 $\overline{F}$，即

$$\overline{F}=\overline{A+\overline{B+\overline{C}+\overline{D+E}}}$$

$$=\overline{A}\cdot\overline{\overline{B+\overline{C}+\overline{D+E}}}$$

$$=\overline{A}\cdot\overline{B+\overline{C}+\overline{D+E}}$$

$$=\overline{A}\cdot\overline{\overline{B}\cdot C\cdot\overline{\overline{D}\cdot\overline{E}}}$$

显然这两种求反函数 $\overline{F}$ 的方法，结果是一样的，这就验证了反演规则的正确性。

应当注意：为了保持原函数逻辑运算的优先顺序，应合理加入括号以避免出错，加括号的方法还可以从下面讲到的对偶规则中明确看出。

3. 对偶规则

函数 F 中各变量保持不变，而所有的与运算变为或运算（乘变加）、所有的或运算变为与运算（加变乘）、0 变为 1、1 变为 0、两个或两个以上变量所公用的长"非"号保持不变，则得到一个新函数 F^D，F^D 就是 F 的对偶函数，这就是对偶规则。

例 1.9   求 $F=AB+\overline{A}C$ 的对偶式 F^D。

解   按对偶规则得

$$F^D=(A+B)\cdot(\overline{A}+C)$$

注意到原先的逻辑优先级，即 F 表达式总体上是两个与项相加，应该变成两大项相乘才对，否则，会有

$$F^D = A + B \cdot \overline{A} + C$$

这个结果显然是错误的。由此可见正确使用括号的重要性。

例 1.10　已知 $\overline{A+B} = \overline{A} \cdot \overline{B}$，试证明 $\overline{A \cdot B} = \overline{A} + \overline{B}$。

证　由对偶规则知，

若 $F = \overline{A+B}$，则有 $F^D = \overline{A \cdot B}$。

同样 $F = \overline{A} \cdot \overline{B}$，则有 $F^D = \overline{A} + \overline{B}$。

由于 $F = \overline{A+B} = \overline{A} \cdot \overline{B}$，故有 $F^D = \overline{AB} = \overline{A} + \overline{B}$，即 $\overline{A \cdot B} = \overline{A} + \overline{B}$。

实际上，表 1-7 的基本公式中，左右两边的公式是互相对偶的，即每一个定律的或运算形式，它的对偶式就是该定律的与运算形式，利用这个规则，对基本定律的记忆可以减少一半。

1.4　逻辑函数的表示方法

以逻辑变量 $(A, B, C, \cdots)$ 为输入，以运算结果 Y 为输出，当输入逻辑变量的值确定后，输出逻辑变量 Y 的值就唯一确定了，则称 Y 是 $A, B, C, \cdots$ 的逻辑函数。

$$Y = F(A, B, C, \cdots)$$

逻辑函数的特点：

（1）输入逻辑变量和逻辑函数的值只能取 0 和 1；

（2）函数与输入逻辑变量之间的关系由"与"、"或"、"非"三种基本运算决定。

任何一件具体的因果关系都可以用一个逻辑函数来描述。

在实际生活中常遇到投票、表决问题，比如三人表决一件事，结果按"少数服从多数"的原则决定，试建立逻辑函数。其基本步骤如下：

第一步，设置输入逻辑变量和输出逻辑变量。将三人的意见设置为输入逻辑变量 A、B、C，并规定只能有同意和不同意两种意见。将表决结果设置为逻辑函数 Y，只有通过与没通过两种情况。

第二步，状态赋值。对于输入变量 A、B、C，如同意为逻辑"1"，则不同意为逻辑"0"。逻辑函数 Y，如事情通过为逻辑"1"，没通过为逻辑"0"。

第三步，建立逻辑函数 $Y = F(A, B, C)$。

逻辑函数的表示方法有多种，包括逻辑真值表、逻辑函数式、逻辑图、波形图、卡诺图。下面分别加以介绍。

1.4.1　逻辑真值表

真值表是将输入逻辑变量的各种可能取值组合和相应的函数值排列在一起而组成的表格。

注：各逻辑变量的取值组合应按照二进制递增的次序排列。

例 1.11　三人表决电路，当输入变量 A、B、C 中有两个或两个以上取值为 1 时，输出为

1；否则，输出为 0。三人表决电路的真值表如表 1-8 所示。

表 1-8　三人表决电路的真值表

A	B	C	Y	A	B	C	Y
0	0	0	0	1	0	0	0
0	0	1	0	1	0	1	1
0	1	0	0	1	1	0	1
0	1	1	1	1	1	1	1

1.4.2　逻辑函数式

用与、或、非等逻辑运算符号表示逻辑函数中各变量之间逻辑关系的式子称为逻辑函数式，又称逻辑函数表达式。

例 1.12　三人表决电路逻辑函数式：

$$Y=\overline{A}BC+A\overline{B}C+AB\overline{C}+ABC$$

1.4.3　逻 辑 图

将逻辑函数中输出变量与输入变量之间的逻辑关系用与、或、非等逻辑图形符号表示出来的图形称为逻辑图。

例 1.13　三人表决电路逻辑图如图 1-4 所示。

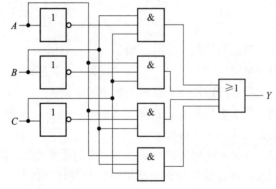

图 1-4　三人表决电路逻辑图

1.4.4　波 形 图

将逻辑函数中输入逻辑变量每一种可能出现的取值与对应的输出值按时间顺序依次排列起来，得到逻辑函数的波形图（waveform），这种波形图又称时序图。

例 1.14　三人表决电路逻辑函数的波形图如图 1-5 所示。

1.4.5　各种表示方法之间的相互转换

1. 由真值表求逻辑函数表达式

规则：把真值表中逻辑函数值为 1 的变量组合挑出来；若输入变量为 1，则写成原变量，若输入变量为 0，则写成反变量；把每个组合中各个变量相乘，得到一个乘积项；将各乘积项相加，就得到相应的逻辑函数表达式。

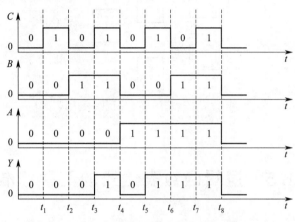

图 1-5　三人表决电路逻辑函数的波形图

例 1.15　根据表 1-9 可得逻辑函数表达式为

$$Y = \overline{A}BC + A\overline{B}C + AB\overline{C} + ABC$$

2. 由逻辑函数表达式列出真值表

按照逻辑函数表达式，对逻辑变量的各种取值进行计算，求出相应的函数值，再把变量取值和函数值一一对应列成表格。

例 1.16　由 $Y = \overline{A}BC + A\overline{B}C + AB\overline{C} + ABC$ 列出真值表。（提示：真值表见表 1-9。）

3. 由逻辑函数表达式求逻辑电路

画出所有的逻辑变量：用"非门"对变量中有"非"的变量取"非"；用"与门"对应于有关变量的乘积项，实现逻辑乘；用"或门"对应于有关变量的相加项，实现逻辑加。

表 1-9　真值表转化为逻辑函数表达式

A	B	C	Y
0	0	0	0
0	0	1	0
0	1	0	0
0	1	1	1
1	0	0	0
1	0	1	1
1	1	0	1
1	1	1	1

例 1.17　画出表达式 $Y = \overline{A}BC + A\overline{B}C + AB\overline{C} + ABC$ 所对应的逻辑图。（提示：如图 1-6 所示。）

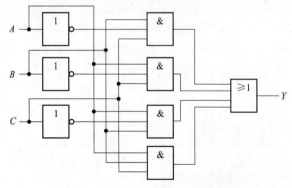

图 1-6　由逻辑函数表达式画逻辑图

4. 由逻辑图求逻辑函数表达式

由输入到输出逐级推导，按照每个门的符号写出每个门的逻辑函数表达式，直到最后得到整个逻辑电路的逻辑函数表达式，如图 1-7 所示。

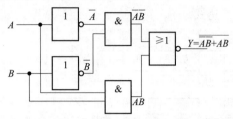

图 1-7 由逻辑图求逻辑函数表达式

1.5 逻辑函数表达式的两种标准形式

1.5.1 最小项

在 n 变量逻辑函数中，若 m 为包含 n 个因子的乘积项，且这 n 个因子以原变量形式或者反变量形式在 m 中出现且只出现一次，称 m 为该组变量的一个最小项。n 变量共有 2^n 个最小项。例如，逻辑函数有 A、B 两个变量时，最小项则为 $\overline{A}\,\overline{B}$、$\overline{A}B$、$A\overline{B}$、$AB$，共有 $2^2=4$ 个最小项。

最小项用小写字母 m_i 表示，它们下标的数字为二进制数对应的十进制数的数值。将最小项中的原变量视为"1"，反变量视为"0"，按高低位排列，这样得到了一个二进制数。前面曾讲到二进制数是逢二进一的，例如对于最小项 $A\overline{B}C$，C 为最低位，A 为最高位，对应的二进制数是 101，它的十进制数值为

$$1\times 2^2+0\times 2^1+1\times 2^0=4+1=5$$

所以，最小项 $A\overline{B}C$ 的符号是 m_5。三变量全部最小项的编号如表 1-10 所示。

表 1-10 三变量全部最小项的编号

十进制数	A	B	C	最小项及编号
0	0	0	0	$m_0=\overline{A}\,\overline{B}\,\overline{C}$
1	0	0	1	$m_1=\overline{A}\,\overline{B}\,C$
2	0	1	0	$m_2=\overline{A}\,B\,\overline{C}$
3	0	1	1	$m_3=\overline{A}\,B\,C$
4	1	0	0	$m_4=A\,\overline{B}\,\overline{C}$
5	1	0	1	$m_5=A\,\overline{B}\,C$
6	1	1	0	$m_6=A\,B\,\overline{C}$
7	1	1	1	$m_7=A\,B\,C$

1.5.2 最大项

在 n 变量逻辑函数中，若 M 为包含 n 个变量的逻辑和，且这 n 个变量以原变量形式或者反变量形式在 M 中出现且只出现一次，称 M 为该组变量的一个最大项。n 变量共有 2^n 个最大项。例如，逻辑函数有 A、B 两个变量时，最大项则为 $\overline{A}+\overline{B}$、$\overline{A}+B$、$A+\overline{B}$、$A+B$，共有 $2^2=4$ 个

最大项。

对于 n 个变量来说，最小项和最大项的数目各为 2^n 个。三变量最大项的表示方法见表 1-11。

最大项用大写字母 M 表示，最大项是或逻辑，最小项是与逻辑，最大项和最小项是对偶的关系。所以，最大项确定的原则与最小项确定的原则是对偶的。

最大项的下标确定的方法：将最大项对应的二进制数写出，进行"0""1"互换，得到新的二进制数，它对应的十进制数就是最大项的下标，见表 1-11。

表 1-11 三变量最大项的表示方法

十进制数	A	B	C	最大项及编号
0	0	0	0	$M_7 = \overline{A} + \overline{B} + \overline{C}$
1	0	0	1	$M_6 = \overline{A} + \overline{B} + C$
2	0	1	0	$M_5 = \overline{A} + B + \overline{C}$
3	0	1	1	$M_4 = \overline{A} + B + C$
4	1	0	0	$M_3 = A + \overline{B} + \overline{C}$
5	1	0	1	$M_2 = A + \overline{B} + C$
6	1	1	0	$M_1 = A + B + \overline{C}$
7	1	1	1	$M_0 = A + B + C$

例如，最大项 $A + \overline{B} + C$，对应的二进制数是 101，"0""1"互换，新的二进制数是 010，对应的十进制数是 2。所以，最大项 $A + \overline{B} + C$ 写成 M_2。对于一种二进制输入，只能有一个最大项为"0"，其他的最大项全部为"1"，这一特点称为 N 中取一个"0"。

最大项的下标是使该最大项为"0"时，输入二进制码所对应的十进制数。或是将最小项直接变为或项时，最大项的下标是最小项的补数。例如最小项 m 的下标为 5，三位二进制数的最大数为 7，所以最大项 M 的下标是 $7 - 5 = 2$。也就是说，最小项和与之对应的最大项下标之和等于二进制码的最大数。

1.5.3 最小项和最大项的性质

掌握最小项和最大项的性质，有助于逻辑式的化简和变换。下面对它们的性质加以介绍。

（1）当有输入时，最小项对每一种输入被选中的特点是只有一个最小项是"1"，其余最小项都是"0"，即所谓 $N(2^n)$ 中取一个"1"。以二变量为例：

A	B	m_3	m_2	m_1	m_0
0	0	0	0	0	1
0	1	0	0	1	0
1	0	0	1	0	0
1	1	1	0	0	0

（2）全部最小项之和恒等于"1"。

$$m_3 + m_2 + m_1 + m_0 = 1$$

（3）两个最小项之积恒等于"0"。

$$m_i m_j = 0 \quad (i, j \text{ 取值为 } 0 \sim n-1)$$

（4）具有逻辑相邻性的两个最小项相加，可合并为一项，并消去一个不同因子。

若两个最小项只有一个因子不同，则称这两个最小项具有相邻性。例如：$\overline{A}BC$ 与 ABC 就具有逻辑相邻性。

（5）若干个最小项之和等于其余最小项和之反。

$$m_1 + m_2 = \overline{m_0 + m_3}$$

$$m_0 = \overline{m_1 + m_2 + m_3}$$

异或逻辑和同或逻辑之间也符合这种关系，异或等于同或非；异或非等于同或。

$$A \oplus B = \overline{A}B + A\overline{B} = m_1 + m_2 = \overline{m_0 + m_3} = \overline{\overline{A}\,\overline{B} + AB} = \overline{A \odot B}$$

$$\overline{A \oplus B} = \overline{\overline{A}B + A\overline{B}} = \overline{\overline{A}B} \cdot \overline{A\overline{B}} = (A + \overline{B})(\overline{A} + B) = \overline{A}\,\overline{B} + AB = A \odot B$$

（6）最小项的反是最大项；最大项的反是最小项。例如：

$$\overline{m_0} = \overline{\overline{A}\,\overline{B}\,\overline{C}} = A + B + C = M_0 \qquad \overline{M_0} = \overline{A + B + C} = \overline{A}\,\overline{B}\,\overline{C} = m_0$$

$$\overline{m_1} = \overline{\overline{A}\,\overline{B}C} = A + B + \overline{C} = M_1 \qquad \overline{M_1} = \overline{A + B + \overline{C}} = \overline{A}\,\overline{B}C = m_1$$

$$\cdots \qquad\qquad\qquad\qquad \cdots$$

$$\overline{m_7} = \overline{ABC} = \overline{A} + \overline{B} + \overline{C} = M_7 \qquad \overline{M_7} = \overline{\overline{A} + \overline{B} + \overline{C}} = ABC = m_7$$

（7）当有输入时，最大项对每一种输入被选取中的特点是只有一个最大项是"0"，其余最大项都是"1"，即所谓 $N(2^n)$ 中取一个"0"。以二变量为例：

A	B	M_0	M_1	M_2	M_3
0	0	0	1	1	1
0	1	1	0	1	1
1	0	1	1	0	1
1	1	1	1	1	0

（8）最小项的性质和最大项的性质之间具有对偶性。例如，全部最小项之和恒等于"1"；那么，全部最大项之积恒等于"0"，其他性质可类推。

1.5.4 逻辑函数的与或标准表达式和或与标准表达式

有了最小项的概念，就可以利用公式 $\overline{N} + N = 1$，将任何一个逻辑式展成若干个最小项之和的形式——积之和（与或表达式），这一形式称为与或标准表达式。

例 1.18 将逻辑函数 $Y(A,B,C) = AB + \overline{A}C$ 转换成最小项表达式。

解
$$Y(A,B,C) = AB(C + \overline{C}) + \overline{A}(B + \overline{B})C$$
$$= ABC + AB\overline{C} + \overline{A}BC + \overline{A}\,\overline{B}C$$
$$= m_7 + m_6 + m_3 + m_1$$

$$Y(A,B,C) = \sum m(1,3,6,7)$$

结论：任何一个逻辑函数经过变换，都能表示成唯一的最小项表达式。

与或标准表达式可以方便地转换为或与标准表达式，即若干个最大项之积的形式——和之积（或与表达式）。可以利用若干最小项之和等于全部最小项中其余最小项之和的反这一性质来求出或与标准表达式。例如与或标准表达式：

$$Y = \sum (m_0, m_6, m_7)$$

可以转换为或与标准表达式

$$Y = \sum (m_0, m_6, m_7) = m_0 + m_6 + m_7 = \overline{\overline{m_1 + m_2 + m_3 + m_4 + m_5}}$$
$$= \overline{m_1} \cdot \overline{m_2} \cdot \overline{m_3} \cdot \overline{m_4} \cdot \overline{m_5}$$
$$= M_1 M_2 M_3 M_4 M_5$$
$$= \Pi M(1, 2, 3, 4, 5)$$
$$= (A + B + \overline{C})(A + \overline{B} + C)(A + \overline{B} + \overline{C})(\overline{A} + B + C)(\overline{A} + B + \overline{C})$$

1.5.5　逻辑函数的卡诺图表示法

1. 表示最小项的卡诺图

把所有最小项按一定顺序排列起来，每一个小方格由一个最小项占有。因为最小项的数目与变量数有关，设变量数为 n，则最小项的数目为 2^n。两个变量的情况如图 1-8(a) 所示。图中第一行表示 $\overline{A}$，第二行表示 A；第一列表示 $\overline{B}$，第二列表示 B。这样四个小方格就由四个最小项分别对号占有，行和列的符号相交就以最小项的与逻辑形式记入该方格中。这就是两个变量的卡诺图表示法，又称最小项表示法。

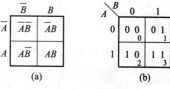

图 1-8　两变量卡诺图

有时为了更简便，用"1"表示原变量，用"0"表示反变量，这样就可以根据图 1-8(a) 改画成图 1-8(b) 的形式，四个小方格中的数字 0、1、2、3 就代表最小项的编号。

三变量卡诺图如图 1-9 所示，方格编号即最小项编号。最小项的排列要求每对几何相邻方格之间仅有一个变量变化成它的反变量，或仅有一个反变量变化成它的原变量，这样的相邻又称逻辑相邻。逻辑相邻的小方格相比较时，仅有一个变量互为反变量，其他变量都相同。

四变量最小项图如图 1-10 所示，该图只画出了图 1-8(b) 的形式。由图 1-8 到图 1-10 可看到，几何相邻小方格都满足逻辑相邻条件，例如图 1-10 中，不但 m_0 与 m_4，而且 m_0 与 m_1 之间，m_0 与 m_2 之间也都满足逻辑相邻关系，同一列的第一行和最后一行，同一行的第一列和最后一列之间也满足逻辑相邻，好像卡诺图首尾相连卷成了圆筒。这种由满足逻辑相邻条件的最小项小格排列的图称为卡诺图（Karnaugh map）。

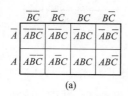 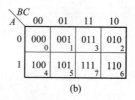

图 1-9　三变量卡诺图

掌握卡诺图的构成特点，就可以从表格旁边的 AB、CD 的"0"、"1"值直接写出最小项的文字符号内容。例如，图 1-10 中，第四行第二列相交的小方格，表格第四行的"AB"标为"10"，应记为 $A\overline{B}$，第二列的"CD"标为"01"，应记为 $\overline{C}D$，所以该小格为 $A\overline{B}\,\overline{C}D$。

五变量最小项图如图 1-11 所示。它是由四变量最小项图构成的，将左边的一个四变量卡诺图按轴翻转 180° 而成。左边的一个四变量最小项图对应变量 $E=0$，轴左侧的一个对应 $E=1$。这样一来除了几何位置相邻的小方格满足邻接条件外，以轴对称的小方格也满足邻接条件，这一点需要注意。图中最小项编号按变量高低位的顺序为 $EABCD$ 排列时，所对应的二进制码确定。

CD 四变量最小项图表 图 1-10：

AB\CD	00	01	11	10
00	0000 (0)	0001 (1)	0011 (3)	0010 (2)
01	0100 (4)	0101 (5)	0111 (7)	0110 (6)
11	1100 (12)	1101 (13)	1111 (15)	1110 (14)
10	1000 (8)	1001 (9)	1011 (11)	1010 (10)

图 1-10　四变量最小项图

AB\CD	$\overline{E}$ 00	01	11	10	轴 / E 10	11	01	00
00	0	1	3	2	18	19	17	16
01	4	5	7	6	22	23	21	20
11	12	13	15	14	30	31	29	28
10	8	9	11	10	26	27	25	24

图 1-11　五变量最小项图

2. 用卡诺图表示逻辑函数

因为卡诺图的每一个小方格都唯一地对应一个最小项，所以要用卡诺图来表示某逻辑函数，可先将该函数转换成标准最小项表达式，再在表达式含有的最小项所对应的卡诺图小方格填入"1"，其余位置则填入"0"，就得到该函数所对应的卡诺图。用熟了卡诺图后，也可以只填"1"，将"0"省略不填。

例 1.19　填写函数 F 的卡诺图，F 的表达式如下：

$$F = \sum m(1,7,12) = m_1 + m_7 + m_{12} = \overline{A}\,\overline{B}\,\overline{C}D + \overline{A}BCD + AB\overline{C}\,\overline{D}$$

解　由最大数 12 即 m_{12} 判断出，这是一个四变量的函数，因为三变量最大只能到 7，四变量最大可到 15，故 F 为四变量函数，其卡诺图如图 1-12 所示，在 $ABCD$ 对应的 0001 格内填入 1，即表示是最小项 $m_1 = 1$，同样在 0111 格和 1100 格内也填入 1，其余格填入 0，如图 1-12(a) 所示，或者省略"0"不填，如图 1-12(b) 所示。

(a)

AB\CD	00	01	11	10
00	0	1	0	0
01	0	0	1	0
11	1	0	0	0
10	0	0	0	0

(b)

AB\CD	00	01	11	10
00		1		
01			1	
11	1			
10				

图 1-12　例 1-19 题解图

例 1.20　填写函数 $F = \overline{A}C + A\overline{B}C + AB$ 的卡诺图。

解　由表达式看出，这是一个三变量 A、B、C 的函数，其中 $\overline{A}C$ 和 AB 两项不是最小项，应利用公式 $A + \overline{A} = 1$ 将其化成最小项表达式之后才能填写卡诺图。

$$\begin{aligned}
F &= \overline{A}C(B+\overline{B}) + A\overline{B}C + AB(C+\overline{C})\\
&= \overline{A}BC + \overline{A}\,\overline{B}C + A\overline{B}C + ABC + AB\overline{C}\\
&= \overline{A}\,\overline{B}C + \overline{A}BC + A\overline{B}C + AB\overline{C} + ABC\\
&= m_1 + m_3 + m_5 + m_6 + m_7\\
&= \sum m(1,3,5,6,7)
\end{aligned}$$

如图 1-13 所示，在 ABC 对应的 001、011、101、110、111 格内分别填入 1，其他各格为 0，对于 0，图中省略未填。

由本例可以看出，将函数表达式化成最小项比较麻烦，下面结合例 1-21 介绍一种快速填写卡诺图的方法。

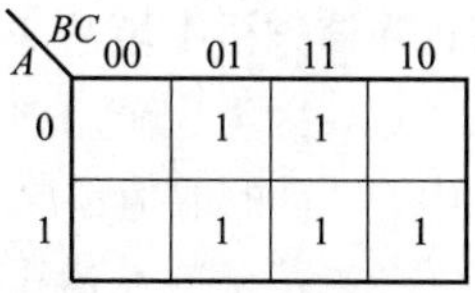

例 1.21　填写函数 $F=\overline{A}\,\overline{B}+AC+BC+\overline{B}\,\overline{C}D$ 的卡诺图。

解　由变量 D 可知，这是一个四变量函数。

由第一项 $\overline{A}\,\overline{B}$ 可知，它与 C、D 无关，可以写作 $\overline{A}\,\overline{B}\times\times$，在对应 $\overline{A}\,\overline{B}=00$ 的所有小格内填入 1，如图 1-14(a) 所示。

图 1-13　例 1-20 题解图

由第二项 AC 可知，它与 B、D 无关，可以写作 $A\times C\times$，即在所有既符合 $A=1$ 又符合 $C=1$ 的格内填入 1 即可，在图 1-14(b) 中，下边两行（11、10 行）符合 $A=1$，右边两列（11、10 列）符合 $C=1$，因而在这两行和两列交叉的右下角四个格内填入 1。

由第三项 BC 可知，它与 A、D 无关，可以写作 $\times BC\times$，在既符合 $B=1$ [图 1-14(c) 中的 01、11 两行] 又符合 $C=1$ [图 1-14(c) 中的 11、10 两列] 的交叉方格内填入 1 即可，如图 1-14(c) 所示。

由第四项 $\overline{B}\,\overline{C}D$ 可知，它与 A 无关，可以写作 $\times\overline{B}\,\overline{C}D$，在卡诺图 1-14(d) 中，第一列（00 列）符合 $\overline{C}D=00$；第一行（00 行）和第四行（10 行）符合 $\overline{B}=0$，所以在 0000 格和 1000 格内填入 1 即可。

将图 1-14(a)、(b)、(c)、(d) 中的 1 全部填入图 1-14(e) 中，就得到了函数 F 的卡诺图。本题中，剩下未填入 1 的格内应为 0，这里省去是为了使卡诺图更加清晰。

在实际填写中，按照上述规律，仅用一个卡诺图就可填写出函数 F 的卡诺图。这里分项填写是为了说明快速填表法的具体操作过程而已。

应当说明的是，用快速填表法，在一个卡诺图中填写 1 时，有可能同一个格内会填入两个 1 或三个 1，因布尔代数中 $1+1+1=1$，故仅填一个 1 即可。

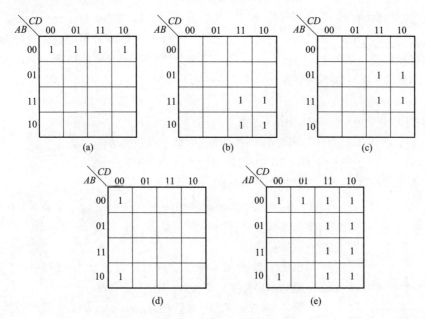

图 1-14　例 1-21 题解图

由本题可得出快速填写卡诺图或者真值表的基本规律是：

（1）从函数表达式中找出第一个与项，按照该项对应变量在卡诺图中找出符合要求的小方格，在该方格中填写"1"。例如第一项为 $\overline{A}\,\overline{B}$，则在卡诺图中对应 AB 为"00"的所有方格中填入"1"，因为这个与项与 C、D 毫无关系，所以在填写这些小方格时完全不必要考虑函数表达式中 C、D 的取值情况。

（2）按函数表达式的第二个与项，在卡诺图中找出符合要求的小方格并在这些小方格中填写"1"。例如第二个与项 AC，则在 A 为"1"、同时 C 也为"1"的小方格中填入"1"即可，在填写过程中完全不必考虑函数表达式中 B 和 D 的取值情况。

（3）按照同样的规律，在卡诺图中或者在真值表中，将函数表达式中的其他与项也用这种快速填表法填入"1"。

（4）在快速填表过程中，如果表格中已经有了一个"1"，则不必再填该表格，最后在无"1"的方格中填入"0"即可。此方法对填写卡诺图和真值表都有同样的快速效果。

3. 由卡诺图转为逻辑函数式

由图 1-15 的卡诺图写出相应的逻辑函数式 Y。把 m_3 和 m_7 两个小方格圈在一起，它占有两行一列，两行中互为反变量的变量可以消去，即

$$m_3+m_7=\overline{A}\,\overline{B}CD+\overline{A}BCD=\overline{A}CD(\overline{B}+B)$$
$$=\overline{A}CD$$

把 m_{13} 和 m_{15} 圈在一起，它占两列一行，两列中互为反变量的变量可以消去，处于同一行中的变量不能消去。于是有：

$$m_{13}+m_{15}=AB\overline{C}D+ABCD$$
$$=ABD(\overline{C}+C)=ABD$$
$$Y=m_3+m_7+m_{13}+m_{15}=\overline{A}CD+ABD$$

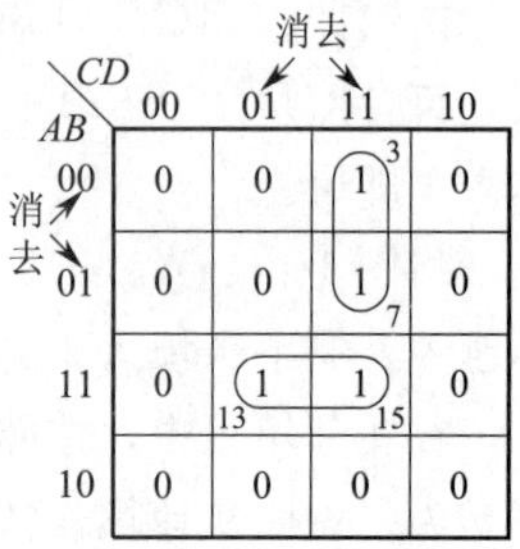

图 1-15   四变量卡诺图

所以，当相邻方格占据两行或两列时，变量相同的则保留，变量之间互为反变量的则消去，即卡诺图中圈在一起的最小项外面"0"、"1"标号不同者，所对应的变量应消去。在卡诺图中如果有 $2^i(i=0, 1, \cdots, n)$ 个取 1 的小方格连成一个矩形带，这样的一个矩形带就代表一个与项。实际上，一个与或型公式的每个与项都对应一个包含 2^i 个小格的矩形带。不同的 i 值与最小项小格数的对应关系如下：

当 $i=0$ 时，对应一个小方格，即最小项，不能化简。

当 $i=1$ 时，一个矩形带含有两个小方格，可消去一个变量。

当 $i=2$ 时，一个矩形带含有四个小方格，可消去两个变量。

当 $i=3$ 时，一个矩形带含有八个小方格，可消去三个变量。

一般来说，一个矩形带中含有 2^i 个小方格时，可消去 i 个变量。

至此，对最小项的命名可以有所体会了。在卡诺图中，一个小方格代表最小项，而它所含变量数最多。格子多了，相应的与项虽大，但变量数目却少了。

写出图 1-16 所示卡诺图对应的逻辑函数式。以后图中带"0"的方格一般就不再标了，以使卡诺图显得清晰。

如果将 m_0 与 m_4 圈在一起，那么 m_6 与 m_4 就无法圈在一起。若把 m_0 与 m_8 圈在一起，m_4 就可以与 m_6 圈在一起。则有：

$$m_0+m_8=\overline{A}\,\overline{B}\,\overline{C}\,\overline{D}+A\overline{B}\,\overline{C}\,\overline{D}$$
$$=\overline{B}\,\overline{C}\,\overline{D}$$

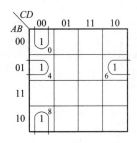

图 1-16   四变量卡诺图

$$m_4 + m_6 = \overline{A}B\,\overline{C}\,\overline{D} + \overline{A}BC\,\overline{D} = \overline{A}B\,\overline{D}$$

$$Y = \overline{B}\,\overline{C}\,\overline{D} + \overline{A}B\,\overline{D}$$

熟练后，应根据卡诺图直接写出结果。$m_0 + m_8$ 占一列两行，消去行上的变量 A，剩下 $\overline{B}\,\overline{C}\,\overline{D}$；$m_4 + m_6$ 占一行两列，消去列上的变量 C，剩下 $\overline{A}B\,\overline{D}$。

例 1.22　写出图 1-17 所示卡诺图对应的逻辑函数式 P。

对于图 1-17(a)，四个小方格占两行两列，行上和列上的变量均可消去一个，所以

$$Y = B\,\overline{C}$$

对于图 1-17(b)，四个小方格虽在四个角上，但也相邻，也占两行两列，结果为

$$Y = \overline{B}\,\overline{D}$$

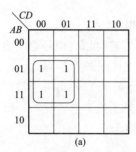 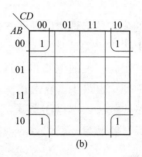

图 1-17　四变量卡诺图

例 1.23　写出图 1-18 所示卡诺图对应的逻辑函数式 Y。

对于图 1-18(a)，四个小方格占一列四行，行上可消去两个变量，即 AB 全部消去，列上的变量保留，结果为 $Y = CD$。对于图 1-18(b)，八个小方格两列四行，结果为 $Y = D$。

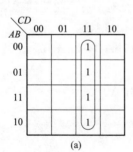 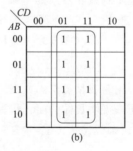

图 1-18　例 1.23 的卡诺图

1.6　逻辑函数的化简

在逻辑电路的设计中，所用的元器件少、器件间相互连线少和工作速度高是小、中规模逻辑电路设计的基本要求。为此，在一般情况下，逻辑函数表达式应该表示为最简的形式，这样就涉及对逻辑式的化简问题。其次，为了实现逻辑式的逻辑关系，根据给定的逻辑门要采用相应的具体电路，有时需要对逻辑式进行变换。所以逻辑代数要解决一个化简的问题，另一个是

变换的问题。本节重点讨论化简的问题，化简的方法主要有公式法和卡诺图法。

1.6.1　同一逻辑函数表达式形式的多样性

一个逻辑函数表达式除了与或型及或与型之外，还有与非与非型、或非或非型及与或非型。这些类型的转换问题将在后面介绍。即使是同一类型的逻辑式，例如常见的与或型，它的表现形式对于同一逻辑关系也有多种形式，例如：

$$Y_1 = AB + \overline{A}C$$

$$Y_2 = AB + \overline{A}C + BC$$

$$Y_3 = ABC + AB\overline{C} + \overline{A}BC + \overline{A}\,\overline{B}C$$

……

不难用已学逻辑代数的公式及定理加以证明它们的相等。

用实际电路实现上述逻辑关系时，用 Y_1、Y_2、Y_3 都可以，但是总希望电路比较简单。一般来说，逻辑式越简单，由此实现的电路也越简单。对于与或型逻辑式，最简单就是逻辑式中的与项最少，每一与项中变量也最少。在上述例子中，显然 Y_1 比另两个都简单。化简逻辑式有几种方法，这里介绍的是代数法，即运用形式定理和基本规则进行化简。所以，必须熟练掌握这些定理和规则，否则有时容易与一般代数的规则相混。

1.6.2　公式法化简

公式法化简逻辑函数表达式，就是运用逻辑代数的定律、定理、规则对逻辑函数表达式进行变换，以消去一些多余的与项和变量。

公式法化简，没有普遍适用的一定之规，有时需要一定的经验。以下介绍的方法是一个基本的方法，是以与或逻辑函数表达式为基础，但不是对所有的化简问题均能奏效。其他形式的逻辑函数表达式都可转化成与或型的逻辑函数表达式。例如：

$$Y = (A+B)(C+D) = AC + AD + BC + BD$$

$$Y = \overline{\overline{AB} \cdot \overline{CD}} = AB + CD$$

所以，这里主要讨论与或型逻辑函数表达式的化简。

下面通过几个例子来说明具体的简化步骤。

例 1.24　化简逻辑函数表达式 $Y = AB + ABC + BD$。

$$Y = AB + ABC + BD$$
$$= AB + BD \qquad\qquad (吸收)$$

例 1.25　化简逻辑函数表达式 $Y = A + A\overline{B}\,\overline{C} + \overline{A}CD + \overline{C}E + \overline{D}E$。

$$Y = A + A\overline{B}\,\overline{C} + \overline{A}CD + \overline{C}E + \overline{D}E \qquad\qquad (吸收)$$
$$= A + \overline{A}CD + \overline{C}E + \overline{D}E \qquad\qquad (消因子)$$
$$= A + CD + \overline{C}E + \overline{D}E$$

再用其余定理检验一下，看能否进一步化简。

$$Y = A + CD + (\overline{C} + \overline{D})E$$
$$= A + CD + \overline{CD}E \qquad\qquad (消因子)$$
$$= A + CD + E$$

例 1.26　化简逻辑函数表达式 $Y = A + AB + \overline{A}C + BD + ACFE + \overline{B}E + EDF$。

$$Y = A + AB + \overline{A}C + BD + ACFE + \overline{B}E + EDF \quad (吸收)$$
$$= A + \overline{A}C + BD + \overline{B}E + EDF \quad (消因子)$$
$$= A + C + BD + \overline{B}E + EDF \quad (消项)$$
$$= A + C + BD + \overline{B}E$$

例 1.27 化简逻辑函数表达式 $Y = \overline{A}C + \overline{A}\,\overline{B} + BC + \overline{A}\,\overline{C}D$。

$$Y = \overline{A}C + \overline{A}\,\overline{B} + BC + \overline{A}\,\overline{C}D \quad (吸收)$$
$$= \overline{A}C + \overline{A}\,\overline{B} + BC$$
$$= \overline{A}(\overline{B} + \overline{C}) + BC \quad (摩根定理)$$
$$= \overline{A} \cdot \overline{BC} + BC \quad (消因子)$$
$$= \overline{A} + BC$$

例 1.28 化简逻辑函数表达式 $Y = ABC + \overline{A}BC + \overline{BC}$。

$$Y = ABC + \overline{A}BC + \overline{BC}$$
$$= BC(A + \overline{A}) + \overline{BC}$$
$$= 1$$

例 1.29 化简逻辑函数表达式 $Y = B(ABC + \overline{A}B + AB\overline{C})$。

$$Y = B(ABC + \overline{A}B + AB\overline{C})$$
$$= ABC + \overline{A}B + AB\overline{C}$$
$$= B(AC + \overline{A} + A\overline{C})$$
$$= B[A(C + \overline{C}) + \overline{A}]$$
$$= B(A + \overline{A})$$
$$= B$$

配项法与合项法相反，就是给某个与项乘上 $(A + \overline{A})$，以寻找新的组合关系，使化简继续进行。

例 1.30 化简逻辑函数表达式 $Y = A\overline{B} + B\overline{C} + \overline{B}C + \overline{A}B$。

$$Y = A\overline{B} + B\overline{C} + \overline{B}C + \overline{A}B$$
$$= A\overline{B}(C + \overline{C}) + B\overline{C}(A + \overline{A}) + \overline{B}C + \overline{A}B$$
$$= A\overline{B}C + A\overline{B}\,\overline{C} + AB\overline{C} + \overline{A}B\overline{C} + \overline{B}C + \overline{A}B$$
$$= (A\overline{B}C + \overline{B}C) + A\overline{C}(B + \overline{B}) + (\overline{A}B\overline{C} + \overline{A}B)$$
$$= \overline{B}C + A\overline{C} + \overline{A}B$$

由此看来，如果不采用配项法，这个逻辑函数表达式很难再化简了。就是采用配项法，如果 $(A + \overline{A})$ 乘的位置不对，$(A + \overline{A})$ 变量符号是选 $(B + \overline{B})$，还是选 $(C \mid \overline{C})$，选得不合适均不能奏效，因此必须要有相当的技巧。

例 1.31 化简逻辑函数表达式 $Y = AB + \overline{A}CD + BCDE$。

解 第一项中含有 A，第二项中含有 $\overline{A}$，这两项除 A 和 $\overline{A}$ 之外剩余项 B 和 CD 组成了第三项，由表 1-7 吸收多余项公式可知，第三项为多余项，可以去掉。

即

$$Y = AB + \overline{A}CD$$

例 1.32 化简逻辑函数表达式 $Y = AB\overline{C} + (\overline{A} + C)D + BD$。

解
$$Y = A\overline{C} \cdot B + \overline{\overline{(\overline{A} + C)}}D + BD \quad (\overline{\overline{A}} = A)$$
$$= (A\overline{C}) \cdot B + \overline{\overline{A} \cdot \overline{C}} \cdot D + BD$$

$$=A\overline{C}\cdot B+\overline{A}\,\overline{C}\cdot D$$
$$=AB\overline{C}+(\overline{A}+C)D$$
$$=AB\overline{C}+\overline{A}D+CD$$

由以上各例题看出，公式法化简逻辑函数表达式，既需要牢记一些公式，又带有技巧性，掌握起来比较困难，但作为数字电路化简的一个基本工具，还是应该掌握一些常用的公式法。对三变量和四变量的化简，更多使用的是下一节介绍的卡诺图法，相对公式法，卡诺图法要容易得多。

1.6.3 卡诺图法化简

卡诺图为什么可以用来化简？这与最小项的排列满足逻辑相邻关系有关。因为在最小项相加时，相邻两项可以提出 $(N+\overline{N})$ 项，从而消去一个变量。以四变量为例，m_{12} 与 m_{13} 为相邻项，则 $m_{12}+m_{13}$ 为

$$AB\overline{C}\,\overline{D}+AB\overline{C}D=AB\overline{C}(\overline{D}+D)=AB\overline{C}$$

所以，在卡诺图中只要将相邻最小项组合，就可能消去一些变量，使逻辑函数表达式得到化简。卡诺图法化简的步骤如下：

（1）圈越大越好。合并最小项时，圈的最小项越多，消去的变量就越多，因而得到的由这些最小项的公因子构成的乘积项也就越简单。

（2）每一个圈至少应包含一个新的最小项。合并时，任何一个最小项都可以重复使用，但是每一个圈至少都应包含一个新的最小项——没有被其他圈圈过的最小项，否则它就是多余的。

（3）必须把组成函数的全部最小项圈完。每一个圈中最小项的公因子就构成一个乘积项，一般地说，把这些乘积项加起来，就是该函数的最简与或表达式。

（4）有时需要比较、检查才能写出最简与或表达式。在有些情况下，最小项的圈法不唯一，虽然它们同样都包含了全部最小项，但是哪一个是最简单的，常常需要比较、检查才能确定。而且有时还会出现几个表达式都是最简式的情况。

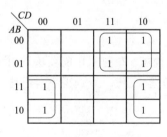

图 1-19　例 1.33 逻辑表达式
对应的卡诺图

例 1.33　化简逻辑函数表达式 $Y=\overline{A}C+A\overline{C}\,\overline{D}+AC\overline{D}$。

解　①画出卡诺图，如图 1-19 所示。

②圈出所有的矩形带，已标于图中。

③选出最简与项 $\overline{A}C$、$A\overline{D}$。

于是有
$$Y=\overline{A}C+A\overline{D}$$

例 1.34　化简逻辑函数表达式 $Y=\overline{B}CD+B\overline{C}+\overline{A}\,\overline{C}D+AB\overline{C}$。

解　卡诺图见图 1-20，共有五个矩形带，其中两个独立的矩形带，有一个被覆盖的矩形带，所以
$$Y=B\overline{C}+\overline{A}\,\overline{B}C+A\overline{B}D$$

例 1.35　化简逻辑函数表达式 $Y=A\overline{B}+ABC+\overline{A}\,C D+\overline{A}\,\overline{B}D$。

解　卡诺图见图 1-21，共有四个矩形带，注意 $\overline{B}D$ 这一最简与项，第一行与第四行也是邻接的，不要把 $\overline{B}D$ 写成 $\overline{A}\,\overline{B}C$。所以
$$Y=A\overline{B}+AC+\overline{B}D+\overline{A}\,\overline{C}D$$

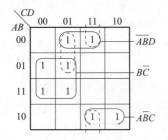

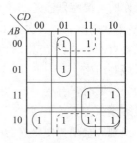

图 1-20　例 1.34 卡诺图化简　　　　　　图 1-21　例 1.35 逻辑表达式对应的卡诺图

例 1.36　化简逻辑函数表达式 $Y = \overline{A}\,\overline{B}\,\overline{C}\,\overline{D}\,\overline{E} + \overline{A}\,\overline{C}\,\overline{E} + BCD\overline{E} + \overline{A}BDE + \overline{A}\,\overline{C}\,DE + A\overline{B}DE + ACD + ABC\overline{D}$。

解　该逻辑函数表达式的与项分三种情况，含有第五个变量 $\overline{E}$；含有 E；既不含 E 也不含 $\overline{E}$。对于含有 $\overline{E}$ 的与项，按填四变量卡诺图的方法，把这些含有 $\overline{E}$ 的与项去掉 $\overline{E}$ 后，填入五变量卡诺图的左半部分对应 $\overline{E}$ 的四变量卡诺图中。对于含有 E 的项，按同样原则填入五变量卡诺图的右半部分对应 E 的四变量卡诺图中。此时要注意列上变量排列的左右对称关系，对于既不含 $\overline{E}$ 也不含 E 的与项，可以填入 $\overline{E}$ 四变量卡诺图中然后以中间轴翻转 $180°$，在 E 四变量卡诺图中对称位置也填上"1"。

填写完毕后，圈出矩形带，除和四变量卡诺图圈法原则相同以外，还要考虑几何位置虽不相邻，但以轴为对称的相邻位置上有"1"小方格的分布情况，如图 1-22 所示。

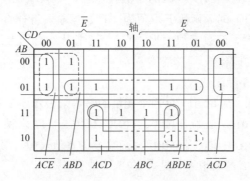

图 1-22　例 1.36 卡诺图化简过程

在 $\overline{E}$ 四变量卡诺图中圈定的最简与项读出时，与项中要包括 $\overline{E}$ 这一变量；在 E 四变量卡诺图中圈定的最简与项读出时，与项中要包括 E 这一变量；在两个四变量卡诺图中，以轴为对称位置圈定的最简与项读出后的与项，则不包括 E 或 $\overline{E}$。

最后化简结果为

$$Y = \overline{A}\,\overline{C}\,\overline{E} + A\overline{B}DE + \overline{A}BD + ACD + ABC + \overline{A}\,\overline{C}\,\overline{D}$$

根据本节所举的例子，可以归纳出用卡诺图化简逻辑函数表达式的一般步骤：

（1）根据最小项中的最大数确定变量的个数是二变量、三变量或者是四变量等，然后画出相应的卡诺图，并把函数 F 表达式中的相应项填入 1，其余小方格内填入 0 或者省去不填。

（2）对卡诺图中有"1"的方格画相邻区域圈，画圈时要按 2、4、8、16 格为单位，遵循的原则是：圈越大越好，这样各与项中所含变量因子就越少；圈的总数越少越好，因为圈数越少，与项的项数就越少。

具体操作时，要特别注意四角相邻、两边相邻，首先将与其他任何"1"方格都不相邻的孤立"1"方格单独圈出来；其次找出那些仅与另一个"1"方格唯一相邻的"1"方格，将它们两两相圈组成含有两个"1"方格的相邻区域；最后，再依次将含有四个"1"方格、八个"1"方格的相邻区域画出来。

在画相邻区域时，有些"1"方格可以被多个圈共用，这种区域间的重叠现象是允许的，但每个圈中必须至少含有一个新"1"，即其他圈中都未包含进去的1。这样做，就可以避免在化简后的函数中出现多余项，使化简后的与或表达式为最简形式。

（3）将每个圈中的共有变量因子找出来，得到对应的与项，并把各个圈得到的与项相加（或）起来，便得到化简后的最简与或表达式。

1.6.4　具有无关项的逻辑函数表达式的化简

1. 约束项、任意项及无关项

前面所提到的任意逻辑函数，函数值在输入变量的任何组合下非"0"即"1"，即对于n个变量的逻辑函数来说，其最小项共有2^n个，若其中m个最小项使函数值为"1"，则其余2^n-m个最小项就使函数值为"0"，这样的函数称为完全定义函数。但在实际工程问题中，一个n变量的函数并不一定与2^n个最小项都有关，而仅与其中一部分有关，与另一部分无关，这些与函数取值无关的最小项称为无关项，有时也称为约束项、任意项、禁止项，与之相关的函数就成为包含无关项的逻辑函数，或称为具有约束条件的逻辑函数。

例1.37　设计一个一位8421BCD码的奇数指示器，即当输入组合为0001（1）、0011（3）、0101（5）、0111（7）、1001（9）时，函数F取值为"1"；当输入组合为0000（0）、0010（2）、0100（4）、0110（6）、1000（8）时，函数F取值为"0"，其余输入组合均为无关项。要求：

（1）写出函数F的真值表。

（2）给出函数F的最小项表达式。

解　（1）由题意可知，应用$ABCD$四个变量的编码来表示8421BCD编码，除了十种输入组合对应0～9外，其余1010、1011、1100、1101、1110、1111六种组合不可能出现，换句话说，它们是8421BCD码的无关项，因而在填写函数F的真值表中，用"×"来代表这些无关项对应的F值，由此得函数F的真值表，见表1-12。

表1-12　例1.37真值表

$ABCD$	F	$ABCD$	F
0000	0	1000	0
0001	1	1001	1
0010	0	1010	×
0011	1	1011	×
0100	0	1100	×
0101	1	1101	×
0110	0	1110	×
0111	1	1111	×

（2）函数F的最小项表达式。

借助本题，来说明含有无关项的函数 F 的两种表达式写法。

① 用 $\sum m(\cdots)$ 表示使 F 取值为"1"的所有最小项；用 $\sum d(\cdots)$ 表示函数 F 的无关项，则有

$$F = \sum m(1,3,5,7,9) + \sum d(10,11,12,13,14,15)$$

② 用约束条件式表示无关项 $\sum d(\cdots)$，将无关项用卡诺图表示，如图 1-23(a) 所示。

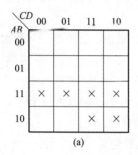 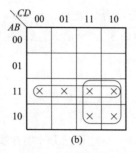

图 1-23 用卡诺图表示无关项

由图 1-23(b) 的两个圈化简得

$$AB + AC = \times$$

进一步分析会发现：当 A、B 取值分别为 1、1 或 A、C 取值分别为 1、1 时，对应的两个与项 AB、AC 都是 1，而在无关项之外的其他变量组合中，A、B 取值至少有一个为 0，即与项 $AB = 0$；A、C 取值也至少有一个为 0，即与项 $AC = 0$。因而用约束条件可写为

$$AB + AC = 0$$

故本题 F 的表达式可写成

$$\begin{cases} F = \sum m(1,3,5,7,9) \\ AB + AC = 0（约束条件） \end{cases}$$

由上述分析可得如下结论：凡用函数式等于 0 表示约束条件时，如本题上式 $AB + AC = 0$ 所示，其含义是：在卡诺图中，对应 AB 为 11 的项内，F 的值应填入"$\times$"号；对应 AC 为 11 的项内，F 的值也应填入"$\times$"号，如图 1-23(a) 所示。

 注意：

这里还应说明一点，若约束条件的表达式的等号右端不是"0"而是"1"时，例如 $A + B = 1$ 为约束条件时，可用摩根定律两端求反，使等式右端为 0，即 $\overline{A}\,\overline{B} = 0$，在卡诺图中，对应变量 AB 取值为 00 的格内分别填入"$\times$"号，如图 1-24 所示。

图-24 $A + B = 1$ 约束条件图

2. 含有无关项的逻辑函数表达式的最简与或式

由于无关项与函数 F 的取值无关，因此，在卡诺图上化简时，把无关项的"×"号看作"1"或"0"对于函数 F 都无任何影响，故在画图时，既可把"×"视作 1 也可视作 0，这完全取决于对化简是否有利，也就是说，看作"1"对化简有利时就把"×"视作 1；看作"0"对化简有利时就把"×"视作 0；若对化简函数无作用时，就不去理睬"×"号。

合理地利用无关项，可得到更简单的化简结果。从卡诺图上直观地看，加入无关项的目的是使矩形圈最大，矩形组合数最少。

例 1.38 卡诺图如图 1-25(a) 所示，在所画的圈中，把三个"×"号视作"1"，则从这八个最小项化简结果得到最简与或式为

$$F=D$$

如果不利用无关项的"×"号，则由图 1-27(b) 所画的两个圈中得

$$F=\overline{A}D+\overline{B}\,\overline{C}D$$

显然这个结果比较复杂，由此可见无关项在逻辑函数化简中的作用。

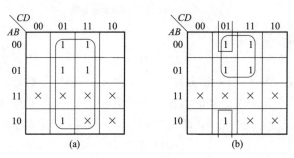

图 1-25   例 1.38 化简图

例 1.39 化简 $F(A,B,C,D)=\sum m(1,5,8,12)+\sum d(3,7,10,11,14,15)$。

解   化简过程如图 1-26(a) 所示，由于 m_{11}、m_{15} 两个无关项对化简无用，因此就没有圈进去，化简后的函数 F 为

$$F=\overline{A}D+A\,\overline{D}$$

可用图 1-26(b) 所示逻辑图表示，当然也可以用一个异或门实现，如图 1-26(c) 所示。

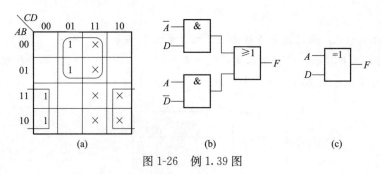

图 1-26   例 1.39 图

例 1.40   化简下面带有约束条件的逻辑函数

$$\begin{cases} F=\overline{A}\,\overline{B}C+A\,\overline{B}\,\overline{C} \\ AB+AC+BC=0(约束条件) \end{cases}$$

解 这是三变量 A、B、C 的逻辑函数，其卡诺图中 $\overline{A}B C$ 即对应 001 处应填 1，对应 $A\overline{B}\,\overline{C}$ 即 100 处应填 1；对于约束条件中的三个与项，对应 $AB=11$ 的方格内应填入"$\times$"号，对应 $AC=11$ 及 $BC=11$ 的方格内也应填入"$\times$"号，如果一个格中有多个"$\times$"，只画一个即可，由此可得卡诺图如图 1-27(a) 所示。由图化简可得

$$F=A+C$$

对应的逻辑图如图 1-27(b) 所示。

例 1.41 试用卡诺图法化简具有无关项的逻辑函数：

$$\begin{cases} F(A,B,C,D) = \sum m(0,4,6,8,10,11,14,15) \\ m_2 + m_3 + m_7 + m_{13} = 0(约束条件) \end{cases}$$

解 画卡诺图如图 1-28 所示，可得化简结果为

$$F=\overline{B}\,\overline{D}+\overline{A}\,\overline{D}+C$$

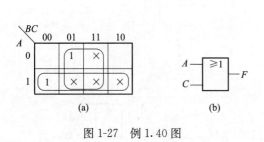

图 1-27 例 1.40 图   图 1-28 例 1.41 卡诺图化简图

1.7 逻辑函数表达式形式的转换

逻辑函数的转换是指保持逻辑函数真值表不变的条件下，逻辑函数表达式形式上的转换。以与或型逻辑函数为出发点，在保持逻辑关系不变的前提下，可以有与非与非型、或与型、或非或非型、与或非型。当然与非型可以有许多种，但最简的只有一种，这几种形式上的转换也是最简型之间的转换。

1.7.1 五种类型的逻辑函数表达式

逻辑函数表达式有五种类型：与或、或与、与非与非、或非或非、与或非。例如：

$$F=AB+\overline{A}C \qquad 与或型$$

$$F=\overline{\overline{AB}\cdot\overline{\overline{A}C}} \qquad 与非与非型$$

$$F=(\overline{A}+B)(A+C) \qquad 或与型$$

$$F=\overline{\overline{\overline{A}+B}+\overline{A+C}} \qquad 或非或非型$$

$$F=\overline{A\overline{B}+\overline{A}\,\overline{C}} \qquad 与或非型$$

它们的逻辑关系都相等，这很容易用真值表加以证明，也可以将它们的与或标准型写出，

它们的最小项都相同。它们的最小项如下：

$$F=AB+\overline{A}C=AB\overline{C}+ABC+\overline{A}BC+\overline{A}BC=\sum m(1,3,6,7)$$

$$F=\overline{\overline{AB}\cdot\overline{\overline{A}C}}=AB+\overline{A}C=\sum m(1,3,6,7)$$

$$F=(\overline{A}+B)(A+C)=A\overline{A}+AB+\overline{A}C+BC=\sum m(1,3,6,7)$$

$$F=\overline{\overline{\overline{A}+B}+\overline{A+C}}=(\overline{A}+B)(A+C)=\sum m(1,3,6,7)$$

$$F=\overline{A\overline{B}+\overline{A}\overline{C}}=\overline{A\overline{B}}\cdot\overline{\overline{A}\overline{C}}=(\overline{A}+B)(A+C)=\sum m(1,3,6,7)$$

这些逻辑表达式都可以用相应的与门、或门、与非门、或非门以及与或非门来实现，其电路如图 1-29 所示。

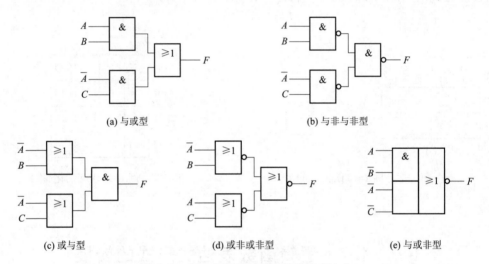

图 1-29 同一逻辑关系的五种逻辑表达式

1.7.2 与或型转换为与非与非型

逻辑电路用与或式实现时，需要两种类型的逻辑门，即与门和或门。用小规模集成电路实现时，要用一片四 2 输入与门（例如 CT74LS08）；一片四 2 输入或门（例如 CT74LS32）。门的利用率很低，CT74LS08 中有四个 2 输入与门，只用了两个；CT74LS32 中有四个或门，只用了一个。如果转换为与非与非型，需要 2 输入的与非门三个，这样用一片 CT74LS00 就可以了。74LS00 中有四个 2 输入与非门，用去三个，只剩一个。

下面就以 $F=AB+\overline{A}C$ 为例说明逻辑式的转换问题。

将与或逻辑式转换为与非与非型，方法是对与或式二次求反。

$$F=AB+\overline{A}C=\overline{\overline{AB+\overline{A}C}}=\overline{\overline{AB}\cdot\overline{\overline{A}C}}$$

转换中主要利用了摩根定律，具体用与非门实现的电路如图 1-29(b)所示。

1.7.3 与或型转换为或与型

将与或型转换为或与型的基本方法是：利用对偶规则求出与或式的对偶式，将对偶式展开，化简；最后将对偶式进行对偶转换，即可得到或与型逻辑式。这里请注意，与或式进行对偶转换，得到或与式，展开就得到与或式，再一次对偶就得到或与式。

将与或式 $F=AB+\overline{A}C$ 转换为最简的或与表达式。

$$F^D=(A+B)(\overline{A}+C)=AC+\overline{A}B+BC=AC+\overline{A}B$$
$$F=(F^D)^D=(A+C)(\overline{A}+B)$$

用或门和与门实现的电路如图 1-29(c)所示。

1.7.4 与或型转换为或非或非型

将与或型转换为或非或非型的基本方法是：将与或式先转换为最简或与式，对或与式进行二次求反，即得或非或非表达式。

将与或式 $F=AB+\overline{A}C$ 转换为最简的或非或非表达式。

因
$$\begin{aligned}F&=AB+\overline{A}C\\&=AB+\overline{A}C+BC+A\overline{A}\\&=(A+C)B+(A+C)\overline{A}\\&=(A+C)(\overline{A}+B)\end{aligned}$$

则有
$$F=\overline{\overline{(A+C)(\overline{A}+B)}}=\overline{\overline{A+C}+\overline{\overline{A}+B}}$$

用或非门实现的电路如图 1-29(d)所示。

1.7.5 与或型转换为与或非型

将与或型转换为与或非型的基本方法是：将或非或非逻辑式的第二层反号用摩根定律转换，即可得到与或非型逻辑式。

将与或式 $F=AB+\overline{A}C$ 转换为最简的与或非表达式。

$$F=\overline{\overline{A+C}+\overline{\overline{A}+B}}=\overline{\overline{A}\,\overline{C}+A\overline{B}}$$

同样也可以将与非与非式中的第二层反号用摩根定律转换，展开化简得到。

$$F=\overline{\overline{AB}\cdot\overline{\overline{A}C}}=\overline{(\overline{A}+\overline{B})\cdot(A+\overline{C})}=\overline{\overline{A}\,\overline{B}+A\overline{C}+\overline{B}\,\overline{C}}=\overline{A\overline{B}+\overline{A}\,\overline{C}}$$

第三种方法是，将与或式 $F=AB+\overline{A}C$ 填入卡诺图中，从有"0"的小方格化简，得到反函数 $\overline{F}$。对等号两侧求反即得与或非表达式。反函数卡诺图如图 1-30 所示。用与或非门实现的电路如图 1-29(e)所示。

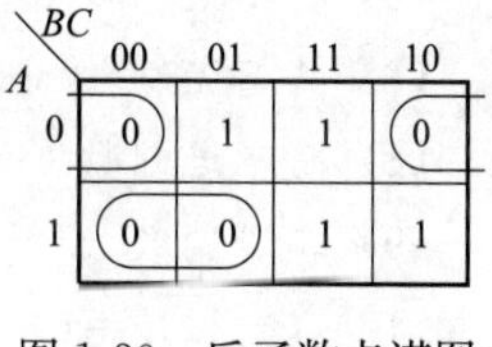

A \ BC	00	01	11	10
0	0	1	1	0
1	0	0	1	1

图 1-30 反函数卡诺图

$$\overline{F}=A\overline{B}+\overline{A}\,\overline{C}$$
$$F=\overline{\overline{F}}=\overline{A\overline{B}+\overline{A}\,\overline{C}}$$

🔲 小 结

数字信号通常由数码来表示。用数码来表示数值的大小称为数制，用数码表示不同的事物称为码制。本章先介绍了数字系统中的进制，包括十进制、二进制、八进制和十六进制等。重点掌握数制之间的转换，其实质就是权值的转换。同时给出了原码、反码、补码的概念，并介绍了三者间的相互转换。介绍了各种 BCD 码，其中 BCD 码中最常见的是 8421 码，它是一种有权码，要求熟练掌握其与各种进制间的转换。

本章还介绍了逻辑代数三种基本运算，即与、或、非，以及与非、或非、与或非、异或、同或等五种组合运算；逻辑代数的基本定律、三个基本规则，它们和基本定律一起构成了完整的逻辑代数系统，可以用来对逻辑函数进行描述、推导和转换。

逻辑代数的化简是本章的重点内容，其方法主要包括公式法和卡诺图法。前者要灵活运用逻辑代数的基本定律、基本规则、各种公式和定理，需要一定的运算技巧和经验。后者则简单，且有一定的步骤可循，此方法也是数字电路设计中必须掌握的内容。另外，注意无关项在卡诺图法化简中的影响。

逻辑函数的转换是指保持逻辑函数真值表不变的条件下，逻辑函数表达式形式上的变换。以与或型逻辑函数为出发点，在保持逻辑关系不变的前提下，详细介绍了与非与非型、或与型、或非或非型、与或非型之间的转换。其中与非型是最简的一种，需要重点掌握这几种形式上的转换，也是最简型之间的转换。

习　　题

1. 填空题：

(1) 电子信号可以分为＿＿＿＿＿和＿＿＿＿＿两大类。

(2) 在时间上和数量上是连续变化的物理量，称为＿＿＿＿＿＿＿＿＿＿＿。

(3) 只有两种对立逻辑状态的逻辑关系称为＿＿＿＿＿＿＿＿＿＿＿。

(4) 将二进制数（1111101000）转换成十进制数为＿＿＿＿＿＿＿＿＿＿＿。

(5) 将十进制数（136.5）转换成二进制数为＿＿＿＿＿＿＿＿＿＿＿。

(6) 将八进制数（210）转换成二进制数为＿＿＿＿＿＿＿＿＿＿＿。

(7) 将二进制数（111111.01）转换成八进制数为＿＿＿＿＿＿＿＿＿＿＿。

(8) 将八进制数（7.25）转换成十六进制数为＿＿＿＿＿＿＿＿＿＿＿。

(9) 二进制数（101100.11001100）转换成等值十六进制数为＿＿＿＿＿＿＿＿＿＿＿。

(10) $(-11)_D = ($ 　　　 $)_B$ 原码 = $($ 　　　 $)_B$ 反码 = $($ 　　　 $)_B$ 补码。

(11) $(100101010001)_{8421BCD}$ 表示十进制数为＿＿＿＿＿＿＿，该十进制数对应的二进制数为＿＿＿＿＿＿，对应的八进制数为＿＿＿＿＿＿，对应的十六进制数为＿＿＿＿＿＿。

(12) 有一数码 10010011，作为自然二进制数时，它相当于十进制数＿＿＿＿＿＿；作为 8421BCD 码时，它相当于十进制数＿＿＿＿＿＿。

(13) 逻辑代数有＿＿＿＿＿、＿＿＿＿＿和＿＿＿＿＿三种基本运算。

(14) 四个逻辑相邻的最小项合并，可以消去＿＿＿＿＿个因子；＿＿＿＿＿个逻辑相邻的最小项合并，可以消去 n 个因子。

(15) 逻辑代数的三条重要规则是指＿＿＿＿＿、＿＿＿＿＿和＿＿＿＿＿。

(16) n 个变量的全部最小项相或值为＿＿＿＿＿。

（17）相同变量构成的两个不同最小项相与结果为_____。

（18）在真值表、逻辑函数表达式和逻辑图三种表示方法中，形式唯一的是_____。

（19）一个逻辑函数，如果有 n 个变量，则有_____个最小项。

（20）与最小项 $AB\bar{C}$ 相邻的最小项有_____、_____、_____。

（21）n 个变量的卡诺图是由_____个小方格构成的。

（22）描述逻辑函数常用的方法是_____、_____和_____。

（23）任意 个最小项，其相应变量有且只有一种取值使这个最小项的值为_____。

2. 将下列二进制数转换为十进制数：

（1）100；　　　　　　（2）10101101；　　　　　　（3）1111；

（4）0111；　　　　　　（5）1010；　　　　　　（6）11011。

3. 将下列二进制数转换为八进制数和十六进制数：

（1）100.01；　　　　　（2）10101101.101；　　　　（3）1111；

（4）111.011；　　　　　（5）1010.01；　　　　　　（6）11011.0111。

4. 将下列十进制数分别转换为二进制数、八进制和十六进制数（小数部分保留四位数字）：

（1）60；　　　　　　　（2）255；　　　　　　　（3）467.69；

（4）10.25；　　　　　　（5）138.064；　　　　　（6）156.115。

5. 将下列十六进制数转换为二进制数：

（1）9F；　　　　　　　（2）12A.5C；　　　　　　（3）168.92；

（4）ADC.FF；　　　　　（5）BBA.9E；　　　　　　（6）CD。

6. 将第 5 题中的十六进制数转换为八进制数。

7. 将下列各逻辑函数表达式转换为与非与非式：

（1）$Y=AB+BC+AC$；

（2）$Y=(\bar{A}+B)(A+\bar{B})C+\overline{BC}$；

（3）$Y=\overline{AB\bar{C}+A\bar{B}C+\bar{A}BC}$；

（4）$Y=A\overline{BC}+\overline{(A\bar{B}+\bar{A}\bar{B}+BC)}$。

8. 用代数法化简下列各式：

（1）$Y=A\bar{B}+B+\bar{A}B$；

（2）$Y=A\bar{B}C+\bar{A}+B+\bar{C}$；

（3）$Y=\overline{\overline{ABC}+\bar{A}\bar{B}}$；

（4）$Y=A\bar{B}CD+ABD+A\bar{C}D$；

（5）$Y=A\bar{B}(\bar{A}CD+\overline{AD+\bar{B}\bar{C}})(\bar{A}+B)$；

（6）$Y=AC(\overline{CD}+\bar{A}B)+BC(\overline{\overline{\bar{B}+AD}+CE})$；

（7）$Y=A\bar{C}+ABC+AC\bar{D}+CD$；

（8）$Y=A+(\overline{B+\bar{C}})(A+\bar{B}+C)(A+B+C)$；

（9）$Y=B\bar{C}+AB\bar{C}E+\bar{B}\overline{(A\bar{D}+AD)}+B(A\bar{D}+\bar{A}D)$；

（10）$Y=AC+A\bar{C}D+A\bar{B}\bar{E}F+B(D\oplus E)+B\bar{C}D\bar{E}+B\bar{C}\bar{D}E+AB\bar{E}F$。

9. 用卡诺图化简下列各式：

(1) $Y_1 = \overline{B}\,\overline{C} + AB + A\overline{B}\,\overline{C}$；

(2) $Y_2 = \overline{A}\,\overline{B} + BC + B\overline{C}$；

(3) $Y_3 = A\overline{C} + \overline{A}C + \overline{B}C + B\overline{C}$；

(4) $Y_4 = ABC + ABD + A\overline{C}D + \overline{C}\,\overline{D} + A\overline{B}C + \overline{A}C\overline{D}$；

(5) $Y_5 = A\overline{B}\,\overline{C} + AC + \overline{A}\,\overline{B}D$；

(6) $Y_6 = AB + \overline{C}\,\overline{D} + \overline{A}\,\overline{B}C + AD + A\overline{B}C$；

(7) $Y_7 = \overline{A}\,\overline{C} + \overline{A}\,\overline{B} + \overline{B}\,\overline{C}\,\overline{D} + BD + A\overline{B}\,\overline{D} + \overline{A}BC\overline{D}$；

(8) $Y_8 = \overline{\overline{A}\,\overline{C} + \overline{A}C + \overline{B}D + B\overline{D}}$；

(9) $Y(A,B,C) = \sum m(1,3,5,7)$；

(10) $Y(A,B,C,D) = \sum m(0,1,2,5,8,9,10,12,14)$。

10. 用卡诺图化简下列带有约束条件的逻辑函数：

(1) $Y = \overline{A + C + D} + \overline{A}BC\overline{D} + A\overline{B}\,\overline{C}D$ 给定约束条件为 $A\overline{B}C\overline{D} + A\overline{B}CD + AB\overline{C}\,\overline{D} + AB\overline{C}D + ABC\overline{D} + ABCD = 0$；

(2) $Y = C\overline{D}(A \oplus B) + \overline{A}B\overline{C} + \overline{A}CD$，给定约束条件为 $AB + CD = 0$；

(3) $Y = (A\overline{B} + B)C\overline{D} + \overline{(A + B)(\overline{B} + C)}$，给定约束条件为 $ABC + ABD + ACD + BCD = 0$；

(4) $Y(A,B,C,D) = \sum m(3,5,6,7,10)$，给定约束条件为 $m_0 + m_1 + m_2 + m_4 + m_8 = 0$；

(5) $Y(A,B,C) = \sum m(0,1,2,4)$，给定约束条件为 $m_3 + m_5 + m_6 + m_7 = 0$；

(6) $Y(A,B,C,D) = \sum m(2,3,7,8,11,14)$，给定约束条件为 $m_0 + m_5 + m_{10} + m_{15} = 0$。

11. 已知：$Y_1 = AB + \overline{A}C + \overline{B}D$，$Y_2 = A\overline{B}\,\overline{C}D + \overline{A}CD + BCD + \overline{B}C$。用卡诺图分别求出 $Y_1 \cdot Y_2$，$Y_1 + Y_2$，$Y_1 \oplus Y_2$。

12. 简答题：

(1) 简述逻辑运算和算术运算的区别。

(2) 卡诺图化简的依据是什么？

(3) 逻辑函数一共有哪几种表示形式？其中哪几种方法具有唯一性？

(4) 逻辑函数的标准表达式有哪几种？什么是最小项？什么是最大项？

第 2 章
组合逻辑电路

引　言

　　组合逻辑电路是通用数字集成电路的重要结构。数字电路包含组合逻辑电路和时序逻辑电路，用途十分广泛。比如在日常工作和生活中，读者会经常遇到投票、评选、数字信号比较、加或减等问题，这些问题则属于数字电路中组合逻辑电路研究的内容。组合逻辑电路的逻辑功能多、种类繁杂。对于已知逻辑图的电路需要了解电路的逻辑功能以便合理应用；对于新设计的电路需要确定在输入信号取不同值时，电路的逻辑功能是否满足。

内容结构

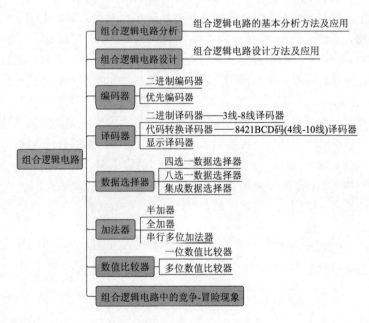

学习目标

　　通过本章内容的学习，应该能够做到：

　　(1) 了解组合逻辑电路的特点；

　　(2) 掌握组合逻辑电路的分析和设计方法；

　　(3) 熟练应用常见中规模集成电路芯片设计一定功能的组合逻辑电路；

　　(4) 了解组合逻辑电路的竞争-冒险现象的产生、分析以及消除方法。

2.1　组合逻辑电路分析

组合逻辑电路的逻辑功能多，种类繁杂。对于已知逻辑图的电路需要了解电路的逻辑功能以便合理应用；对于新设计的电路需要确定在输入信号取不同值时，电路的逻辑功能是否满足。

现从组合逻辑电路的功能和电路结构来介绍其特点：

（1）功能特点：任意时刻的输出信号只与此时刻的输入信号有关，而与信号作用前电路的输出状态无关。

（2）电路特点：不包含有记忆功能的单元电路，也没有反馈电路。

对于任何一个多输入、多输出的组合逻辑电路来讲，都可以用图 2-1 所示的框图来表示。

图 2-1　组合逻辑电路的框图

其中，a_1，a_2，$\cdots$，a_n 表示输入变量；y_1，y_2，$\cdots$，y_m 表示输出变量。

在电路结构上，信号的流向是单向性的，没有从输出端到输入端的反馈。电路的基本组成单元是逻辑门电路，不含记忆元件。但由于门电路有延时，故组合逻辑电路也有延迟时间。

组合逻辑电路是由多个与门、或门、非门等逻辑门单元组成的，可以实现复杂逻辑功能的电路。这种逻辑电路结构简单，在电路内部没有记忆元件，也不存在信号的反向传输途径（反馈线）。因此，组合逻辑电路在逻辑功能上的特点是“当前输入决定当前输出”。

组合逻辑电路的基本分析方法：由给定的逻辑电路图，求解电路的逻辑功能，即找出逻辑输出函数和逻辑输入变量之间的逻辑关系。下面给出组合逻辑电路的分析步骤：

①根据给定的逻辑图，分别用符号标注各级逻辑门的输出端；

②从输入端到输出端逐级写出逻辑表达式，最后列出输出函数表达式；

③利用公式法或者卡诺图法对输出函数表达式化简（与或式）；

④列出输出函数的真值表；

⑤说明给定电路的基本功能。

组合逻辑电路的分析步骤如图 2-2 所示。

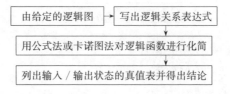

图 2-2　组合逻辑电路的分析步骤

下面通过实例来说明组合逻辑电路的分析方法和有关的概念。在分析之前，要对电路的性质进行判定，是否是组合逻辑电路，如果是，则按照组合逻辑电路分析的方法进行。要记住组合逻辑电路判定的要领：电路仅由逻辑门构成，信号由输入侧向输出侧单方向传输，不存在回馈。

例 2.1　试分析图 2-3 所示电路的逻辑功能，并写出逻辑表达式、真值表及逻辑说明。

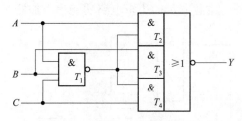

图 2-3　例 2.1 逻辑电路图

分析　本题重点在于要明确组合逻辑电路分析的基本步骤。图中含有一个与非门、三个与门、一个或非门。A、B、C 为输入变量，Y 为输出变量。

解　（1）利用 T_1、T_2、T_3、T_4 分别表示中间变量，如图 2-3 所示。

（2）由输入端逐级写出逻辑函数并化简：

$T_1 = \overline{ABC}$；

$T_2 = A\,\overline{ABC}$；

$T_3 = B\,\overline{ABC}$；

$T_4 = C\,\overline{ABC}$。

该电路属于三路输入、一路输出的组合逻辑电路。输出端逻辑表达式为

$$Y = \overline{A\,\overline{ABC} + B\,\overline{ABC} + C\,\overline{ABC}}$$
$$= \overline{(A+B+C)\overline{ABC}}$$
$$= \overline{A}\,\overline{B}\,\overline{C} + ABC$$

（3）列出真值表：如表 2-1 所示，表中三个输入端为 A、B、C，一个输出端为 Y。

表 2-1　例 2.1 对应的真值表

A	B	C	Y
0	0	0	1
0	0	1	0
0	1	0	0
0	1	1	0
1	0	0	0
1	0	1	0
1	1	0	0
1	1	1	1

（4）功能判定：检测三台设备的工作状态是否相同；检测三个输入信号是否相同。或者作为一致性判别电路。

 注意：

对组合逻辑电路功能分析重点是对真值表的输入/输出二值逻辑的观察，查找相应的关系。

例 2.2 试分析图 2-4 所示电路的逻辑功能。

分析 请注意二进制加法电路是十分重要的组合逻辑电路，从最基本的电路形式看，主要有半加器和全加器两种。本题所示的逻辑电路功能为半加器。

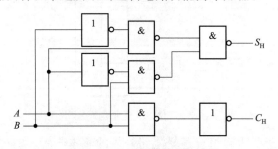

图 2-4 例 2.2 逻辑电路图

解 按照组合逻辑电路的分析方法和步骤完成。

(1) 逐级写出输出逻辑表达式：

$$S_H = \overline{\overline{\overline{AB}} \cdot \overline{A\overline{B}}}$$
$$= \overline{A}B + A\overline{B}$$
$$C_H = \overline{\overline{AB}} = AB$$

(2) 列出真值表，见表 2-2。

表 2-2 图 2-4 所示电路真值表

A	B	S_H	C_H
0	0	0	0
0	1	1	0
1	0	1	0
1	1	0	1

(3) 写出逻辑说明：此电路为半加器，当输入端的值一定时，输出的取值也随之确定，与电路的过去状态无关，无存储单元，属于组合逻辑电路。由真值表可知，图 2-4 所示电路的逻辑功能是二进制加法。A 和 B 是加数，S_H 是和，C_H 是向上一级的进位。

例 2.3 试分析如图 2-5 所示电路的逻辑功能。

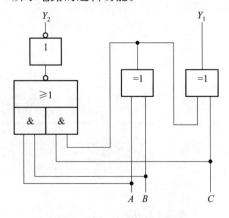

图 2-5 例 2.3 逻辑电路图

分析 本题承接上题,最终实现的目标为全加器的功能。

解 按照组合逻辑电路的分析方法和步骤完成。

(1) 逐级写出输出逻辑表达式:

$$\begin{cases} Y_1 = A \oplus B \oplus C \\ Y_2 = AB + (A \oplus B)C \end{cases}$$

(2) 列出真值表,见表 2-3。

表 2-3 图 2-5 所示电路真值表

A	B	C	Y_1	Y_2
0	0	0	0	0
0	0	1	1	0
0	1	0	1	0
0	1	1	0	1
1	0	0	1	0
1	0	1	0	1
1	1	0	0	1
1	1	1	1	1

(3) 写出逻辑说明:此电路就是全加器。可以将表中左侧的三个二进制码相加,得到的结果就是表中右侧的两位二进制码。

例 2.4 试分析图 2-6 所示电路的逻辑功能。

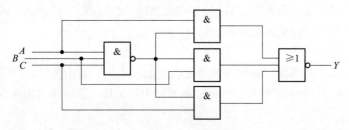

图 2-6 例 2.4 逻辑电路图

分析 本题已知各类门构成的逻辑电路图,按照组合逻辑电路分析方法和步骤完成。

解 (1) 逐级写出输出逻辑表达式并化简得最小项表达式:

$$Y(A,B,C) = \overline{A}\,\overline{B}\,\overline{C} + ABC$$
$$= m_0 + m_7$$

(2) 列出真值表,见表 2-4。

表 2-4 图 2-6 所示电路的真值表

A	B	C	Y
0	0	0	1
0	0	1	0

续表

A	B	C	Y
0	1	0	0
0	1	1	0
1	0	0	0
1	0	1	0
1	1	0	0
1	1	1	1

(3) 写出逻辑说明：从真值表中可以看出，当输入三个变量完全相同时，电路输出为 1；否则，输出全为 0。该电路为一致性判别电路。

2.2 组合逻辑电路设计

逻辑电路的设计方法有很多种，采用中小规模以及可编程集成电路都可以实现组合逻辑电路。组合逻辑电路的设计是分析的逆过程。组合逻辑电路的设计通常是根据给定的实际问题，求出实现相应逻辑功能的最简单、最合理的数字电路的过程。组合逻辑电路的逻辑功能要求是描述各变量之间的逻辑关系，而逻辑功能要求有多种表达方式。在组合逻辑电路设计中，一般采用文字说明逻辑关系，有时也以电路的工作波形图及功能真值表的形式给出，且三者之间可以灵活转换。而如果涉及工程实践，那所涉及的逻辑问题可谓是千差万别，可采用的方法和思路也不同。本节仅给出组合逻辑电路的一般设计原则。

组合逻辑电路设计步骤：

(1) 根据已知的实际问题，分析逻辑功能确定输入变量、输出变量，进行逻辑赋值（这里注意：如何做实际问题的抽象处理）。一般总是要把引起事件的原因作为输入变量，把产生的结果作为输出变量。

(2) 根据给定的逻辑要求，列出真值表，定义输入、输出逻辑变量的 1 和 0 的具体含义。

(3) 写出逻辑函数表达式并化简为适当的形式。

(4) 选择适当的器件画出逻辑电路图。

完成电路设计之后，还需要遵循逻辑电路的分析步骤，验证逻辑电路的设计是否符合设计要求。组合逻辑电路设计流程图如图 2-7 所示。

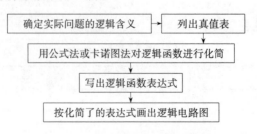

图 2-7 组合逻辑电路设计流程图

例 2.5　试设计一个三人表决电路。

分析　本题为实际生活中常见问题，表决、投票均可应用组合逻辑电路设计的方法。

解　分别用 A、B、C 代表三人的意见，取值为 1 表示同意；取值为 0 表示不同意。Y 代表表决结果，表决结果多数赞成则 $Y=1$，通过；反之，则 $Y=0$，未通过。

根据要求列出真值表见表 2-5，并由真值表写出其逻辑函数表达式。

表 2-5　真　值　表

A	B	C	Y
0	0	0	0
0	0	1	0
0	1	0	0
0	1	1	1
1	0	0	0
1	0	1	1
1	1	0	1
1	1	1	1

$$Y=\overline{A}BC+A\overline{B}C+AB\overline{C}+ABC$$
$$=BC+AC+AB$$
$$=\overline{\overline{BC}\cdot\overline{AC}\cdot\overline{AB}}$$

因此很容易由得出的表达式，画出用与非门实现的逻辑电路图，如图 2-8 所示。

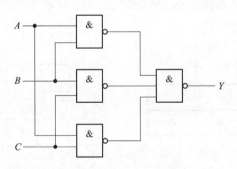

图 2-8　例 2.5 实现的组合逻辑电路

例 2.6　有 A、B、C、D 四台电动机，要求 A 动 B 必动，C、D 不能同时动，否则报警。试设计一个满足上述要求的逻辑电路。

解　(1) 设 A、B、C、D 为输入变量，Y 为对应输出函数。A、B、C、D 工作用 1 表示，不工作用 0 表示。Y 报警为 1，不报警为 0。

(2) 真值表见表 2-6。表中的变量取值一般按照 N 位自然二进制数码的变化规律进行排列，即有 2^N 种组合形式。N 个变量的每组取值组合可以用一个最小项表示，用真值表中输出等于 1 时所对应的最小项之和的形式来表示该逻辑函数。

表2-6　真　值　表

A	B	C	D	Y
0	0	0	0	0
0	0	0	1	0
0	0	1	0	0
0	0	1	1	1
0	1	0	0	0
0	1	0	1	0
0	1	1	0	0
0	1	1	1	1
1	0	0	0	1
1	0	0	1	1
1	0	1	0	0
1	0	1	1	1
1	1	0	0	0
1	1	0	1	0
1	1	1	0	0
1	1	1	1	1

（3）根据真值表，写出该命题对应的逻辑函数表达式为

$$Y=\overline{A}\,\overline{B}CD+\overline{A}BCD+A\overline{B}\,\overline{C}\,\overline{D}+A\overline{B}\,CD+A\overline{B}\,\overline{C}\,\overline{D}+A\overline{B}CD+ABCD$$

（4）卡诺图化简，如图 2-9 所示。

按照卡诺图化简逻辑函数的原则，得到最简式：

$$Y=A\overline{B}+CD$$

（5）画出逻辑电路图。本题可以得到两种方案：最简式［见图 2-10(a)］和与非与非式［见图 2-10(b)］。

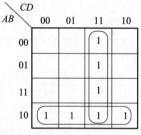

图 2-9　例 2.6 卡诺图化简

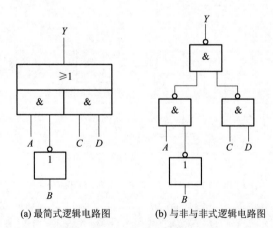

(a) 最简式逻辑电路图　　(b) 与非与非式逻辑电路图

图 2-10　例 2.6 的逻辑电路图

🎯 注意：

组合逻辑电路的设计同样遵循结构简单，所选器件种类少等规则。故而进行化简后获得的或与式，常采用与非与非结构。其关键步骤即为对按照组合逻辑电路设计所得的或与表达式进行两次取反，最外层不动，内层用摩根定律展开。按照此原理，例题 2.6 所得的或与表达式，

可以转换为如下的与非与非式

$$Y=A\bar{B}+CD=\overline{\overline{A\bar{B}+CD}}=\overline{\overline{A\bar{B}}\cdot\overline{CD}}$$

由此式可以确认，新的电路结构中采用一个非门、三个与非门构成，电路结构如图 2-10(b) 所示。采用器件类型减少。

例 2.7 现有一加热水容器。容器里设置三个水位传感器 A、B、C。当水面在 A、B 之间时，为正常状态，绿灯 G 亮；当水面在 B、C 之间或在 A 以上时，为异常状态，黄灯 Y 亮，当水面在 C 以下，为危险状态，红灯 R 亮。试与出控制这三种灯的逻辑电路最简表达式，并画出由门电路构成的电路图。传感器 A、B、C 按由高到低安装。

解 设输入变量 A、B、C 为 1 分别表示水面是否超过水位线 A、B、C，输出变量 G、Y、R 为 1 分别表示绿灯、黄灯和红灯的亮状态。因此可以列出真值表，见表 2-7。

表 2-7 真 值 表

A	B	C	G	Y	R
0	0	0	0	0	1
0	0	1	0	1	0
0	1	0	×	×	×
0	1	1	1	0	0
1	0	0	×	×	×
1	0	1	×	×	×
1	1	0	×	×	×
1	1	1	0	1	0

利用约束项进行化简可得 $G=\bar{A}B$，$Y=A+\bar{B}C$，$R=\bar{C}$。

因此可以画出用门电路实现的逻辑电路图如图 2-11 所示。

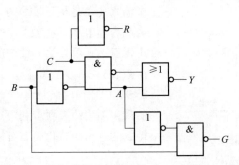

图 2-11 例 2.7 由门电路构成的组合逻辑电路图

2.3 编 码 器

编码器是对输入信号按照一定规律进行编排，使每个输出代码具有特定的含义，即用文字、符号、数字表示特定对象的过程。如电话号码、运动员编号、姓名等均属编码。

逻辑功能：把输入的每一个高低电平信号编成一个对应的二进制代码的电路。从逻辑功能的特点上又可以将编码器分成二进制编码器和优先编码器两类。

1. 二进制编码器

三位二进制编码器（8线-3线编码器）：在这个编码器中，任何时刻只允许输入一个有效的编码信号，否则输出将发生混乱，其结构如图2-12所示。

（1）输入/输出端。输入是八个需要进行编码的信息符号，用 $I_0 \sim I_7$ 表示，输出是用来进行编码的二进制代码，用 $Y_0 \sim Y_2$ 表示。八个输入状态，对应三位二进制码。

（2）真值表。编码器输入端对应八个信息符号，而编码器要求在任意时刻，只能对一个输入信号进行编码，也就是说不允许两个或两个以上的输入信号同时有效的情况出现。编码器输出端为三位二进制码恰好对应八种状态。因此真值表可以采用简化形式编码列表表示，见表2-8。

图 2-12   三位二进制编码器结构

表 2-8   三位二进制编码器真值表

I_0	I_1	I_2	I_3	I_4	I_5	I_6	I_7	Y_2	Y_1	Y_0
1	0	0	0	0	0	0	0	0	0	0
0	1	0	0	0	0	0	0	0	0	1
0	0	1	0	0	0	0	0	0	1	0
0	0	0	0	0	0	1	0	1	1	0
0	0	0	0	0	0	0	1	1	1	1

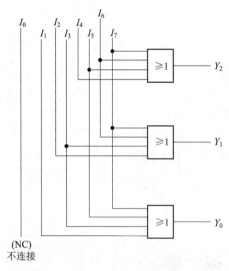

(NC)
不连接

图 2-13   三位二进制编码器的逻辑电路图

（3）逻辑表达式。从表2-8中可见，编码器的八个输入变量是相互排斥的，任一时刻仅允许有一个输入端为高电平（有效）——约束条件，输出三变量的逻辑表达式可按第一章中所讲述的由真值表写出逻辑函数表达式方法获得，并利用约束项化简。因为 $I_0 \sim I_7$ 中任何时候只有一个等于1，所以含两个以上1的乘积项为约束项。利用这个约束项将由真值表直接得到的逻辑函数化简后可以得到输出的逻辑式为

$$\begin{cases} Y_2 = I_4 + I_5 + I_6 + I_7 \\ Y_1 = I_2 + I_3 + I_6 + I_7 \\ Y_0 = I_1 + I_3 + I_5 + I_7 \end{cases} \qquad (2\text{-}1)$$

根据式(2-1)，即可画出三位二进制编码器的逻辑电路图如图2-13所示。

由于编码器各个输出信号逻辑表达式的基本形式是有关输入信号的"或"运算，所以其逻辑电路图是由"或"门组成的阵列，这也是编码器基本电路结构的一个显著特点。另外，又因为任意时刻普通编码器仅能识别一个输入状态，当多个输入信号出现时，其应用受限。故而引出优先编码器。

2. 优先编码器

优先编码器是数字系统中实现优先权管理的一个重要逻辑部件。它的特点是允许多个输入信号同时有效，但只对优先权最高的一个输入信号进行编码。故而在设计这种编码器时，首先要确定输入信号的高低级别，在有多个信号同时输入时，优先为最高级信号进行编码操作，产生相应的输入代码。它与上述普通二进制编码器的最大区别是，优先编码器的各个输入不是相互排斥的，它允许多个输入端同时为有效信号。当多个信号同时有效时，能识别输入信号的优先级别，并对其中最高级别的一个进行编码，从而产生相应的输出代码。本节以 8 线-3 线优先编码器 74LS148 为例，分析优先编码器的功能和特点。

8 线-3 线优先编码器即为三位二进制优先编码器。74LS148 是 8 线-3 线优先编码器，共有 54/74148 和 54/74LS148 两种线路结构型式，将八条数据线（0～7）进行三线（4-2-1）二进制（八进制）优先编码，即对最高位数据线进行译码。利用输入选通端（EI）和输出选通端（EO）可进行八进制扩展。74LS148 芯片引脚结构和封装如图 2-14 所示。功能如表 2-9 所示。

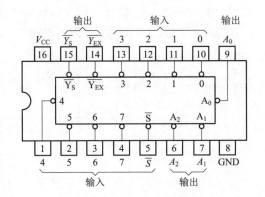

图 2-14　8 线-3 线优先编码器 74LS148 芯片引脚结构和封装

表 2-9　8 线-3 线优先编码器真值表

	输　入								输　出				
$\overline{S}$	$\overline{I_0}$	$\overline{I_1}$	$\overline{I_2}$	$\overline{I_3}$	$\overline{I_4}$	$\overline{I_5}$	$\overline{I_6}$	$\overline{I_7}$	$\overline{Y_2}$	$\overline{Y_1}$	$\overline{Y_0}$	$\overline{Y_S}$	$\overline{Y_{EX}}$
1	×	×	×	×	×	×	×	×	1	1	1	1	1
0	1	1	1	1	1	1	1	1	1	1	1	0	1
0	×	×	×	×	×	×	×	0	0	0	0	1	0
0	×	×	×	×	×	×	0	1	0	0	1	1	0
0	×	×	×	×	×	0	1	1	0	1	0	1	0
0	×	×	×	×	0	1	1	1	0	1	1	1	0
0	×	×	×	0	1	1	1	1	1	0	0	1	0
0	×	×	0	1	1	1	1	1	1	0	1	1	0
0	×	0	1	1	1	1	1	1	1	1	0	1	0
0	0	1	1	1	1	1	1	1	1	1	1	1	0

（1）引脚说明。图 2-14 中 0～7 为编码输入端（低电平有效）；$\overline{S}$ 为选通输入端（低电平有效）；A_0、A_1、A_2 为三位二进制编码输出信号，即编码输出端（低电平有效）；$\overline{Y_{EX}}$ 为片优先编码输出端即拓展端（低电平有效）；$\overline{Y_S}$ 为选通输出端，即使能输出端。

（2）根据芯片内部工作原理，易得其真值表（见表 2-9）。

$\overline{S}$称为选通输入端。$\overline{S}$取值为 0，编码器工作；取值为 1，编码器不工作，且低电平有效。

$\overline{Y_S}$称为选通输出端，低电平有效。$\overline{Y_S}$取值为 0，编码器工作且无信号输入；取值为 1，编码器工作且有输入信号。

$\overline{Y_{EX}}$称为扩展输出端，低电平有效。$\overline{Y_{EX}}$取值为 0，编码器工作且有输入信号。

（3）逻辑表达式。式（2-2）给出了输入 $I_0 \sim I_7$ 与输出变量的逻辑关系。其中$\overline{Y_2}$、$\overline{Y_1}$、$\overline{Y_0}$分别对应 A_2、A_1、A_0。

$$
\begin{cases}
\overline{Y_2} = \overline{(\overline{I_4} + \overline{I_5} + \overline{I_6} + \overline{I_7})S} \\
\overline{Y_1} = \overline{(I_2\ \overline{I_4}\ \overline{I_5} + I_3\ \overline{I_4}\ \overline{I_5} + I_6\ \overline{I_7})S} \\
\overline{Y_0} = \overline{(I_1\ \overline{I_2}\ \overline{I_4}\ \overline{I_6} + I_3\ \overline{I_4}\ \overline{I_6} + I_5\ \overline{I_6} + I_7)S}
\end{cases}
\tag{2-2}
$$

$$\overline{Y_S} = \overline{\overline{I_0}\ \overline{I_1}\ \overline{I_2}\ \overline{I_3}\ \overline{I_4}\ \overline{I_5}\ \overline{I_6}\ \overline{I_7}\ S}$$

$$\overline{Y_{EX}} = \overline{\overline{Y_S}S}$$

（4）逻辑功能。三位二进制优先编码器结构框图如图 2-15 所示。优先编码器的典型应用即为扩展应用，并以 TTL 集成 8 线-3 线优先编码器 74LS148 为典型，其外围引脚共 16 个，逻辑功能接线示意图如图 2-16 所示。

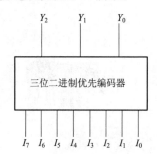

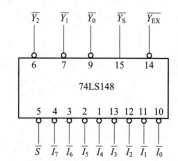

图 2-15　三位二进制优先编码器　　　　　图 2-16　8 线-3 线优先编码器 74LS148
结构框图　　　　　　　　　　　　　　　逻辑功能接线示意图

集成的 8 线-3 线优先编码器 74LS148 中，$\overline{S}$ 为选通输入端，当 $\overline{S} = 0$ 时，允许编码；当 $\overline{S} = 1$ 时，输出的$\overline{Y_2}$、$\overline{Y_1}$、$\overline{Y_0}$和$\overline{Y_S}$、$\overline{Y_{EX}}$均被封锁，编码被禁止。$\overline{Y_S}$是选通输出端，级联应用时，高片位的 $\overline{Y_S}$ 端与低片位的$\overline{S}$端连接起来，可以扩展优先编码功能。$\overline{Y_{EX}}$为优先扩展输出端，级联应用时可作为输出的扩展端。当 $\overline{I_7} = 0$ 时，无论其余输入端有无输入信号（表中以×表示），输出端只给出 $\overline{I_7}$ 的编码，即$\overline{Y_2}\ \overline{Y_1}\ \overline{Y_0} = 000$。当 $\overline{I_7} = 1$、$\overline{I_6} = 0$ 时，无论其余输入端有无输入信号，只对$\overline{I_6}$编码，输出为$\overline{Y_2}\ \overline{Y_1}\ \overline{Y_0} = 001$。

用两片 74LS148 扩展为 16 线-4 线编码器，其接线图如图 2-17 所示，其中$\overline{A_0} \sim \overline{A_{15}}$是编码器的信号输入端，0 为有效，$\overline{A_{15}}$为优先最高级别，依次类推，$\overline{A_0}$为最低级别。$Z_3$、$Z_2$、$Z_1$、$Z_0$ 是输出的四位二进制代码，为四位二进制反码，即 0000～1111。其真值表也较容易得出，此处不再赘述。

另一种典型的优先编码器为 74LS147，其为二-十进制优先编码器，又称 10 线-4 线（8421BCD 码）编码器。图 2-18 所示为 74LS147 芯片引脚结构和封装。

引脚编号 1～9 为编码输入端，对应$\overline{I_0} \sim \overline{I_9}$，代表 0～9 十个数码（低电平有效）；

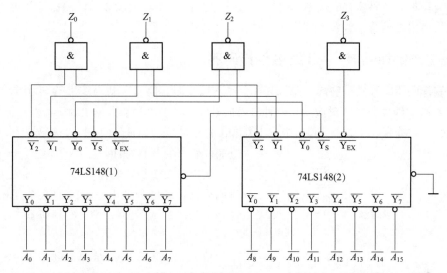

图 2-17　两片 74LS148 扩展为 16 线-4 线编码器接线图

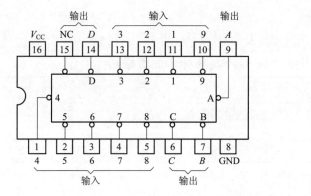

图 2-18　74LS147 芯片引脚结构和封装

A、B、C、D 为四位二进制编码输出端，对应 $\overline{Y_0} \sim \overline{Y_3}$，代表一位 8421BCD 码（低电平有效）。

在各种编码电路中，其目的都是将输入的一组高（或低）电平信号变成对应的一组二进制代码。在实际应用中，有时需要把输出变成所需的其他编码，如 BCD 码、循环码等。当然，在实际设计中如果没有可直接拿来用的编码器，就需要按照要求单独进行设计。

2.4　译　码　器

译码是编码的逆过程。译码器的逻辑功能是将输入的代码"翻译"成另外一个代码输出。根据不同的输入代码和输出代码，可以设计成各种不同类型的译码器。译码器的输入为二进制代码，输出为具有特定意义的信息代码，因此译码器就是将一种代码转换成另一种代码的电路。

常见的中规模集成译码器有二进制译码器、二-十进制译码器和七段显示译码器等几类。前两者可以统称为通用译码器，后者为显示译码器。

2.4.1　二进制译码器——3 线-8 线译码器

二进制译码器又称最小项译码器，有 n 个输入端（即 n 位二进制码），2^n 个输出端。这种译码器称为 n 线-2^n 线译码器。对应于每一种输入信号代码，输出只能有一个为 1，其余全为 0（高电平有效）或只能有一个为 0，其余全为 1（低电平有效）。下面以 3 线-8 线译码器为例介绍二进制译码器的基本特性。

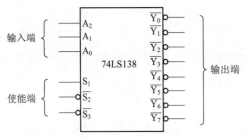

图 2-19　3 线-8 线译码器 74LS138 结构图

集成 3 线-8 线译码器 74LS138，输入为三位二进制代码，输出为低电平有效的八个互相排斥的信号。图 2-19 所示为 3 线-8 线译码器 74LS138 结构图。

根据 74LS138 内部结构，可知 $S=S_1 \overline{S_2}\, \overline{S_3}$，称为译码控制端（使能端）。该译码器工作的条件为 $S_1=0$ 或 $\overline{S_2}+\overline{S_3}=1$，不工作，输出端状态全为高电平；当 $S_1=1$，$\overline{S_2}+\overline{S_3}=0$ 时，即 $S=1$，工作，输出端状态为低电平有效。由其内部电路结构易得 74LS138 真值表见表 2-10。

表 2-10　3 线-8 线译码器 74LS138 真值表

使能	输　入			输　出							
S	A_2	A_1	A_0	$\overline{Y_7}$	$\overline{Y_6}$	$\overline{Y_5}$	$\overline{Y_4}$	$\overline{Y_3}$	$\overline{Y_2}$	$\overline{Y_1}$	$\overline{Y_0}$
0	×	×	×	1	1	1	1	1	1	1	1
×	×	×	×	1	1	1	1	1	1	1	1
0	0	0	0	1	1	1	1	1	1	1	0
0	0	0	1	1	1	1	1	1	1	0	1
0	0	1	0	1	1	1	1	1	0	1	1
0	0	1	1	1	1	1	1	0	1	1	1
0	1	0	0	1	1	1	0	1	1	1	1
0	1	0	1	1	1	0	1	1	1	1	1
0	1	1	0	1	0	1	1	1	1	1	1
0	1	1	1	0	1	1	1	1	1	1	1

由其真值表可写出任一输出 Y_i 表达式：

$$\overline{Y_0}=\overline{\overline{A_2}\, \overline{A_1}\, \overline{A_0}}=\overline{m_0};\ \overline{Y_1}=\overline{\overline{A_2}\, \overline{A_1} A_0}=\overline{m_1};\ \cdots;\ \overline{Y_6}=\overline{A_2 A_1 \overline{A_0}}=\overline{m_6};\ \overline{Y_7}=\overline{A_2 A_1 A_0}=\overline{m_7} \qquad (2\text{-}3)$$

从上面的逻辑关系表达式中可以看出：

（1）任一输出 Y_i，均可以最小项形式表示，所以 74LS138（3 线-8 线译码器）又称最小项译码器。

（2）译码器的各个输出信号逻辑表达式的基本形式是有关输入信号的与运算，所以它的逻辑图是由与门阵列组成的，这也是译码器基本电路结构的一个显著特点。此门阵列的逻辑电路图读者可以自行完成，此处不再赘述。

（3）可借助输出表达式［即式(2-3)］实现其典型的应用。

由 74LS138 最小项译码器实现组合逻辑电路的步骤如下：

（1）将逻辑表达式写成最小项和的方式，即 $\sum m_i$。

（2）因译码器输出为最小项取反的方式，为了得到此关系，对（1）得到的表达式两次取反，外层非号不动，内层用摩根定律展开。

（3）根据（2）得到的表达式画出函数的逻辑电路图。此时注意逻辑电路图由 74LS138 和与非门构成。

例 2.8 用 74LS138 实现下面逻辑函数：$F=\overline{A}\,\overline{B}\,\overline{C}+\overline{A}\,\overline{B}C+\overline{A}B\,\overline{C}+ABC$。

分析 集成中规模译码器 74LS138 的典型应用是用来实现逻辑函数式。74LS138 可以实现任意函数，并且可以有多路输出。部分译码器也可以实现一些函数，但要求译码器的输出含有函数所包含的最小项。可根据前述提到的步骤实现。

解 （1）74LS138 的输出为输入变量的相应最小项的非，因所给函数恰好均以最小项形式表示，故不需要进一步化简。

$$F=\overline{A}\,\overline{B}\,\overline{C}+\overline{A}\,\overline{B}C+\overline{A}B\,\overline{C}+ABC=\sum m(0,1,5,7)$$

（2）故先将逻辑函数式 F 写成最小项两次取反的形式，再由摩根定律得到：

$$F=\overline{\overline{\overline{A}\,\overline{B}\,\overline{C}+\overline{A}\,\overline{B}C+A\overline{B}\,\overline{C}+ABC}}=\overline{\overline{\overline{A}\,\overline{B}\,\overline{C}}\cdot\overline{\overline{A}\,\overline{B}C}\cdot\overline{A\,\overline{B}\,\overline{C}}\cdot\overline{ABC}}$$

F 有三个变量，因而选用三变量译码器。将变量 A、B、C 分别接三变量译码器的 A_2、A_1、A_0 端。则上式就变为

$$F=\overline{\overline{\overline{A}\,\overline{B}\,\overline{C}}\cdot\overline{\overline{A}\,\overline{B}C}\cdot\overline{A\,\overline{B}\,\overline{C}}\cdot\overline{ABC}}=\overline{\overline{Y_0}\cdot\overline{Y_1}\cdot\overline{Y_5}\cdot\overline{Y_7}}$$

（3）根据上式画出用三变量译码器 74LS138 实现上述函数的逻辑电路图，如图 2-20 所示。译码器的选通端均应接有效电平。

例 2.9 用一个 3 线-8 线译码器 74LS138 和门电路实现如下逻辑函数：

$$Z_1=\overline{B}C;$$

$$Z_2=\overline{A}BC+A\,\overline{B}\,\overline{C}+A\overline{C};$$

$$Z_3=\overline{A}\,\overline{C}+ABC。$$

分析 本题主要考察用 3 线-8 线译码器 74LS138 实现逻辑函数，只需按前述介绍步骤即可实现。

解 （1）由于 3 线-8 线译码器 74LS138 译出了三变量的全部最小项，其输出为最小项之和。故要用它来实现逻辑函数，需将逻辑函数写成最小项的形式：

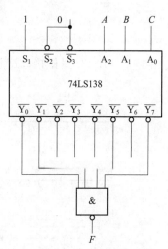

图 2-20 例 2.8 的逻辑电路图

$$Z_1=\overline{B}C=A\overline{B}C+\overline{A}\,\overline{B}C=\sum m(1,5)$$

$$Z_2=\overline{A}BC+A\,\overline{B}\,\overline{C}+A\overline{C}=\overline{A}BC+A\,\overline{B}\,\overline{C}+AB\overline{C}+A\,\overline{B}\,\overline{C}=\sum m(3,4,6)$$

$$Z_3=\overline{A}\,\overline{C}+ABC=\overline{A}B\,\overline{C}+ABC+\overline{A}\,\overline{B}\,\overline{C}=\sum m(0,2,7)$$

（2）由于输出端为最小项取反，故对上述逻辑函数的输出表达式两次取反，外层非号不动，

内层非号应用摩根定律展开。得到表达式如下：

$$Z_1 = \overline{\overline{m_1} \ \overline{m_5}}$$

$$Z_2 = \overline{\overline{m_3} \ \overline{m_4} \ \overline{m_5}}$$

$$Z_3 = \overline{\overline{m_0} \ \overline{m_2} \ \overline{m_7}}$$

（3）具体电路如图 2-21 所示。

例 2.10　用 74LS138 实现下列一组逻辑函数：

$$\begin{cases} Z_1 = A\overline{C} + \overline{A}BC + A\overline{B}C \\ Z_2 = BC + \overline{A}\ \overline{B}C \\ Z_3 = \overline{A}B + A\overline{B}C \end{cases}$$

分析　本题主要考核 74LS138 译码器实现多组逻辑函数。关键是熟练应用 3 线-8 线译码器步骤。

解　先将逻辑函数表达式化为最小项形式，即

$$\begin{cases} Z_1 = m_3 + m_4 + m_5 + m_6 \\ Z_2 = m_1 + m_3 + m_7 \\ Z_3 = m_2 + m_3 + m_5 \end{cases}$$

由 74LS138 可知，在译码状态下有：

$$\overline{Y_0} = \overline{m_0}, \ \overline{Y_1} = \overline{m_1}, \ \cdots, \ \overline{Y_7} = \overline{m_7}。$$

若令 $A = A_2$，$B = A_1$，$C = A_0$，则有

$$\begin{cases} Z_1 = \overline{\overline{m_3} \ \overline{m_4} \ \overline{m_5} \ \overline{m_6}} = \overline{\overline{Y_3} \ \overline{Y_4} \ \overline{Y_5} \ \overline{Y_6}} \\ Z_2 = \overline{\overline{m_1} \ \overline{m_3} \ \overline{m_7}} = \overline{\overline{Y_1} \ \overline{Y_3} \ \overline{Y_7}} \\ Z_3 = \overline{\overline{m_2} \ \overline{m_3} \ \overline{m_5}} = \overline{\overline{Y_2} \ \overline{Y_3} \ \overline{Y_5}} \end{cases}$$

结合 74LS138 外围接口及上述输出端逻辑函数表达式的信息，其接线图如图 2-22 所示。

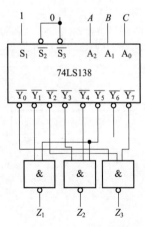

图 2-21　例 2.9 电路实现

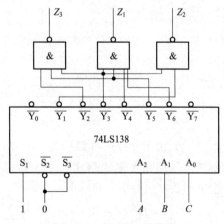

图 2-22　例 2.10 接线图

本题也可利用基本门电路实现，请读者自行分析并设计。

例 2.11　图 2-23 给出了 3 线-8 线译码器 74LS138 构成的组合逻辑电路，试写出 F_1、F_2 的

最简与或式。

分析 图 2-23 中给出了由 74LS138 构成的组合逻辑电路，其输出端是低电平有效。如写出最简与或式，必须先写出其逻辑表达式。由题中可知，输入为三变量 A、B、C，输出为二变量 F_1 和 F_2。

解

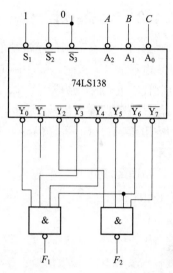

图 2-23 例 2.11 逻辑电路图

$$F_1 = \overline{\overline{Y_0} \cdot \overline{Y_3} \cdot \overline{Y_4} \cdot \overline{Y_6}}$$
$$= \overline{\overline{A\,\overline{B}\,\overline{C}} \cdot \overline{\overline{A}BC} \cdot \overline{A\,\overline{B}\,\overline{C}} \cdot \overline{AB\overline{C}}}$$
$$= \overline{A}\,\overline{B}\,\overline{C} + \overline{A}BC + A\,\overline{B}\,\overline{C} + AB\overline{C}$$
$$= \overline{B}\,\overline{C} + + \overline{A}BC + AB\overline{C}$$
$$= \overline{B}\,\overline{C} + + \overline{A}BC + A\overline{C}$$

$$F_2 = \overline{\overline{Y_2} \cdot \overline{Y_5} \cdot \overline{Y_6} \cdot \overline{Y_7}}$$
$$= \overline{\overline{A}B\,\overline{C} \cdot \overline{A\,\overline{B}C} \cdot \overline{AB\,\overline{C}} \cdot \overline{ABC}}$$
$$= \overline{A}B\,\overline{C} + A\,\overline{B}C + AB\,\overline{C} + ABC$$
$$= B\overline{C} + AC$$

思考：上述例 2.8～例 2.11 显示了 74LS138 可实现简单组合逻辑电路的分析与设计。而实际应用中的复杂问题，同样也可以用 74LS138 实现电路设计，典型的应用为用两片 74LS138 扩展为 4 线-16 线译码器。

分析 单一的 74LS138 通过其使能选通端 $S = S_1\,\overline{S_2}\,\overline{S_3}$ 控制芯片是否工作。当用其扩展设计时，同样可以应用使能选通端来达到此目的，其接线图如图 2-24 所示。

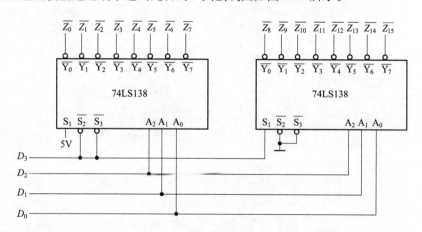

图 2-24 用两片 74LS138 扩展为 4 线-16 线译码器

由上述 74LS138 译码器例题可以总结二进制译码器的主要特点如下：

（1）功能特点。二进制译码器是全译码器的电路，它把每种输入二进制代码状态都翻译出来了。如果把输入信号当成逻辑变量，输出信号当成逻辑函数，那么每个输出信号就是输入变量的一个最小项，所以二进制译码器在其输出端提供了输入变量的全部最小项。

（2）电路结构特点。二进制译码器的基本电路是由与门组成的门阵列，如果要求输出为反变量即为低电平有效，则只需要将与门换成与非门就可以了。这也是集成二进制译码器采用的电路结构形式。

2.4.2 代码转换译码器——8421BCD 码 (4 线-10 线) 译码器

二-十进制译码器的逻辑功能是将输入的 10 个 BCD 代码分别译成 10 个输出端上的高（或低）电平信号。从前面介绍中可知，BCD 码都是由四位二进制代码组成的，形成 4 个输入信号，故而可得到 4 个输入信号，10 路输出信号，又称二-十进制译码器，其典型的应用是 8421BCD 码译码器 74LS42。其结构图如图 2-25 所示。

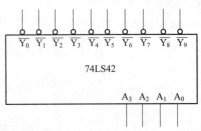

图 2-25 二-十进制转换译码器 74LS42 结构图

由图 2-25 可见，$A_3 A_2 A_1 A_0$ 为 74LS42 的输入端，表示 8421BCD 码。$\overline{Y_0} \sim \overline{Y_9}$ 代表 0~9 十个数码，且是低电平输出有效。

用 A_3、A_2、A_1、A_0 表示输入的四位二进制代码，用 $Y_0 \sim Y_9$ 表示 10 个输出信号，8421BCD 码译码器 74LS42 的真值表见表 2-11。

表 2-11 74LS42 的真值表

输 入				输 出									
A_3	A_2	A_1	A_0	$\overline{Y_0}$	$\overline{Y_1}$	$\overline{Y_2}$	$\overline{Y_3}$	$\overline{Y_4}$	$\overline{Y_5}$	$\overline{Y_6}$	$\overline{Y_7}$	$\overline{Y_8}$	$\overline{Y_9}$
0	0	0	0	0	1	1	1	1	1	1	1	1	1
0	0	0	1	1	0	1	1	1	1	1	1	1	1
0	0	1	0	1	1	0	1	1	1	1	1	1	1
0	0	1	1	1	1	1	0	1	1	1	1	1	1
0	1	0	0	1	1	1	1	0	1	1	1	1	1
0	1	0	1	1	1	1	1	1	0	1	1	1	1
0	1	1	0	1	1	1	1	1	1	0	1	1	1
0	1	1	1	1	1	1	1	1	1	1	0	1	1
1	0	0	0	1	1	1	1	1	1	1	1	0	1
1	0	0	1	1	1	1	1	1	1	1	1	1	0
1	0	1	0	×	×	×	×	×	×	×	×	×	×
1	0	1	1	×	×	×	×	×	×	×	×	×	×
1	1	0	0	×	×	×	×	×	×	×	×	×	×
1	1	0	1	×	×	×	×	×	×	×	×	×	×
1	1	1	0	×	×	×	×	×	×	×	×	×	×
1	1	1	1	×	×	×	×	×	×	×	×	×	×

 注意：

表 2-11 中代码 1010~1111 六种值没有使用，为无效状态。而相应的六种取值，在译码器的输入端也是不会出现的。故而在真值表中每个无效状态以"×"描述。

根据逻辑图写出输出逻辑式的原则，可写出 74LS42 的逻辑表达式为

$$\overline{Y_0} = (\overline{A_3\,A_2\,A_1\,A_0})\,;\ \overline{Y_1} = (\overline{A_3\,A_2\,A_1\,A_0})\cdots \overline{Y_9} = (\overline{A_3 \overline{A_2}\ \overline{A_1} A_0}) \tag{2-4}$$

由式(2-4) 可知，当 $A_3A_2A_1A_0$ 为 0000～1001 时，将以此给出低电平输出信号。

除了这里讲述的 4 线-10 线 8421BCD 码译码器外，还有集成的余 3 码输入、余 3 格雷码输入的电路，它们的外引脚功能端排列与 8421BCD 码输入端没有区别，只是真值表不同。

2.4.3　显示译码器

在数字系统中工作的是二进制的数字信号，而人们习惯十进制的数字或运算结果，因此需要用数字显示电路，显示出便于人们观测、查看的十进制数字。显示译码器主要由译码器和驱动器两部分组成，通常这二者都集成在一块芯片中。为了能以十进制数码直观地显示数字系统的运行数据，目前广泛使用七段字符显示器，简称七段数码管。这种字符显示器由七段可发光的线段拼合而成。

1. 显示器件

七段显示译码器的功能是将 BCD 码译成七段字符显示器驱动电路所需的七位输入代码。常见的七段式显示器分为发光二极管（LED）和液晶（LCD）两种，这两种显示器件又都包含笔画段型和点阵型。点阵型是由许多成行成列的发光元素组成，通过驱动不同行和列上的发光点组成一定的字形、符号和图形。笔画段型即为常见的七段字符显示器，又称数码管，由七段独立的线段按照图 2-26 所示形式排列而成，取不同的线段组合并将它们点亮，可以显示 0～9 这 10 个不同的字形。在有的字符显示器中还增加了一个小数点，这样就形成了七段字符显示器。

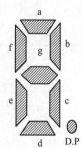

图 2-26　七段字符显示器

1）LED 显示器件

七段式半导体显示译码器内部可用图 2-27 所示的两种接法，即共阴极接法 ［见图 2-27(a)］和共阳极接法 ［见图 2-27(b)］。外部显示电路用七个字段的不同组合显示 0～9 十个数字。其电路功能具有低电压、小体积、寿命长、响应速度快、亮度大和可靠性强等优点，缺点是电流过大。

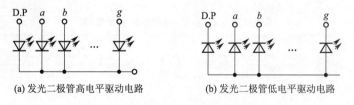

(a) 发光二极管高电平驱动电路　　　　(b) 发光二极管低电平驱动电路

图 2-27　七段式半导体显示译码器

2）LCD 显示器件

液晶是在外加光源照射下受控激励，供视觉感受信息的显示器件。液晶具有规则的组织结构，本身并不发光。它由有机分子组成，分子排列有向列型（所有分子相互平行排列）、胆甾型（分子相互平行排列，连续多层，各层依所选方向依次回转）和层列型（分子以同一方向按层次排列）三种形式。液晶会产生多种电光效应，即宾主效应、动态散射效应和相移存储效应。宾主效应是多色染料分子（宾）与向列液晶（主）在电场作用下重新排列，引起颜色变化。动态散射效应是透明的液晶由于电场的作用，引起分子排列混乱。相移存储效应是光能通过一对夹有液晶、相互正交的偏振镜。以扭曲向列场效应为基础的液晶显示器件在电子表和计算器中应用最多。在这种器件中，偏振光能在液晶里旋转；如果加有电场，则扭曲结构失效，光就不能通过。扭曲向列液晶不但响应慢（0.1 s），而且门限的斜率小，因此限制矩阵选址的行数，多用于单字符显示。液晶显示器件还有液晶光阀和用液晶和薄膜晶体管制作的显示板。液晶显示器件由于其功耗低、平板显示等优点，是未来显示技术的重要发展方向之一。

液晶（LCD）显示器件的优异特性决定了它在各类显示器件中的地位。电子计算器已经人人必备，智能化仪器仪表使用了液晶显示，使它可以成为便携式。计算机液晶作为一种特殊的功能材料，具有极其广泛的应用价值。随着以液晶显示器件为主的各类液晶产品的出现和发展，液晶已经深入各行各业以及社会生活的各个角落。人类开发了液晶，液晶改变着人类的生活。

2. 集成 BCD 码七段显示译码器 74LS48

半导体数码管和液晶显示器都可以用 TTL 或者 CMOS 集成电路直接驱动。中规模集成芯片 74LS48 简称 7448，是驱动共阴极 LED 的显示译码器，其结构图如图 2-28 所示。其详细组成及功能表见第 6 章中译码、显示器电路设计。

74LS48 的各端口功能如下：

（1）灯测试输入信号 $\overline{LT}$：输入，用以检查数码管的好坏。$\overline{LT}=0$，七段全亮，显示字形"8"；$\overline{LT}=1$，电路正常译码。

（2）灭零输入信号 $\overline{RBI}$：输入，当 $\overline{RBI}=0$ 时，若输入 $A_3 A_2 A_1 A_0 =0000$，则七段全灭，不显示；若 $A_3 A_2 A_1 A_0 \neq 0000$，则照常显示。

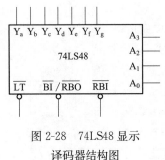

图 2-28 74LS48 显示译码器结构图

（3）灭零输出信号 $\overline{RBO}$：输出，当芯片本身处于灭零状态（即 $\overline{RBO}=0$ 且 $A_3 A_2 A_1 A_0 =0000$）时，$\overline{RBO}=0$；否则，$\overline{RBO}=1$。

利用 $\overline{RBI}$、$\overline{RBO}$ 信号，在多位显示系统中可以熄灭多余的零。

显示译码器是将一种编码转换为十进制码或特定编码，并通过显示器件将译码器的输出状态显示出来的电路。8421BCD 码为十进制编码，据 8421BCD 码和数码管工作原理可列出真值表见表 2-12。

表 2-12 8421BCD 码和数码管真值表

输入				输出							十进制字形
A_3	A_2	A_1	A_0	Y_a	Y_b	Y_c	Y_d	Y_e	Y_f	Y_g	
0	0	0	0	1	1	1	1	1	1	0	0
0	0	0	1	0	1	1	0	0	0	0	1
0	0	1	0	1	1	0	1	1	0	1	2
0	0	1	1	1	1	1	1	0	0	1	3
⋮						⋮					⋮
1	0	0	1	1	1	1	0	0	1	1	9

由表 2-12 可求出各输出端逻辑函数表达式，这里用到第 1 章所介绍的卡诺图化简法，分别得到 $a\sim g$ 的逻辑函数表达式 $\overline{Y_a}\sim\overline{Y_g}$，然后取反得到逻辑函数 $Y_a\sim Y_g$。图 2-29 为 Y_a 字段的卡诺图。

$$\overline{Y_a}=\overline{A_3}\,\overline{A_2}\,\overline{A_1}\,\overline{A_0}+A_2\,\overline{A_0}+A_3A_1$$

$$Y_a=\overline{\overline{A_3}\,\overline{A_2}\,\overline{A_1}\,\overline{A_0}+A_2\,\overline{A_0}+A_3A_1}$$

同理可得：$Y_b=\overline{A_3A_1+A_2A_1\,\overline{A_0}+A_2\,\overline{A_1}A_0}$，$Y_c=\overline{A_3A_2+\overline{A_2}A_1\,\overline{A_0}}$，

$\quad\quad Y_d=\overline{A_2A_1A_0+A_2\,\overline{A_1}\,\overline{A_0}+\overline{A_2}\,\overline{A_1}A_0}$，$Y_e=\overline{A_2\,\overline{A_1}+A_0}$，

$\quad\quad Y_f=\overline{\overline{A_3}\,\overline{A_2}A_0+\overline{A_2}A_1+A_1A_0}$，$Y_g=\overline{\overline{A_3}\,\overline{A_2}\,\overline{A_1}+A_2A_1A_0}$。

根据 $Y_a\sim Y_g$ 表达式，可实现七段式数字显示译码器实现无上拉电路的接线图如图 2-30 所示。

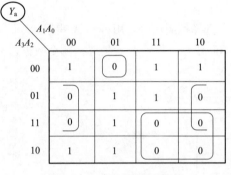

图 2-29　Y_a 字段的卡诺图

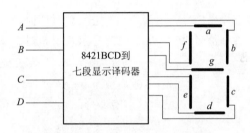

图 2-30　七段式数字显示译码器实现
无上拉电路的接线图

与共阴极对应的就是共阳极接法。7447 是一款以共阳极作为驱动的 LED 显示器。其功能与 7448 完全相同，仅是输出为低电平有效。图 2-31 给出了显示译码器与共阳极显示器的接线图。

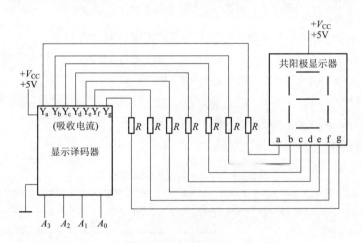

图 2-31　显示译码器与共阳极显示器的接线图

现在市场上集成的显示器件的种类较多，应用又十分广泛，因而厂家生产用于显示驱动器的译码器也包含很多种规格和型号。例如，用于驱动七段字形显示器的 BCD 码七段显示译码器，可分为共阳极字形管的产品：OC 输出、无上拉电阻、0 电平驱动的 74247、74LS247 等。还有适合于共阴极字形管的产品：7448、74LS148、74248、74LS248 等和 OC 输出、无上拉电阻、1 电平驱动的 74249、74LS249、7449。

2.5 数据选择器

在多路数据传送过程中，能够根据需要将其中任意一路挑选出来的电路，称为数据选择器，又称多路选择器或者多路开关。数据选择器是一种常用模块，最小的是二选一数据选择器。

1. 四选一数据选择器

（1）输入、输出信号分析：

输入信号：四路数据，分别用 $D_3 \sim D_0$ 表示。两个选择控制信号，用 A_1、A_0 表示。

输出信号：用 Y 表示，它可以是四路输入数据中的任意一路，究竟是选择哪个数据，完全由控制信号决定。其逻辑符号示意图如图 2-32 所示。

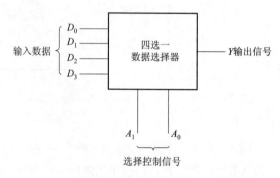

图 2-32 四选一数据选择器逻辑符号示意图

（2）控制信号为两位的二值逻辑符号，其信号状态组合共有四种。

当选择控制信号 $A_1 A_0 = 00$ 时，输出端为 D_0，即 $Y = D_0$；

当选择控制信号 $A_1 A_0 = 01$ 时，输出端为 D_1，即 $Y = D_1$；

当选择控制信号 $A_1 A_0 = 10$ 时，输出端为 D_2，即 $Y = D_2$；

当选择控制信号 $A_1 A_0 = 11$ 时，输出端为 D_3，即 $Y = D_3$。

根据数据选择的概念和 $A_1 A_0$ 状态的约定，可列出表 2-13 所示的真值表。

表 2-13 四选一数据选择器真值表

输入			输出
D	A_1	A_0	Y
D_0	0	0	D_0
D_1	0	1	D_1
D_2	1	0	D_2
D_3	1	1	D_3

（3）逻辑表达式：

$$Y = \overline{A_1}\,\overline{A_0}D_0 + \overline{A_1}A_0D_1 + A_1\overline{A_0}D_2 + A_1A_0D_3 \tag{2-5}$$

例 2.12 用四选一数据选择器实现逻辑函数 $Z = \overline{A}C + \overline{A}B\overline{C} + A\overline{B}\,\overline{C}$。

分析 已知 Z 的逻辑表达式为三变量输入,则可以参照式(2-5)写出四选一的标准逻辑式。

解 首先要清晰地按照规范式写出输出逻辑函数的表达式,即

$$Z=\overline{A}\,\overline{B}C+\overline{A}BC+AB\overline{C}+A\overline{B}\,C=\overline{A}\,\overline{B}C+\overline{A}B+A\overline{B}\,\overline{C}$$

对比四选一数据选择器逻辑表达式:$Y=\overline{A_1}\,\overline{A_0}D_0+\overline{A_1}A_0D_1+A_1\,\overline{A_0}D_2+A_1A_0D_3$。

若令 $A_1=A$,$A_0=B$,$Y=Z$,则通过比较对应项可得:$D_0=C$,$D_1=1$,$D_2=\overline{C}$,$D_3=0$。

据此可画出逻辑电路图如图 2-33 所示。

例 2.13 用一片四选一数据选择器实现逻辑函数 $F(A,B,C,D)=AB+CD+B\odot D$。不允许使用小规模逻辑门辅助,输入只提供原变量和常量"1",不允许使用反变量和常量"0"。画出逻辑电路图并做简要说明。

分析 本题用数据选择器实现逻辑函数。

解 $F(A,B,C,D)=AB+CD+B\odot D=AB+CD+\overline{B}\,\overline{D}+BD=AB(D+\overline{D})+C(B+\overline{B})D+\overline{B}\,\overline{D}$
$+BD=\overline{B}\,\overline{D}+C\overline{B}D+AB\overline{D}+BD+ABD+CBD=\overline{B}\,\overline{D}+C\overline{B}D+AB\overline{D}+BD$

因此可以选择 BD 作为地址输入变量,这就可以不附加门电路实现 F,逻辑电路图如图 2-34 所示。

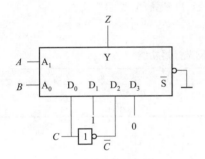

图 2-33 例 2.12 逻辑电路图

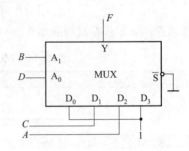

图 2-34 例 2.13 逻辑电路图

例 2.14 试用四选一数据选择器实现逻辑函数 $F(A,B,C)=AB+AC+BC$。

分析 本题考查数据选择器的设计,输入为三变量,一路输出。

解 首先按照四选一数据选择器的功能,将函数转化为标准与或式。

$$F(A,B,C)=AB+AC+BC$$
$$=AB(C+\overline{C})+A(B+\overline{B})C+(A+\overline{A})BC$$
$$=1\cdot BC+A\cdot B\overline{C}+A\cdot \overline{B}C+0\cdot \overline{B}\,\overline{C}$$

选择其中的 BC 作为地址输入端,A 作为数据端。

此处逻辑电路图省略。请读者自己完成。

 注意:

本章前半部分介绍了用基本门电路和译码器实现组合逻辑电路的分析与设计。数据选择器同样可实现组合逻辑电路,在允许添加门电路时,可实现任一逻辑函数。一般说来,四选一数据选择器可实现三变量以下的逻辑函数,八选一数据选择器可实现四变量以下的逻辑函数。

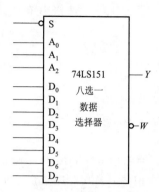

图 2-35　74LS151 逻辑
符号图

2. 八选一数据选择器

八选一数据选择器又称波段开关，一个两位以上输出的数据选择器相当于一个多刀多掷波段开关，它用于从八个数据中选择一个数据输出。以八选一数据选择器 74LS151 为例，其逻辑符号图如图 2-35 所示。

引脚功能如下：$A_0 \sim A_2$ 为选择输入端，$D_0 \sim D_7$ 为数据输入端，S 为选通输入端（低电平有效），W 为反码数据输出端，Y 为数据输出端。

把三位二进制数从选择输入端输入，按奇偶特性，000，001，010，011，100，101，110，111 分别对应 $D_0 \sim D_7$。

如果设定代码中有奇数个 1，输出为 1，则可以在输出端将 D_1，D_3，D_5，D_7 接到一个或门就可以了。

八选一逻辑表达式为

$$Y = \overline{A_2}\,\overline{A_1}\,\overline{A_0}D_0 + \overline{A_2}\,\overline{A_1}A_0 D_1 + \overline{A_2}A_1\,\overline{A_0}D_2 + \overline{A_2}A_1 A_0 D_3 + A_2\,\overline{A_1}\,\overline{A_0}D_4 + A_2\,\overline{A_1}A_0 D_5 + A_2 A_1\,\overline{A_0}D_6 + A_2 A_1 A_0 D_7 \qquad (2\text{-}6)$$

74LS151 八选一数据选择器功能如表 2-14 所示。

表 2-14　74LS151 八选一数据选择器功能

S	功能
0	正常工作
1	$Y=0$(不工作)

例 2.15　用八选一数据选择器实现逻辑函数：$F(A,B,C)=AB+AC+BC$。

分析　本题考查用数据选择器实现任意组合逻辑电路。

解　根据 74LS151 的功能，用八选一的功能实现三变量的数据选择器。
首先要将逻辑函数式转化为标准与或式。

$$F(A,B,C) = AB+AC+BC$$
$$= AB(C+\overline{C})+A(B+\overline{B})C+(A+\overline{A})BC$$
$$= \sum m(3,5,6,7)$$

根据上式，只需将逻辑变量 A、B、C 依次接在八选一数据选择器的控制输入端 A_2、A_1、A_0 上，并将数据输入端 D_3、D_5、D_6、D_7 接高电平 "1"，其余接 "0"，就可以构成符合要求的函数发生器。其逻辑电路图如图 2-36 所示。

例 2.16　使用一片八选一数据选择器（允许反变量输入，不附加门）实现 $F(A,B,C,D)=\sum m(0,3,5,8,11,14)+\sum d(1,6,12,13)$。

分析　本题考查用八选一数据选择器实现任意逻辑函数。

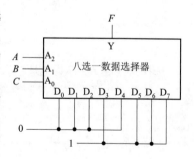

图 2-36　例 2.15 逻辑电路图

解　由 $F(A,B,C,D)=\sum m(0,3,5,8,11,14)+\sum d(1,7,12,13)$，可画出 F 的卡诺图，

如图 2-37 所示。

　　要用一片八选一数据选择器不附加门实现 F，首先应从四个输入变量中选择出合适的三个作为地址输入，如选择 A、B、C 作为地址输入，则 $F(A,B,C,D)=\overline{A}\,\overline{B}\,\overline{C}D+\overline{A}\,\overline{B}CD+\overline{A}B\,\overline{C}D+A\overline{B}\,\overline{C}D+A\overline{B}CD+ABC\overline{D}$，因此可画出逻辑电路图如图 2-38 所示。

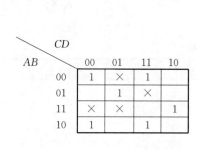

图 2-37　例 2.16 对应 F 的卡诺图

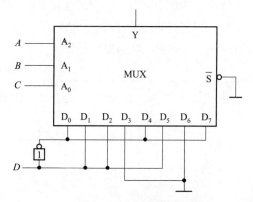

图 2-38　例 2.16 逻辑电路图

　　例 2.17　用八选一数据选择器实现逻辑函数 $Z=\overline{A}BC+\overline{B}D+ABCDE$。

　　解　若令 $A_2=A$，$A_1=B$，$A_0=C$，$Y=Z$，则

最小项表达式：$Z=\overline{A}\,\overline{B}CD+\overline{A}BCD+\overline{A}BC+A\overline{B}\,\overline{C}D+A\overline{B}CD+ABCDE$

八选一数据选择器的标准式：

$$Y=\overline{A_2}\,\overline{A_1}\,\overline{A_0}D_0+\overline{A_2}\,\overline{A_1}A_0D_1+\overline{A_2}A_1\,\overline{A_0}D_2+\overline{A_2}A_1A_0D_3+A_2\,\overline{A_1}\,\overline{A_0}D_4+A_2\,\overline{A_1}A_0D_5+A_2A_1\,\overline{A_0}D_6+A_2A_1A_0D_7$$

对比两式，可以得出 $D_0=D_1=D_4=D_5=D$，$D_2=D_6=0$，$D_3=1$，$D_7=D\cdot E$。

参照八选一数据选择器的引脚图，即可实现其接线，如图 2-39 所示。

3. 集成数据选择器

　　集成数据选择器的产品规格有四选一数据选择器、八选一数据选择器（型号为 74LS151、74251、74LS153）、十六选一数据选择器（可以用两片 74LS151 连接起来构成）等之分。如在数字电路中，MUX6 常指六路开关、MUX 6 to 1（MUX6_1）常指六选一数据选择器。

　　多路转换器的作用主要是用于信号的切换。目前集成模拟电子开关在小信号领域已成为主导产品，与以往的机械触点式电子开关相比，集成电子开关有许多优点，例如切换速率快、无抖动、耗电省、体积

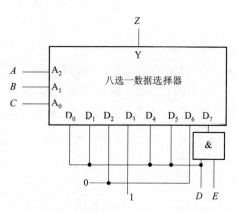

图 2-39　例 2.17 逻辑电路图

小、工作可靠且容易控制等。但也有若干缺点，如导通电阻较大、输入电流容量有限、动态范围小等。因而集成模拟开关主要使用在高速切换、要求系统体积小的场合。在较低的频段上（$f<10$ MHz），集成模拟开关通常采用 CMOS 工艺制成；而在较高的频段上（$f>10$ MHz），则广泛采用双极型晶体管工艺。

例 2.18　复杂组合逻辑电路的设计。用八选一数据选择器 74HC151 设计一个组合逻辑电路。该电路有三个输入逻辑变量 A、B、C 和一个工作状态控制变量 M。当 $M=0$ 时电路实现"意见一致"功能（A、B、C 状态一致时输出为 1，否则输出为 0）；而 $M=1$ 时电路实现"多数表决器"功能，即输出与 A、B、C 中多数的状态一致。

分析　本题为复杂组合逻辑电路的设计。利用 M 变量的变化实现两种电路功能。

解　根据已知条件列出真值表（见表 2-15）。A、B、C 三个变量表示输入逻辑变量，Z 表示输出，M 为两种电路的控制变量。

表 2-15　真　值　表

M	A	B	C	Z
0	0	0	0	1
0	0	0	1	0
0	0	1	0	0
0	0	1	1	0
0	1	0	0	0
0	1	0	0	0
0	1	1	0	0
0	1	1	1	1
1	0	0	0	0
1	0	0	0	0
1	0	1	0	0
1	0	1	1	1
1	1	0	0	0
1	1	0	1	1
1	1	1	0	1
1	1	1	1	1

由真值表写出逻辑函数式：
$$Z = (\overline{A}\,\overline{B}\,\overline{C} + ABC)\overline{M} + (\overline{A}BC + A\overline{B}C + AB\overline{C} + ABC)M$$
$$= \overline{A}\,\overline{B}\,\overline{C} \cdot \overline{M} + \overline{A}\,\overline{B}C \cdot 0 + \overline{A}B\,\overline{C} \cdot 0 + \overline{A}BC \cdot M + A\overline{B}\,\overline{C} \cdot 0 +$$
$$A\overline{B}C \cdot M + AB\overline{C} \cdot M + ABC \cdot 1$$

按照八选一数据选择器的特点，用 74HC151 构成的逻辑电路图如图 2-40 所示。其中 $A_2 = A$，$A_1 = B$，$A_0 = C$，$D_0 = \overline{M}$，$D_1 = D_2 = D_4 = 0$，$D_3 = D_5 = D_6 = M$，$D_7 = 1$。

典型的双四选一数据选择器 74LS153，其逻辑符号图如图 2-41 所示。双四选一数据选择器意味着由两个四选一数据选择器构成，那么这两个数据选择器集成后共用地址输入端和电源。

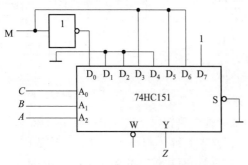

图 2-40　用 74HC151 构成的 Z 逻辑电路图

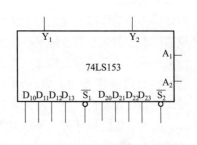

图 2-41　双四选一数据选择器
74LS153 逻辑符号图

控制信号为两组四路数据选择端，即 $D_{10} \sim D_{13}$ 和 $D_{20} \sim D_{23}$，输出端 Y 和选通控制端 $\overline{S}$，而其地址输入端 A_1、A_2 是共用的。参考四选一的功能原理，可以写出双四选一的输入和输出之间的逻辑关系式为

$$Y_1 = \overline{S_1}(A_2 A_1 D_{10} + A_2 \overline{A_1} D_{11} + \overline{A_2} A_1 D_{12} + \overline{A_2}\,\overline{A_1} D_{13})$$
$$Y_2 = \overline{S_2}(A_2 A_1 D_{20} + A_2 \overline{A_1} D_{21} + \overline{A_2} A_1 D_{22} + \overline{A_2}\,\overline{A_1} D_{23})$$

$$(2\text{-}7)$$

可以利用选通控制端控制每个数据选择器是否工作，而且还能便捷地将几个已有的数据选择器组合为更多数据输入端的数据选择器。

例 2.19 用双四选一数据选择器 74LS153 设计一个四变量的多数表决电路。当输入变量 $ABCD$ 有三个或三个以上为 1 时，输出为 1，否则输出为 0。

分析 本题为多数选择器应用，实现多选一时选用八选一数据选择器时更容易，但本题要求用双四选一来实现多数表决器，关键是将双四选一接成八选一的数据选择器。

解 过程略，逻辑电路图如图 2-42 所示。

上述例题给出了数据选择器的典型应用。在实际应用中，也可能会遇到数据选择器的输入端数目不够用的情形。这时可以采用扩展输

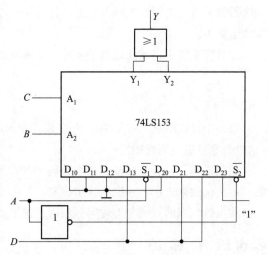

图 2-42 例 2.19 双四选一数据选择器 74LS153 构造的多数表决器电路

入量的办法，比如图 2-43 就给出了用四个八选一数据选择器和一个四选一数据选择器实现三十二选一的数据选择器逻辑电路图。

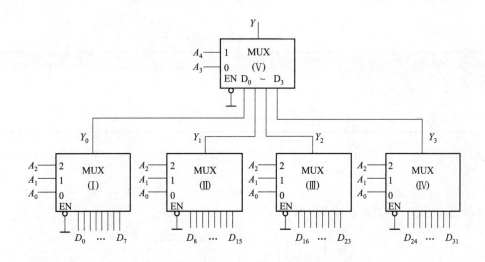

图 2-43 三十二选一数据选择器逻辑电路图

2.6 加 法 器

加法器是用于实现两个二进制加法运算的电路，是数字电路实现运算功能的核心单元器件。加法器除了可以进行二进制加法运算外，还可以实现代码转换、减法运算、BCD码的加减运算、乘法运算等。

在数字系统中，加法运算是各种算术运算的基础。二进制加法的四条基本规则如下：

$$
\begin{array}{cccc}
\begin{array}{r} 0 \\ +\ 0 \\ \hline 0 \end{array} &
\begin{array}{r} 0 \\ +\ 1 \\ \hline 1 \end{array} &
\begin{array}{r} 1 \\ +\ 0 \\ \hline 1 \end{array} &
\begin{array}{r} 1 \\ +\ 1 \\ \hline 1\ 0 \end{array}
\end{array}
$$

第四个算式结果中的 1 表示进位数。表示两个 1 相加后，本位和为 0，同时相邻高位加 1（这也是逢二进一的规则）。

此例说明：只有最低位为两个数码相加，其余各位都有可能是三个数码相加。加得的结果必须用两位数来表示，一位反映本位和，另一位反映进位。

两位数相减的规则与上述问题相似。这里不再阐述。

2.6.1 半 加 器

两个一位二进制数相加，称为半加。

半加的规则：两个一位二进制数相加，例如 A 和 B 相加，有三种情况：一是 $0+0=0$；二是 $0+1=1$；三是 $1+1=10$。根据这三种情况，半加的结果有两个输出：一是半加和，如 0 和 1；二是半加进位。

半加器的真值表（见表 2-16）给出了两个二进制数 A 和 B 相加，S 为半加和，C_O 表示半加进位。

表 2-16   半加器的真值表

A	B	S	C_O
0	0	0	0
0	1	1	0
1	0	1	0
1	1	0	1

逻辑表达式为

$$S=\overline{A}B+A\overline{B}$$
$$C_O=AB$$

(2-8)

半加器逻辑电路图及逻辑符号如图 2-44 所示。

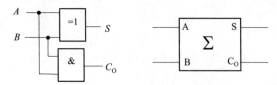

图 2-44   半加器逻辑电路图及逻辑符号

2.6.2　全 加 器

在实际二进制运算中，两个加数都不会只是一位数。如果仅用不考虑进位的半加器是不能满足需求的。这里引入全加器来解决问题。

全加器：不仅对两个一位二进制数相加，还要考虑来自低位的进位，产生本位和及向高位的进位，这样的逻辑电路称为全加器。

假设 A 和 B 为两个二进制加数，C_I 为来自低位的进位，S 为本位和。表 2-17 给出了全加器的真值表，逻辑符号如图 2-45 所示。

逻辑表达式如下：

$$S = \overline{A}\,\overline{B}C_I + \overline{A}B\,\overline{C_I} + A\,\overline{B}\,\overline{C_I} + ABC_I$$
$$C_O = \overline{A}BC_I + A\,\overline{B}C_I + AB\,\overline{C_I} + ABC_I \tag{2-9}$$

表 2-17　真 值 表

A	B	C_I	S	C_O
0	0	0	0	0
0	0	1	1	0
0	1	0	1	0
0	1	1	0	1
1	0	0	1	0
1	0	1	0	1
1	1	0	0	1
1	1	1	1	1

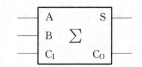

图 2-45　全加器的逻辑符号

2.6.3　串行多位加法器

如果将多个全加器从低位到高位排列起来，同时把低位的进位输出接到高位的进位输入，就构成了串行进位的多位加法器。实现多位二进制数相加的电路称为多位加法器。根据进位方式的不同，有串行进位加法器和超前进位加法器。图 2-46 所示为串行进位加法器的结构图。

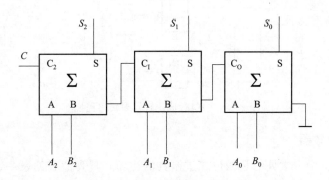

图 2-46　串行进位加法器的结构图

这种加法器的优点是电路简单、连接方便；缺点是运算速度不高。从图 2-46 中可以看到，最高位的运算，必须等到所有低位运算依次结束，送来进位信号之后才能进行，因此其运算速度受到限制。

2.7 数值比较器

在数字电路中，经常需要对两个位数相同的二进制数进行比较，以判断它们的相对大小或者是否相等。用来实现这一功能的逻辑电路就称为数值比较器。用计算机处理数据，除了进行加减乘除等基本运算之外，比较运算也是在实际应用中不可或缺的数据处理方法。在前面介绍的门电路中，异或门或者同或门是常用来进行比较运算的逻辑电路，其运算结果可能是相等、不相等，也可能是大于或者小于。

1. 一位数值比较器

一位数值比较器是基本的比较单元电路。其逻辑功能是对两个一位二进制数进行比较运算。以 A 和 B 表示两个一位二进制数，逻辑函数表达式为

$$\begin{cases} Y_{(A<B)}=\overline{A}B \\ Y_{(A>B)}=A\overline{B} \\ Y_{(A=B)}=\overline{A}\,\overline{B}+AB=\overline{A\oplus B} \end{cases} \tag{2-10}$$

一位数值比较器的功能见表 2-18。

表 2-18　一位数值比较器功能表

A	B	$Y_{(A<B)}$	$Y_{(A=B)}$	$Y_{(A>B)}$
0	0	0	1	0
0	1	1	0	0
1	0	0	0	1
1	1	0	1	0

根据表 2-18 写出一位数值比较器输出逻辑表达式，从而得到逻辑电路图如图 2-47 所示。

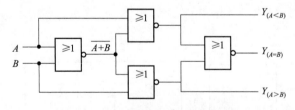

图 2-47　一位数值比较器逻辑电路图

2. 多位数值比较器

多位数值比较器中最常见的是四位二进制数的比较。其真值表见表 2-19。若比较两个四位二进制数 $A_3A_2A_1A_0$ 和 $B_3B_2B_1B_0$，则应该首先比较最高位 A_3B_3。若 $A_3>B_3$，则不论以下各位数值如何，一定是 $A>B$；相反，若 $A_3<B_3$，则一定是 $A<B$。若 $A_3=B_3$，则就需要由下一位 A_2 和 B_2 来决定大小，其比较方式和前面一样。以此类推，直到最低位。根据上述描述可画

出多位数值比较器关系图如图 2-48 所示。

表 2-19　四位二进制数值比较器真值表

A_3B_3	A_2B_2	A_1B_1	A_0B_0	$Y_{(A<B)}$	$Y_{(A=B)}$	$Y_{(A>B)}$
$\overline{A_3}B_3$	$\times\times$	$\times\times$	$\times\times$	1	0	0
$A_3\overline{B_3}$	$\times\times$	$\times\times$	$\times\times$	0	0	1
A_3B_3	$\overline{A_2}B_2$	$\times\times$	$\times\times$	1	0	0
$A_3=B_3$	$A_2\overline{B_2}$	$\times\times$	$\times\times$	0	0	1
$A_3=B_3$	$A_2=B_2$	$\overline{A_1}B_1$	$\times\times$	1	0	0
$A_3=B_3$	$A_2=B_2$	$A_1\overline{B_1}$	$\times\times$	0	0	1
$A_3=B_3$	$A_2=B_2$	$A_1=B_1$	$\overline{A_0}B_0$	1	0	0
$A_3=B_3$	$A_2=B_2$	$A_1=B_1$	$A_0\overline{B_0}$	0	0	1
$A_3=B_3$	$A_2=B_2$	$A_1=B_1$	$A_0=B_0$	0	1	0

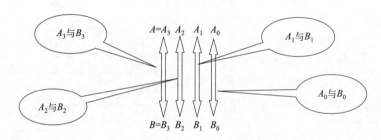

图 2-48　多位数值比较器关系图

由真值表可得逻辑输出表达式为：

$$\begin{cases} Y_{(A<B)}=\overline{A_3}B_3+\overline{A_3\oplus B_3}\ \overline{A_2}B_2+\overline{A_3\oplus B_3}\ \overline{A_2\oplus B_2}\ \overline{A_1}B_1+\overline{A_3\oplus B_3}\ \overline{A_2\oplus B_2}\ \overline{A_1\oplus B_1}\ \overline{A_0}B_0 \\ Y_{(A=B)}=\overline{A_3\oplus B_3}\ \overline{A_2\oplus B_2}\ \overline{A_1\oplus B_1}\ \overline{A_0\oplus B_0} \\ Y_{(A>B)}=\overline{Y}_{(A<B)}\cdot\overline{Y}_{(A=B)} \end{cases} \tag{2-11}$$

2.8　组合逻辑电路中的竞争-冒险现象

在日常工作、学习和生活中，竞争-冒险现象是无处不在的。例如：两辆的士争抢一位顾客。商场上，同类商品为争夺市场互相压价等。其竞争之激烈，冒险之大可想而知。然而，在组合逻辑电路的设计中也存在这种竞争-冒险现象。组合逻辑电路中的竞争-冒险现象是指门电路两个输入信号同时向相反方向跳变称为竞争。由于竞争可能在电路输出端产生尖峰脉冲的现象称为竞争-冒险现象。

判别方法：在输入变量一次只有一个状态改变时，可以通过逻辑函数式判别是否存在竞争-冒险现象，如果输出端的逻辑函数式在一定条件下可以化成 $Y=A+\overline{A}$ 或者 $Y=A\cdot\overline{A}$ 的形式，则可判别存在竞争-冒险现象。

消除方法：

（1）接入滤波电容。由于竞争-冒险产生的尖峰脉冲一般都很窄，所以只要在输出端并联一个很小的滤波电容，就足以将尖峰脉冲的幅度削弱到门电路的阈值电压以下。但这种方法会增

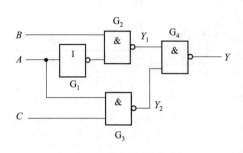

图 2-49　例 2.20 逻辑电路图

加输出波形的上升和下降时间，使输出波形变坏。

（2）引入选通脉冲。在电路达到稳定状态之后再允许输出，这样就不会出现尖峰脉冲。

（3）修改逻辑设计。在一些特殊的组合逻辑函数中，可以采用增加冗余项的方法来消除某个输入变量引起的竞争-冒险现象，但这种方法的使用范围是有限的。

例 2.20　简化图 2-49 所示的逻辑函数，当考虑门电路有延迟时，输入信号发生转换。

由逻辑电路图可得输出逻辑函数表达式：

$$Y=\overline{\overline{\overline{AB}}\cdot\overline{\overline{AC}}}=\overline{AB}+\overline{AC}$$

分析　由图 2-50，当 $B=C=1$ 时，$Y=A+\overline{A}$ 应恒等于 1，但由于存在延迟时间 t_{pd}，使得 G_2、G_3 的输入信号不同时改变，导致 G_4 输入信号也不同时改变，造成 G_4 的输出产生不应出现的负脉冲，该负脉冲对后续电路将产生干扰。称之为 $A+\overline{A}$——0 型冒险。

$$Y=\overline{\overline{\overline{A}+B}+\overline{\overline{A}+C}}=A\overline{A}+A\overline{C}+AB+BC$$

例 2.21　试用公式法判断函数 $F=A\overline{B}+AC$ 是否存在冒险现象，有则清除。

分析　$F=A\overline{B}+AC$，当 $B=C=1$ 时，$Y=A+\overline{A}$，出现了竞争-冒险现象。要消除，可以增加冗余项 BC，这样当 $B=C=1$ 时，不论 A 的状态怎么变化，也就消除了 A 的变化引起的竞争-冒险现象。其逻辑电路图如图 2-51 所示。

由图 2-52，根据当 $B=C=0$ 时，$Y=\overline{A}\cdot A$ 应恒等于 0 这一条件，考虑 t_{pd} 后，输出端出现了正的干扰脉冲。称之为 $Y=\overline{A}\cdot A$——1 型冒险。

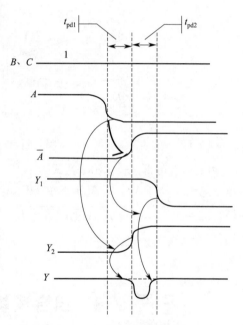

图 2-50　例 2.20 信号转变延时分析

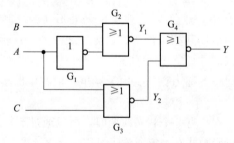

图 2-51　例 2.21 给定逻辑电路图

判断方法：当其他变量取常值时，若逻辑函数能化为 $\overline{A}+A$ 或 $\overline{A}\cdot A$ 形式，则存在竞争-冒险现象。

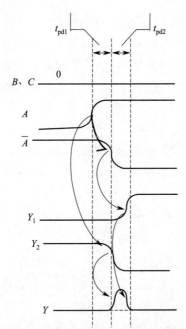

图 2-52　例 2.21 信号转变延时分析

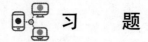 小　结

本章介绍了组合逻辑电路的特点、分析方法、设计方法，并给出了常见的组合逻辑电路。

（1）组合逻辑电路在逻辑功能与电路结构上，任意时刻的输出仅仅取决于当时的输入，这与后面即将介绍的时序逻辑电路不同。时序逻辑电路既要考虑当前的输入，还与以前的输出有关。

（2）本章从组合逻辑分析步骤开始，先给出逻辑图，逐级得出其逻辑表达式，在列出真值表、画出卡诺图，最后将具体电路抽象化得出逻辑功能。这一过程要求熟练掌握，做到融会贯通。

（3）组合逻辑电路的设计是组合逻辑电路分析的逆过程。在组合逻辑电路的设计中要熟练掌握编码器、3 线-8 线译码器、数据选择器等中规模的集成芯片。这些芯片可实现逻辑设计及逻辑式的转换。需要重点掌握它的逻辑功能，比如 74LS138 和数据选择器均可实现逻辑表达式的功能。同时还应熟练应用与非与式的转换形式。

（4）竞争和冒险是由于竞争而可能在输出端产生尖峰脉冲的现象。这一尖峰脉冲可能会使负载电路产生误动作。所以要在电路结构中采取适当的方式消除脉冲。

习　题

1. 思考题：

（1）组合逻辑电路分析的步骤是什么？

（2）为何将组合逻辑电路分析中的表达式写成最小项之和？

（3）真值表在分析和设计组合逻辑电路中的作用是什么？

（4）译码器实现组合逻辑电路功能的基本步骤是什么？

（5）译码器的功能特点包括什么？

2. 填空题：

（1）数字电路按照是否有记忆功能通常可分为两类，即_____和_____。

（2）计算机键盘上有 101 个键，若用二进制代码进行编码，至少应为_____位二进制。

（3）N 个输入端的二进制译码器，共有_____个输出端，对于每一组输入代码，有_____个输出端具有有效电平。

（4）74LS138 是 3 线-8 线译码器，译码为输出低电平有效，若输入为 $A_2A_1A_0=110$ 时，输出 $\overline{Y_7}\,\overline{Y_6}\,\overline{Y_5}\,\overline{Y_4}\,\overline{Y_3}\,\overline{Y_2}\,\overline{Y_1}\,\overline{Y_0}$ 应为_____。

（5）四选一数据选择器，AB 为地址信号，$D_0=D_3=1$，$D_1=C$，$D_2=\overline{C}$，当 $AB=10$ 时，输出 $F=$_____。

（6）_____电路在任何时刻只能有一个输出端有效。

（7）输出低电平有效的二-十进制译码器的输入 8421BCD 码为 0101 时，其输出 $\overline{Y_9}\sim\overline{Y_0}=$ _____。

（8）要把 8421BCD 转换成余 3 码，最简单的方法是使用_____。

（9）如果逻辑电路在较慢速度下工作，为了消除竞争-冒险，可以在输出端并联_____。

3. 写出如图 2-53 所示电路输出信号的逻辑表达式，并说明其功能。

4. 写出如图 2-54 所示各电路输出信号的逻辑表达式，并说明其功能。

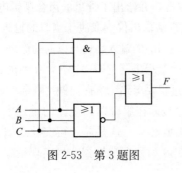

图 2-53 第 3 题图

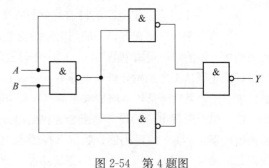

图 2-54 第 4 题图

5. 化简下列逻辑函数，并用与非门实现。

$$Y_1 = \sum m(3,5,6,7)$$

$$Y_2 = \sum m(0,2,4,6,8)$$

$$Y_3 = \sum m(7,8,13,14)$$

$$Y_4 = A + \overline{B}C$$

$$Y_5 = A\overline{B} + BC + D$$

$$Y_6 = ACD + A\overline{B}C + BD$$

6. 分别用与非门设计实现下列功能的组合逻辑电路。

(1) 四变量表决电路：少数服从多数原则。

(2) 四变量不一致电路：四个变量状态不相同时输出为1，相同时输出为0。

7. 生产线有四人工作，他们之间的关系是：(1) A到岗，就可以工作；(2) 只有当C到岗后B才有工作可做；(3) 只有A到岗后D才可以工作。请将生产线中没人工作这一事件用逻辑表达式表达出来。

8. 某车间有A、B、C、D四台电动机，现要求：

(1) A机必须开机；

(2) 其他三台电动机中至少有两台开机。

如果不满足上述要求，则指示灯熄灭。设指示灯灭为0，亮为1，电动机的开机信号通过某种装置送到各自的输入端，使该输入端为1，否则为0。试用与非门组成指示灯亮的逻辑电路图。

9. 设计一个组合逻辑电路，其输入与输出见表2-20。

表　2-20

输入			输出	
A	B	C	Y_1	Y_2
0	0	0	0	0
0	0	1	0	0
0	1	0	0	0
0	1	1	0	1
1	0	0	0	1
1	0	1	1	1
1	1	0	0	0
1	1	1	1	1

10. 用最少的门电路设计一个四位8421BCD码运算电路，该电路有四个输入端，四个输出端，将输入和输出都作为四位8421BCD码表达的数量，要求电路实现下列功能：当输入小于5时，输出等于输入加2；当输入大于或等于5时，输出等于输入减3。要求写出各输出逻辑函数的最小项表达式。

11. 若已知由译码器74LS138构成的组合逻辑电路，如图2-55所示，请写出其逻辑函数式，并分析其功能。

12. 用3线-8线译码器实现下列逻辑函数，画出逻辑电路图。

(1) $Z_1 = \sum m(3,4,5,6)$；

(2) $Z_2 = \sum m(1,3,5)$。

13. 用译码器和与非门实现下列逻辑函数，选择合适的电路，画出逻辑电路图。

(1) $Z_1 = \sum m(3,4,5,6)$；

(2) $Z_2 = \sum m(0,2,6)$；

(3) $Z_3 = AC + AB$

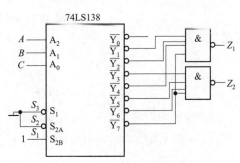

图 2-55　第11题图

(4) $Z_4 = \overline{B}\,\overline{C} + A\overline{C} + \overline{A}B$；

(5) $Z_5 = A + BC$。

14. 一个组合逻辑电路由如下逻辑函数实现：$F_1(A,B,C) = \sum m(0,3,4)$，$F_2(A,B,C) = \sum m(1,2,7)$ 请使用一个译码器和若干个与非门来设计这个组合逻辑电路。

15. 试用 3 线-8 线译码器 74LS138（见图 2-56）实现 4 线-16 线译码器的组合逻辑电路图。

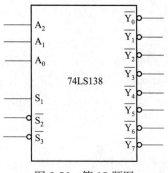

图 2-56　第 15 题图

16. 一个逻辑函数有三个输入 A、B、C，一个输出 Y，其输入与输出的波形如图 2-57(a) 所示，试写出 Y 的逻辑表达式并用八选一数据选择器 74151［见图 2-57(b)］实现。

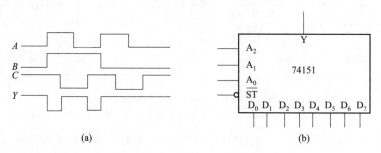

(a)   (b)

图 2-57　第 16 题图

17. 用数据选择器实现一个楼道开关控制电路。当上楼时，可用楼下开关开亮楼道灯；上楼后，可用楼上开关关闭楼道灯；当下楼时，可用楼上开关开亮楼道灯；下楼后，可用楼下开关关闭楼道灯。

18. 用四选一或八选一数据选择器分别实现下列逻辑函数。

(1) $Y_1 = \sum m(1,3,5,6)$；

(2) $Y_2 = \sum m(0,2,4,8,10,14)$；

(3) $Y_3 = A\overline{B} + B\overline{C} + C\overline{D} + A\overline{D}$；

(4) $Y_4 = A\overline{B}C + ACD + \overline{A}BD + ABCD$；

(5) $Y_5 = \overline{A}\,\overline{B} + AB + C$。

19. 写出图 2-58 所示八选一数据选择器 74151 组成电路的输出逻辑表达式，并化为最简与或式。

20. 设计一个组合逻辑电路，其输入是一个三

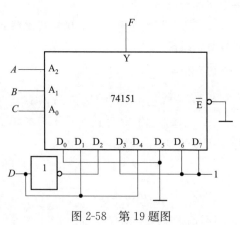

图 2-58　第 19 题图

位二进制数 $B = B_2 B_1 B_0$，其输出 $Y_1 = B_1 + B_2$、$Y_2 = B_1 B_2$。

21. 用与非门设计实现将 8421BCD 码转换成余 3 码的组合逻辑电路。

22. 用数据选择器 CC4512 设计交通灯状态检测电路。当只有一种颜色的灯亮时，即红灯亮或绿灯亮或黄灯亮共三种状态为正常状态，其余为不正常状态。要求：

(1) 写出交通灯指示状态的逻辑函数表达式；

(2) 用非门和三输入与门构成；

(3) 用数据选择器 CC4512 和尽可能少的门电路构成。

23. 用双四选一数据选择器 74LS153 设计一个三变量的多数表决电路。当外部输入变量 A、B、C 有两个或两个以上为 1，否则输出为 0。八选一数据选择器 74LS153 的逻辑符号图如图 2-59 所示，其中 $D_{10} \sim D_{13}$ 与 $D_{20} \sim D_{23}$ 为数据输入端，$A_0 \sim A_2$ 为选择控制端，$\overline{S_1}$ 和 $\overline{S_2}$ 为使能端，低电平有效。试写出输出 $Y(A, B, C)$ 的逻辑表达式。

24. 一个信号监视系统的逻辑电路，每一组信号由红、黄、绿三种灯组成。正常工作时，必须在任意时刻有且只有一种灯亮，出现其他任何情况均为有故障存在，需要维修。

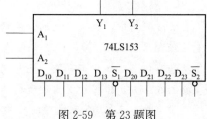

图 2-59　第 23 题图

(1) 用与非门实现上述逻辑功能；

(2) 用最小项译码器 74LS138 实现上述功能；

(3) 用四选一数据选择器实现上述功能。

25. 用双四选一数据选择器 74HC153 设计全减器。注意：全减器共有三个输入、两个输出。

(1) 列出真值表，写出全减器输出的表达式；

(2) 用二输入与非门实现；

(3) 用最小项译码器 74LS138 实现；

(4) 用双四选一数据选择器 74HC153 实现。

26. 四个病室内各安装一个呼叫按钮，护士值班室内对应安装四个指示灯，按医疗处置的优先顺序确定了如下逻辑关系：

(1) 当一号病室的按钮按下时，无论其他病室的按钮是否按下时，只有一号灯亮；

(2) 当一号病室的按钮没有按下时，二号病室的按钮按下时，无论三、四号病室的按钮是否按下，只有二号灯亮；

(3) 当一、二号病室的按钮没有按下，而三号病室的按钮按下时，无论四号病室的按钮是否按下，只有三号灯亮；

(4) 当四号病室的按钮按下，而其他病室的按钮都没按下时，只有四号灯亮。试用 8 线-3 线优先编码器 74LS148、3 线-8 线译码器为核心器件设计该组合逻辑电路。

第 3 章
触 发 器

引 言

在实际应用中，数字系统不仅包括各种组合逻辑门电路，而且还包括了许多需要有"记忆"功能的触发器（flip-flop），由这些触发器构成时序逻辑电路。所谓时序逻辑电路，就是电路的输出状态不仅与输入状态有关，还与电路输出端原来的状态有关。触发器是时序逻辑电路的一个重要构成部分，根据触发器的逻辑功能不同分为 RS 触发器、JK 触发器、T 触发器和 D 触发器等几种类型。基本 RS 触发器的结构形式简单，许多结构复杂的触发器都是在基本 RS 触发器的基础上发展而来的。此外，本章还介绍了整形电路中使用的施密特触发器和单稳态触发器，以及多谐振荡器的电路结构和工作原理。最后分析最常用的 555 定时器及其所构成的施密特触发器、单稳态触发器及多谐振荡器的电路结构及其应用。

内容结构

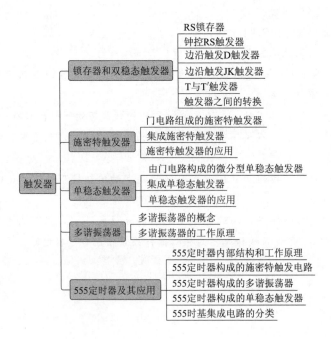

学习目标

通过本章内容的学习，应该能够做到：

(1) 理解 RS、JK、D、T、T' 触发器的工作原理与逻辑功能；

(2) 掌握触发器逻辑功能的描述方法及其内在联系；

(3) 理解触发器的结构与功能之间的关系；

(4) 学会 555 时基电路的分析和设计时基电路。

3.1 锁存器和双稳态触发器

锁存器是一种脉冲电平敏感的存储单元。当输入信号变化时锁存器输出随之变化，锁存器没有时钟端。锁存器最主要的特点是具有使能性的锁存电平功能，即在使能信号无效时，可以锁住输出信号保持不变，而在使能信号有效时，输出与输入相同，等效于一个输出缓冲器。触发器又称双稳态触发器，随着输入的变化，在时钟的作用下输出会产生对应的变化。它通常是由至少两个相同的门电路构成的具有反馈性质的组合逻辑电路。应用中为了使触发过程容易控制，而做成由时钟触发控制的时序逻辑电路。锁存器和触发器都是时序逻辑电路，有时不做区分都称为触发器。常见的有 RS 触发器、D 触发器、JK 触发器。触发器通常有两种状态：保持态和转化态，分别对应两种输入情况，在保持态下输出会维持在当前状态不改变，而在转化态下输出会按规律顺序改变。

3.1.1 RS 锁存器

RS 锁存器由两个与非门电路交叉连接而成，如图 3-1(a) 所示。

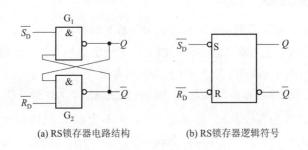

(a) RS锁存器电路结构　　　　　(b) RS锁存器逻辑符号

图 3-1　RS 锁存器

其逻辑符号如图 3-1(b) 所示。在电路图中可见其有 Q 及 $\overline{Q}$ 两个输出端，两者的逻辑状态在正常情况下为相反的状态。当 $Q=0$、$\overline{Q}=1$ 时，称锁存器处在"0"状态或复位状态；当 $Q=1$、$\overline{Q}=0$ 时，称锁存器处在"1"态或置位状态。

该锁存器有 $\overline{S}_D$ 和 $\overline{R}_D$ 两个输入端。在 RS 锁存器中，输入端为低电平有效，因此在 S_D、R_D 符号上加上"—"符号，同时在图 3-1(b) 中，$\overline{S}_D$、$\overline{R}_D$ 引线的端部加有小圆圈。根据图 3-1(b)，可分四种情况分析其工作原理。

(1) $\overline{S}_D=0$、$\overline{R}_D=1$：在与非门 G_1 中，有"0"出"1"，故 $Q=1$；在与非门 G_2 中，全"1"出"0"，故 $\overline{Q}=0$，这时锁存器为 1 状态。由此可见 $\overline{S}_D$ 端低电位有效，称 $\overline{S}_D$ 为置 1 端或置位端。

（2）$\overline{S_D}=1$、$\overline{R_D}=0$：类同分析得 $\overline{Q}=1$、$Q=0$，锁存器为 0 状态。可见 $\overline{R_D}$ 端为置 0 端或复位端。

（3）$\overline{S_D}=1$、$\overline{R_D}=1$：锁存器无低电平有效的输入信号，若锁存器原状态为 0，即 $Q=0$，这时与非门 G_2 有 "0" 出 "1"，故 $\overline{Q}=1$。这时锁存器保持原来状态。

（4）$\overline{S_D}=0$、$\overline{R_D}=0$：两个输入端都为低电平有效，使与非门的输出均为 1。但是，两个低电平有效输入信号消失后锁存器的状态不确定。因为这时输出端的状态与两者有效信号消除的前后次序或门 G_1 和 G_2 的传输时间有关。在实际使用中应禁止出现上述情况。

根据上述四种情况可列写 RS 锁存器功能表如表 3-1 所示。

根据锁存器输入/输出的逻辑关系，可画出图 3-2 所示的工作波形图。

表 3-1　RS 锁存器功能表

$\overline{S_D}$	$\overline{R_D}$	Q^n	Q^{n+1}
0	1	×	1
1	0	×	0
1	1	×	保持
0	0	×	1

注：Q^n 为初态，Q^{n+1} 为次态，× 为 "0" 或 "1" 状态。

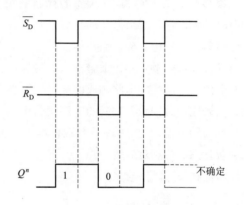

图 3-2　RS 锁存器工作波形图

3.1.2　电平 RS 触发器

一般在数字电路中，输入信号需要在触发信号（称为时钟）统一指挥下起作用。因此在 RS 锁存器中，除了置 1、置 0 输入端以外，又增加了一个触发信号（时钟）输入端。图 3-3(a) 为电平触发 RS 触发器的逻辑电路图，图 3-3(b) 为逻辑符号。

图中 G_1 及 G_2 门构成 RS 锁存器，G_3 及 G_4 为时钟控制电路，为时钟（CLK）脉冲控制端，S、R 为信号输入端。$\overline{S_D}$、$\overline{R_D}$ 为直接置 1、直接置 0 端，它不受 CLK 端的控制，因此称为异步置 1 端和置 0 端。在正常工作中，异步置位端均为高电平。

根据图 3-3(a) 所示电路，可以分析：当 $CLK=0$ 时，控制门被封锁，即 S、R 输入端信号不起作用，G_3 及 G_4 门的输出 Q_3、Q_4 恒为 1，所以使 G_1、G_2 门的基本触发器也即总体触发器的状态维持原状态不变，即 $Q^{n+1}=Q^n$。

当 $CLK=1$ 时，控制门被打开，可类同 RS 锁存器，但是为高电平有效。分四种情况分析其工作原理。

（1）$S=1$、$R=0$：$Q_3=1$、$Q_4=0$，触发器状态为 $Q=1$；

（2）$S=0$、$R=1$：$Q_3=0$、$Q_4=1$，触发器状态为 $Q=0$；

（3）$S=0$、$R=0$，触发器状态维持不变，即 $Q^{n+1}=Q^n$；

（4）$S=1$、$R=1$：$Q_3=0$、$Q_4=0$（类同 RS 锁存器），为不定状态或禁用状态。

根据其工作原理可列写如表 3-2 所示的真值表。画出其工作波形图，如图 3-3(c) 所示。

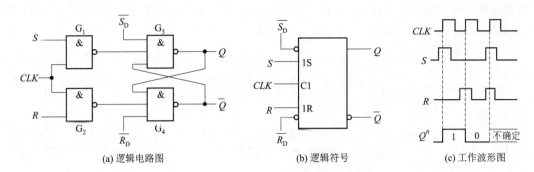

(a) 逻辑电路图　　　　　　　(b) 逻辑符号　　　　　　　(c) 工作波形图

图 3-3　电平 RS 触发器

表 3-2　电平 RS 触发器的真值表

$CLK=1$	S	R	Q^n	Q^{n+1}
⊓	1	0	×	1
⊓	0	1	×	0
⊓	0	0	×	保持
⊓	1	1	×	1

根据电平 RS 触发器的真值表可以写出它的特性方程：

$$\begin{cases} Q^{n+1}=\overline{S}\,\overline{R}Q+S\overline{R}\,\overline{Q}+S\overline{R}Q=\overline{S}\,\overline{R}Q+S\overline{R}=S+\overline{R}Q \\ SR=0(约束条件) \end{cases}$$

根据触发器工作原理分析可知，当 CLK 脉冲为高电平时，触发器就能接收输入信号并立即输出对应的触发器状态，这种控制方式称为电平触发。在图 3-3(a) 所示电路中为高电平触发，也有低电平触发的触发器，这里不再展开讨论。

电平触发控制方式的优点是电路简单、反应较快。但它有一个明显的弱点，在 $CLK=1$ 的有效期内，若输入信号多次发生变化，则输出也跟着产生多次翻转。若将其组成一个计数器，即对 CLK 脉冲进行计数时，触发器可能在一个 CLK 脉冲内产生多次不应有的翻转，即"空翻"现象，从而使计数器的计数不准。

3.1.3　边沿触发 D 触发器

边沿触发 D 触发器的输出状态 Q 的变化只发生在时钟触发边沿，逻辑符号如图 3-4(a) 所示。

通过逻辑符号识别边沿触发器的关键是框内时钟输入引脚（C1）左边的小三角，如图 3-4(a)、(b) 为上升沿触发的边沿触发器。如果在小三角左边还有小圆圈，那么表示下降沿触发的边沿触发器，如图 3-4(c) 所示。

当存储 1 位数据（1 或者 0）时，可使用 D 触发器。D 触发器还可由 RS 触发器转换得到。在 RS 触发器上加上反相器就形成了基本 D 触发器，如图 3-4(b)、(c) 所示。

注意图 3-4(a) 中的触发器除了时钟之外，只有一个输入：D 输入。当时钟脉冲到来时，如果 D 输入上为高电平，那么触发器就被置 1，这样通过时钟脉冲的上升沿，D 输入的高电平被触发器存储。当时钟脉冲到来时，如果 D 输入为低电平，那么触发器就被复位置 0，这样通过时钟脉冲的上升沿，D 输入的低电平被触发器存储。

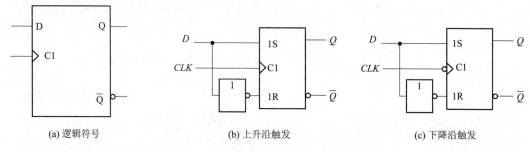

(a) 逻辑符号   (b) 上升沿触发   (c) 下降沿触发

图 3-4   边沿 D 触发器

上升沿触发 D 触发器的功能如表 3-3 所示。当然，下降沿触发器的功能是一样的，除了触发发生在时钟脉冲的下降沿之外。在有效或者触发时钟边沿，Q 跟随 D。

表 3-3   上升沿触发 D 触发器的功能表

CLK	D	Q^n	Q^{n+1}
↑	0	×	0
↑	1	×	1

根据 D 触发器的真值表可以写出它的特性方程：

$$Q^{n+1} = D$$

3.1.4 边沿触发 JK 触发器

JK 触发器用途很多，是广泛应用的触发器类型。在置位、复位和运算方面，JK 触发器的功能和 RS 触发器一样。区别在于 JK 触发器没有无效状态而 RS 触发器有。

图 3-5 给出了上升沿触发的 JK 触发器的基本内部逻辑与逻辑符号。它和 RS 边沿触发的触发器的区别在于，Q 输出回接到门 G_2 的输入上，而 $\overline{Q}$ 输出回接到门 G_1 的输入上。

这两个控制输入被以 Jack Kilby（集成电路发明者之一）的名义分别标记为 J 和 K。JK 触发器也可以有下降沿触发的类型，这种类型中的时钟输入被反相了。

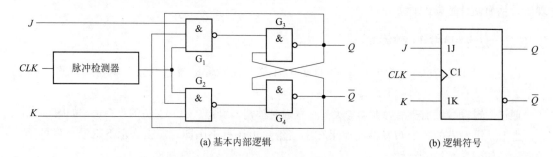

(a) 基本内部逻辑   (b) 逻辑符号

图 3-5   上升沿触发的 JK 触发器的基本内部逻辑与逻辑符号

JK 触发器具有置位、复位、保持和翻转功能，其工作原理如下：

（1）JK 触发器的置位过程。假设图 3-6 中的触发器处于复位状态，当 J 输入为高电平，K 输入为低电平，并且时钟脉冲到来时，门 G_1 和 G_2 被上升沿窄脉冲打开，门 G_1 的输出变为低电平 0，门 G_3 的输出变为高电平 1，同时门 G_4 的输出变为低电平 0，这样触发器就被置位。

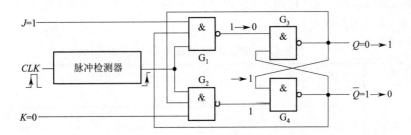

图 3-6　JK 触发器的置位过程

（2）JK 触发器的复位过程。由于结构的对称，所以 JK 触发器的复位过程与置位过程完全相似，此时 $J=0$，$K=1$，实现复位功能。

（3）JK 触发器的保持模式。如果低电平同时加在 J 和 K 输入上，当时钟脉冲到来时，触发器就会保持当前的状态。J 和 K 上的低电平导致输出没有变化的情况。

（4）JK 触发器的翻转模式。到目前为止，在置位、复位以及保持模式方面，JK 触发器的逻辑运算和 RS 触发器是一样的。与 RS 触发器不同的是，JK 触发器没有无效状态。当输入 $J=K=1$ 时，触发器处于翻转模式，即每一个时钟脉冲到来时，输出端都会改变状态。

当 J 和 K 输入都是高电平时，即 $J=K=1$ 时，假设触发器处于复位状态。$\overline{Q}$ 上的高电平使得门 G_1 开启，这样时钟窄脉冲就会通过并使触发器置位，如图 3-7 所示。

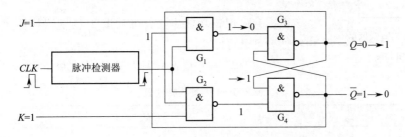

图 3-7　JK 触发器在翻转模式的置位过程

当 J 和 K 输入都是高电平时，即 $J=K=1$ 时，假设触发器处于置位状态。Q 上的高电平使得门 G_2 开启，这样时钟窄脉冲就会通过并使触发器复位，如图 3-8 所示。

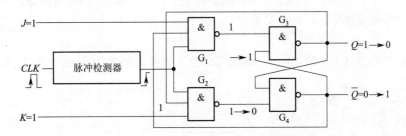

图 3-8　JK 触发器在翻转模式的复位过程

通过以上分析可知，在每一个相继的时钟脉冲来到后，触发器变为相反的状态。这个模式称为翻转功能，或称为取反运算。连接成翻转功能的 JK 触发器也称为 T' 触发器。

　　表 3-4 以真值表的形式总结了边沿触发 JK 触发器的逻辑功能。注意：这里没有无效状态，而 RS 触发器有无效状态。这里使用了下降沿触发，而除了在时钟脉冲的下降沿触发之外，下降沿触发的真值表和上升沿触发器的真值表是一样的。

表 3-4　边沿触发 JK 触发器的逻辑功能

CLK	J	K	Q^n	Q^{n+1}
↘	1	0	×	1
↘	0	1	×	0
↘	0	0	×	保持
↘	1	1	×	翻转

　　根据 JK 触发器的真值表可以写出它的特性方程：

$$Q^{n+1} = J\,\overline{Q^n} + \overline{K}Q^n$$

3.1.5　T 与 T′触发器

　　T 触发器的逻辑符号如图 3-9 所示。其中 T 为信号输入端，CLK 为时钟脉冲输入端，Q、$\overline{Q}$ 为输出端。

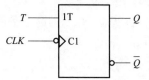

图 3-9　T 触发器的
逻辑符号

　　T 触发器逻辑功能是：当 $T=1$ 时，CLK 脉冲下降沿到达后触发器发生翻转；当 $T=0$ 时，在 CLK 脉冲作用后，触发器保持原状态不变。

　　根据上述逻辑功能定义，可列出 T 触发器特性表，见表 3-5。由特性表可以写出其特性方程为

$$Q^{n+1} = T\overline{Q} + \overline{T}Q = T \oplus Q$$

表 3-5　T 触发器特性表

T_n	Q^n	Q^{n+1}	说明
0	0	0	保持
0	1	1	功能
1	0	1	翻转
1	1	0	功能

　　如果 $T=1$，则 T 触发器就处于计数状态，每来一个时钟脉冲，触发器状态就翻转一次，这种 T 触发器称为计数触发器，亦称 T′触发器，其特性方程为

$$Q^{n+1} = \overline{Q}$$

可见 T′触发器只具有翻转功能。T′触发器的状态转换图和时序图如图 3-10 所示。

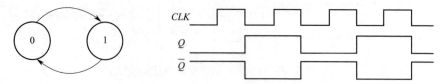

图 3-10　T′触发器的状态转换图和时序图

　　这里假设初态 $Q=0$，由时序图 Q 为时钟脉冲 CLK 的二分频。

3.1.6　触发器之间的转换

在实际应用中，JK 触发器和 D 触发器最为常见，如果需要使用其他类型的触发器，皆可由 JK 触发器或者 D 触发器转换而来。各种触发器之间可以相互转换，其转换步骤如下：

（1）写出已有触发器和待求触发器的特性方程。

（2）变换待求触发器的特性方程，使其与已有触发器的特性方程相一致。

（3）根据已有和待求触发器特性方程相等的原则求出转换逻辑关系。

（4）根据转换逻辑关系画出逻辑电路图。

1. 将 JK 触发器转换为 RS、D、T 和 T′触发器

（1）JK 触发器转换为 RS 触发器：

JK 触发器：
$$Q^{n+1}=J\overline{Q}+\overline{K}Q$$

RS 触发器：
$$\begin{cases} Q^{n+1}=S+\overline{R}Q \\ RS=0 \end{cases}$$

$$
\begin{aligned}
Q^{n+1} &= S+\overline{R}Q \\
&= S(\overline{Q}+Q)+\overline{R}Q \\
&= S\overline{Q}+SQ+\overline{R}Q \\
&= S\overline{Q}+\overline{R}Q+SQ(\overline{R}+R) \\
&= S\overline{Q}+\overline{R}Q+\overline{R}SQ+RSQ \\
&= S\overline{Q}+\overline{R}Q(1+S) \\
&= S\overline{Q}+\overline{R}Q
\end{aligned}
$$

$$\begin{cases} Q^{n+1}=J\overline{Q}+\overline{K}Q \\ Q^{n+1}=S\overline{Q}+\overline{R}Q \end{cases}$$

$$\begin{cases} J=S \\ K=R \end{cases}$$

所以，JK 触发器转换为 RS 触发器的电路如图 3-11 所示。

（2）JK 触发器转换为 D 触发器：

JK 触发器：
$$Q^{n+1}=J\overline{Q}+\overline{K}Q$$

D 触发器：
$$Q^{n+1}=D=D(\overline{Q}+Q)=D\overline{Q}+DQ$$

$$\begin{cases} J=D \\ K=\overline{D} \end{cases}$$

所以，JK 触发器转换为 D 触发器的电路如图 3-12 所示。

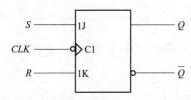

图 3-11　JK 触发器转换为 RS 触发器的电路

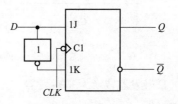

图 3-12　JK 触发器转换为 D 触发器的电路

（3）JK 触发器转换为 T 触发器：

JK 触发器：$\qquad Q^{n+1}=J\bar{Q}+\bar{K}Q$

T 触发器：$\qquad Q^{n+1}=T\bar{Q}+\bar{T}Q$

$$T=J=K$$

所以，JK 触发器转换为 T 触发器的电路如图 3-13 所示。

（4）JK 触发器转换为 T′ 触发器：

JK 触发器：$\qquad Q^{n+1}=J\bar{Q}+\bar{K}Q$

T′ 触发器：$\qquad Q^{n+1}=\bar{Q}$

$$J=K=1$$

所以，JK 触发器转换为 T′ 触发器的电路如图 3-14 所示。

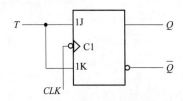
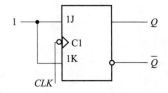

图 3-13　JK 触发器转换为 T 触发器的电路　　　图 3-14　JK 触发器转换为 T′ 触发器的电路

2. 将 D 触发器转换为 JK、T 和 T′ 触发器

（1）D 触发器转换为 JK 触发器：

D 触发器：$\qquad Q^{n+1}=D$

JK 触发器：$\qquad Q^{n+1}=J\bar{Q}+\bar{K}Q$

$$D=J\bar{Q}+\bar{K}Q$$

所以，D 触发器转化为 JK 触发器的电路如图 3-15 所示。

逻辑函数也可以应用二输入与非门实现转换：

$$D=\overline{\overline{J\bar{Q}}\cdot\overline{\bar{K}Q}}$$

$$D=\overline{\overline{J\bar{Q}}\cdot\overline{\bar{K}Q}}$$

所以，D 触发器转换为 JK 触发器的电路也可以用图 3-16 表示。

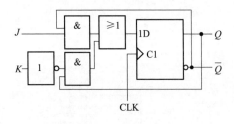
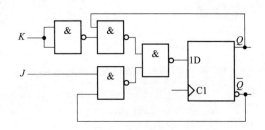

图 3-15　D 触发器转换为 JK 触发器的电路　　　图 3-16　D 触发器→JK 触发器

（2）D 触发器转换为 T 触发器：

D 触发器：$\qquad Q^{n+1}=D$

T 触发器：$\qquad Q^{n+1}=T\bar{Q}+\bar{T}Q=T\oplus Q$

$$D = T \oplus Q$$

所以，D 触发器转换为 T 触发器的电路如图 3-17 所示。

（3）D 触发器转换为 T′ 触发器：

D 触发器：
$$Q^{n+1} = D$$

T′ 触发器：
$$Q^{n+1} = \overline{Q}$$

$$D = \overline{Q}$$

所以，D 触发器转换为 T′ 触发器的电路如图 3-18 所示。

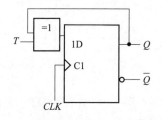
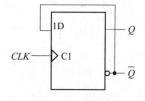

图 3-17　D 触发器转换为 T 触发器的电路　　　　图 3-18　D 触发器转换为 T′ 触发器的电路

3.2　施密特触发器

门电路有一个阈值电压，当输入电压从低电平上升到阈值电压或从高电平下降到阈值电压时电路的状态将发生变化。施密特触发器是一种特殊的门电路，与普通的门电路不同，施密特触发器有两个阈值电压，分别称为正向阈值电压和负向阈值电压。在输入信号从低电平上升到高电平的过程中使电路状态发生变化的输入电压称为正向阈值电压，在输入信号从高电平下降到低电平的过程中使电路状态发生变化的输入电压称为负向阈值电压。正向阈值电压与负向阈值电压之差称为回差电压。

施密特触发器也有两个稳定状态，但与一般触发器不同的是，施密特触发器采用电位触发方式，其状态由输入信号电位维持；对于负向递减和正向递增两种不同变化方向的输入信号，施密特触发器有不同的阈值电压。

施密特触发器是脉冲波形变换中经常使用的一种电路，它具有下面两个性能特点：

（1）输入信号从低电平上升的过程中，电路状态转换时对应的输入电平，与输入信号从高电平下降过程中对应的输入转换电平不同。

（2）在电路状态转换时，通过电路内部的正反馈过程使输出电压波形的边沿变得很陡。

利用这两个特点不仅能将边沿变化缓慢的信号波形整形为边沿陡峭的矩形波，而且可以将叠加在矩形波脉冲高、低电平上的噪声有效地清除。

3.2.1　门电路组成的施密特触发器

将两级反相器串联起来，通过分压电阻把输出端的电压反馈到输入端就构成了施密特触发器电路，其电路及逻辑符号如图 3-19 所示。

在输入信号从低电平上升到高电平的过程中使电路状态发生变化的输入电压称为正向阈值电压（V_{T+}），在输入信号从高电平下降到低电平的过程中使电路状态发生变化的输入电压称为负向阈值电压（V_{T-}）。正向阈值电压与负向阈值电压之差称为回差电压（ΔV_T）。普通门电路的电压传输特性曲线是单调的（见图 3-20），施密特触发器的电压传输特性曲线则是滞回的，如图 3-21 所示。

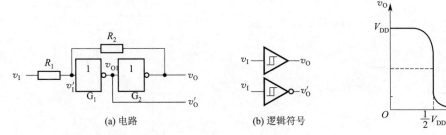

图 3-19　用 CMOS 反相器构成的施密特触发器　　图 3-20　普通门电路电压传输特性

通过分析图 3-19 可知，因为 CMOS 门的输入电阻很高，所以 V_{TH} 的输入端可以近似看成开路。把叠加定理应用到 R_1 和 R_2 构成的串联电路上，可以推导出这个电路的正向阈值电压和负向阈值电压。当 $v_I=0$ 时，$v_O=0$。当 v_I 从 0 逐渐上升到 V_{T+} 时，v_I' 从 0 上升到 V_{TH}，电路的状态将发生变化。

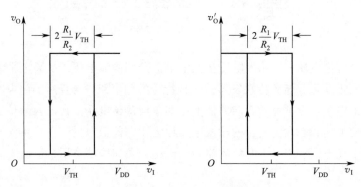

图 3-21　施密特触发器的电压传输特性

考虑电路状态即将发生变化那一时刻的情况。因为此时电路状态尚未发生变化，所以 v_O 仍然为 0，$v_I'=V_{TH}=\dfrac{R_2}{R_1+R_2}v_I=\dfrac{R_2}{R_1+R_2}V_{T+}$，于是，$V_{T+}=\left(1+\dfrac{R_1}{R_2}\right)V_{TH}$。

与此类似，当 $v_I=V_{DD}$ 时，$v_O=V_{DD}$。当 v_I 从 V_{DD} 逐渐下降到 V_{T-} 时，v_I' 从 V_{DD} 下降到 V_{TH}，电路的状态将发生变化。

考虑电路状态即将发生变化那一时刻的情况。因为此时电路状态尚未发生变化，所以 v_O 保持不变，即 $v_O=V_{DD}=2V_{TH}$，$v_I'=V_{TH}=\dfrac{R_2}{R_1+R_2}v_I+\dfrac{R_2}{R_1+R_2}v_O=\dfrac{R_2}{R_1+R_2}V_{T+}+\dfrac{R_2}{R_1+R_2}2V_{T+}$，于是，$V_{T+}=\left(1-\dfrac{R_1}{R_2}\right)V_{TH}$。通过调节 R_1 或 R_2，可以调节正向阈值电压和负向阈值电压。不过，这个电路有一个约束条件，就是 $R_1<R_2$。如果 $R_1>R_2$，那么有 $V_{T+}>2V_{TH}=V_{DD}$ 及 $V_{T-}<0$，这说明，即使 v_I 上升到 V_{DD} 或下降到 0，电路的状态也不会发生变化，电路处于"自锁状态"，不能正常工作。

3.2.2 集成施密特触发器

在集成门电路中，带有施密特触发器输入的反相器，如施密特 CMOS 六输入反相器 CC40106，施密特 TTL 六输入反相器 74LS14 等。集成施密特触发器性能一致性好，触发阈值稳定，使用方便，应用较为广泛。

1. CMOS 集成施密特触发器

图 3-22(a) 是 CMOS 集成施密特触发器 CC40106（六反相器）的外引线功能图，表 3-6 所示是其主要静态参数。

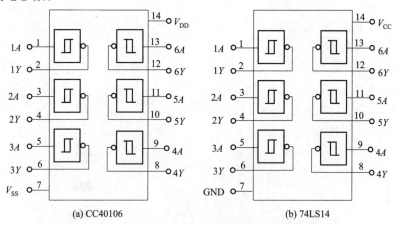

(a) CC40106   (b) 74LS14

图 3-22 集成施密特触发器 CC40106 和 74LS14 外引线功能图

表 3-6 CMOS 集成施密特触发器 CC40106 的主要静态参数

电源电压 V_{DD}	V_{T+} 最小值	V_{T+} 最大值	V_{T-} 最小值	V_{T-} 最大值	ΔV_T 最小值	ΔV_T 最大值	单位
5	2.2	3.6	0.9	2.8	0.3	1.6	V
10	3.6	7.1	2.5	5.2	1.2	3.4	V
15	6.8	10.8	4	7.4	1.6	5	V

2. TTL 集成施密特触发器

图 3-22(b) 所示是 TTL 集成施密特触发器 74LS14 外引线功能图，表 3-7 所示是其几个主要参数的典型值。

TTL 施密特触发反相器具有以下特点：

（1）输入信号边沿的变化即使非常缓慢，电路也能正常工作。

（2）对于阈值电压和滞回电压均有温度补偿。

（3）带负载能力和抗干扰能力都很强。

表 3-7 TTL 集成施密特触发器几个主要参数的典型值

器件型号	延迟时间/ns	每门功耗/mW	V_{T+}/V	V_{T-}/V	$\Delta V_T/V$
74LS14	15	8.6	1.6	0.8	0.8
74LS132	15	8.8	1.6	0.8	0.8
74LS13	16.5	8.75	1.6	0.8	0.8

集成施密特触发器不仅可以做成单输入端反相器形式，还可以做成多输入端与非门形式，如 CMOS 四 2 输入与非门 CC4093，TTL 四 2 输入与非门 74LS132 和双 4 输入与非门 74LS13 等。

3.2.3　施密特触发器的应用

基于施密特触发器具有回差电压特性，能将边沿变化缓慢的电压波形整形为边沿陡峭的矩形脉冲。因此施密特触发器有以下几方面的应用：

（1）应用于波形的整形和变换：整形时，将不好的矩形波变为较好的矩形波；波形变换时，将三角波、正弦波和其他波形变换为矩形波。

（2）应用于幅度鉴别：可以将输入信号中的幅度大于某一数值的信号检测出来。

（3）应用于多谐振荡器。

图 3-23 所示是利用施密特触发器进行波形变换，将非矩形波变换成矩形波。图 3-24 所示是利用施密特触发器对带有毛刺或尖峰的脉冲进行整形。

图 3-25 所示是利用施密特触发器进行脉冲鉴幅。

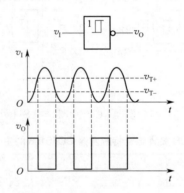

图 3-23　利用施密特触发器实现波形变换

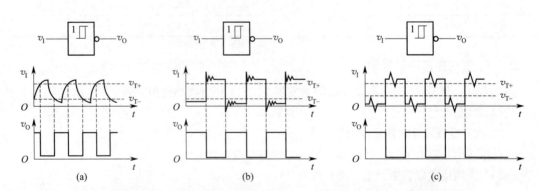

图 3-24　利用施密特触发器对带有毛刺或尖峰的脉冲进行整形

利用施密特触发器和 RC 积分电路还可以组成多谐振荡器，如图 3-26 所示。下面分析它的工作过程。

设电容上的初始电压为 0，则接通电源后 $U_i=0$，$U_o=1$，于是高电平通过电阻向电容 C 充电。随着充电过程的进行，U_i 逐渐升高，当 U_i 升至 V_{T+} 时，电路翻转，输出 $U_o=0$，电容 C 通过电阻 R 放电，当 U_C 降至 V_{T-} 时，电路再次翻转，输出高电平，C 又开始充电，这样，U_i 在

V_{T+} 和 V_{T-} 之间往复变化，输出不断高低高低变换，形成振荡。

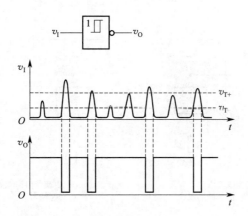

图 3-25 利用施密特触发器进行脉冲鉴幅

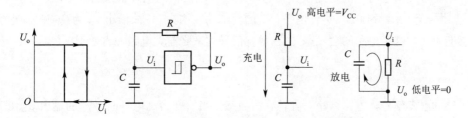

图 3-26 施密特触发器构成的多谐振荡器

　　这个电路在没有外界触发的情况下，仍能输出周期变化的矩形波。这种能够自行产生矩形波输出的器件称为多谐振荡器。关于多谐振荡器的详细分析见后面章节。

3.3 单稳态触发器

　　单稳态触发器的功能特点：只有一个稳定状态。如果没有外来触发信号，电路将保持这一稳定状态不变。只有在外来触发信号作用下，电路才会从原来的稳态翻转到另一个状态。但是，这一状态是暂时的，故称为暂稳态。经过一段时间后，电路将自动返回到原来的稳定状态。

　　暂稳态不能长久保持。由于电路中 RC 延时环节的作用，经过一段时间后，电路会自动返回到稳态。暂稳态的持续时间取决于 RC 电路的参数值。

　　单稳态触发器的这些特点被广泛地应用于脉冲波形的变换与延时中。

3.3.1 由门电路构成的微分型单稳态触发器

1. 电路组成及工作原理

　　微分型单稳态触发器可由与非门或或非门电路构成，如图 3-27 所示。与基本 RS 触发器不同，构成单稳态触发器的两个逻辑门是由 RC 耦合的，由于 RC 电路为微分电路的形式，故称为微分型单稳态触发器。下面以图 3-27（b）所示 CMOS 或非门构成的单稳态触发器为例，来说明它的工作原理。

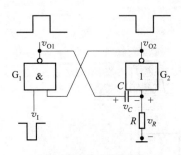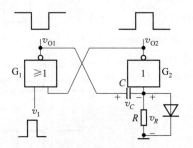

(a) 由与非门构成的微分型
单稳态触发器(正脉冲触发)

(b) 由或非门构成的微分型
单稳态触发器(负脉冲触发)

图 3-27　微分型单稳态触发器

（1）没有触发信号时，电路处于一种稳态。没有触发信号时，v_1 为低电平。由于门 G_2 输入端经电阻 R 接至 V_{DD}，因此 v_{O2} 为低电平；G_1 的两个输入均为 0，故输出 v_{O1} 为高电平，电容两端的电压接近 0 V，这是电路的"稳态"。在触发信号到来之前，电路一直处于这个状态：

$$v_{o1} = V_{OH}$$

$$v_{o2} = V_{OL}$$

（2）外加触发信号，电路由稳态翻转到暂稳态。当 v_1 变为高电平时，G_1 的输出 v_{O1} 由 1 变为 0，经电容 C 耦合，使 $v_R = 0$，于是 G_2 的输出 $v_{O2} = 1$，v_{O2} 的高电平接至 G_1 门的输入端，从而再次瞬间导致如下反馈过程：

$$v_I \uparrow \to v_{O1} \downarrow \to v_R \downarrow \to v_{O2} \uparrow$$

这样，G_1 导通 G_2 截止在瞬间完成。此时，即使触发信号 v_1 撤除（$v_1 = 0$），由于 v_{O2} 的作用，v_{O1} 仍维持低电平。然而，电路的这种状态是不能长久保持的，故称为暂稳态。暂稳态时：

$$v_{O1} = V_{OL}$$

$$v_{O2} = V_{OH}$$

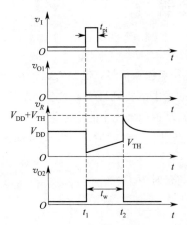

图 3-28　微分型单稳态
触发器各点工作波形

（3）电容充电，电路由暂稳态自动返回至稳态。在暂稳态期间，电源经电阻 R 和门 G_1 的导通工作管对电容 C 充电，随着充电时间的增加，v_C 增加，v_R 升高，使 $v_R = V_{TH}$ 时，电路发生下述正反馈过程（设此时触发器脉冲已消失）：

$$C\ 充电 \to v_R \uparrow \to v_{O2} \downarrow \to v_{O1} \uparrow$$

G_1 迅速截止，G_2 很快导通，电路从暂稳态返回稳态：

$$v_{O1} = V_{OH}$$

$$v_{O2} = V_{OL}$$

暂稳态结束后，电容将通过电阻 R 放电，使 C 上的电压恢复到稳定状态时的初始值。在整个过程中，电路各点工作波形如图 3-28 所示。

2. 主要参数的计算

1) 输出脉冲宽度 t_w

暂稳态的维持时间即输出脉冲宽度 t_w，可根据 v_R 的波形进行计算。为了计算方便，对于图 3-28 所示的波形，将触发脉冲作用的起始时刻 t_1 作为时间起点，于是有

$$v_R(0^+)=0 \quad v_R(\infty)=V_{DD}\tau=RC$$

根据 RC 电路瞬态过程分析，可得到

$$v_R(t)=v_R(\infty)+[v_R(0^+)-v_R(\infty)]e^{-\frac{t}{\tau}}$$

当 $t=t_w$ 时，$v_R(t_w)=V_{TH}$，代入上式可求得

$$v_R(t_w)=V_{TH}=V_{DD}(1-e^{-\frac{t_w}{\tau}})$$

$$t_w=RC\ln\frac{V_{DD}}{V_{DD}-V_{TH}}$$

当 $V_{TH}=\dfrac{V_{DD}}{2}$，则 $t_w\gg0.7RC$。

2) 恢复时间 t_{re}

暂稳态结束后，还需要一段恢复时间，以便电容 C 在暂稳态期间所充的电荷释放完，使电路恢复到初始状态。一般要经过 $3\tau_d$（τ_d 为放电时间常数）的时间，放电才基本结束，故 t_{re} 约为 $3\tau_d$。

3) 最高工作频率 f_{max}

设触发信号 v_I 的时间间隔为 T，为使单稳电路能正常工作，应满足 $T>t_w+t_{re}$ 的条件，即最小时间间隔 $T_{min}>t_w+t_{re}$。因此，单稳态触发器的最高工作频率为

$$f_{max}=\frac{1}{T_{min}}<\frac{1}{t_w+t_{re}}$$

上述关系式是在做了某些近似后得到的（例如，忽略了导通管的漏源电阻等），因而只能作为选择参数的初步依据。准确的参数还要通过实验调整得到。

3. 讨论

（1）如图 3-28 所示，在暂稳态结束（$t=t_2$）瞬间，G_2 的输入电压 $v_R=V_{DD}+V_{TH}$。为避免高的输入电压 u_R 损坏 CMOS 门，在 CMOS 器件内部设有保护二极管 D。在电容 C 充电期间，二极管 D 开路。而当 $t=t_2$ 时，D 导通，于是 v_R 被钳制在 $V_{DD}+0.6$ V 的电位上（见图 3-28 中的虚线）。同时，在恢复期间，电容 C 放电的时间常数 $\tau_d=(R_f//R)C$（R_f 为二极管 D 的正向电阻），由于 $R_f=R$，因此电容放电的时间很短。

（2）当输入 v_I 的脉冲宽度 $t_{pi}>t_w$ 时，则在 v_{O2} 变为低电平后，G_1 没有响应，不能形成前述的正反馈过程，使 v_{O2} 的输出边沿变缓。因此，当输入脉冲宽度 t_{pi} 很宽时，可在单稳态触发器的输入端加入 R_d、C_d 组成的微分电路。同时，为了改善输出波形，可在图 3-27 中的 G_2 输出端再加一级反相器 G_3，如图 3-29 所示。

（3）若采用 TTL 与非门构成如图 3-27（a）所示的单稳态电路时，由于 TTL 门存在输入电流，因此，为了保证稳态时 G_2 的输入为低电平，电阻 R 要小于 0.7 kΩ。如果输入端采用 R_dC_d 微分电路时，R_d 的数值应大于 2 kΩ，使得稳态时 u_D 大于门 G_1 的开门电平（V_{ON}），而 CMOS 门由于不存在输入电流，故不受此限制。

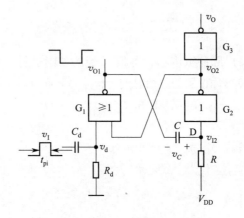

图 3-29 宽脉冲触发的单稳态电路

3.3.2 集成单稳态触发器

门电路组成的单稳态触发器虽然电路简单,但输出脉宽的稳定性差,调节范围小,且触发方式单一。为适应数字系统中的广泛应用,现已生产出单片集成单稳态触发器。

集成单稳态触发器分为两种:可重复触发与不可重复触发。两种不同触发特性的单稳态触发器的主要区别是:不可重复触发单稳态触发器,在进入暂稳态期间,如有触发脉冲作用,电路的工作过程不受其影响,只有当电路的暂稳态结束后,输入触发脉冲才会影响电路状态。电路输出脉宽由 R、C 参数确定。

可重复触发单稳态触发器在暂稳态期间,如有触发脉冲作用,电路会重新被触发,使暂稳态继续延迟一个 t_d 时间,直至触发脉冲的间隔超过单稳输出脉宽,电路才返回稳态。两种集成单稳态触发器的工作波形如图 3-30 所示。

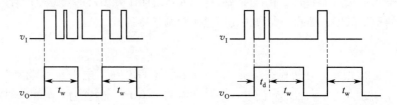

(a) 不可重复触发单稳态触发器工作波形(前沿)　(b) 可重复触发单稳态触发器工作波形(后沿)

图 3-30 两种集成单稳态触发器的工作波形

1. 不可重复触发的集成单稳态触发器

TTL 集成器件 74121 是一种不可重复触发的集成单稳态触发器,其逻辑电路图及逻辑符号如图 3-31 所示。74121 由触发信号控制电路、微分型单稳态触发器、输出缓冲电路三部分组成。将具有迟滞特性的非门 G_6 与 G_5 门合起来看成是一个与或非门,它与 G_7 门及外接电阻 R_{ext}(或 R_{int})、电容 C_{ext} 组成微分型单稳态触发器。

1) 74121 工作原理

74121 工作原理与微分型单稳态触发器基本相同。电路只有一个稳态 $Q=0$,$\overline{Q}=1$。当图 3-31 中 a 点有正脉冲触发时,电路进入暂稳态 $Q=1$,$\overline{Q}=0$。Q 为低电平后使触发信号控制电路中 RS 触发器的 G_2 门输出低电平，将 G_4 门封锁，这样即使有触发信号输入，在 a 点也不会产生微分型单稳态触发器的触发信号，只有等电路返回稳态后，电路才会在输入触发信号作用下被再次触发。根据上述分析，该电路属于不可重复触发单稳态触发器。

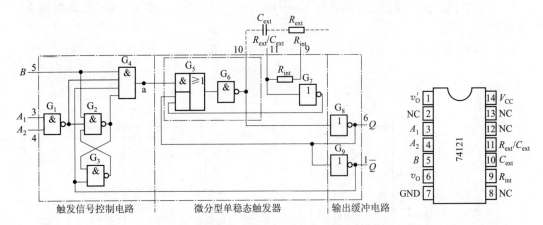

图 3-31　TTL 集成器件单稳态触发器 74121 逻辑电路图及逻辑符号

2）触发与定时

74121 集成单稳态触发器有三个触发输入端，分别为 A_1、A_2 和 B。由触发信号控制电路分析可知，在下述情况下，电路可由稳态翻转到暂稳态：

（1）若 A_1、A_2 两个输入中有一个或两个为低电平，B 发生由 0 到 1 的正跳变。

（2）若 B 和 A_1、A_2 中的一个为高电平，输入中有一个或两个产生由 1 到 0 的负跳变。

74121 的功能见表 3-8。

表 3-8　74121 功能表

输入			输出		备注
A_1	A_2	B	Q	$\overline{Q}$	
L	×	H	L	H	不可触发，保持稳态不变
×	L	H	L	H	
×	×	L	L	H	
H	H	×	L	H	
H	↓	H	⊓	⊔	若 A_1、A_2 两个输入中有一个或两个为低电平，B 发生由 0 到 1 的正跳变
↓	H	H	⊓	⊔	
↓	↓	H	⊓	⊔	
L	×	↑	⊓	⊔	若 B 和 A_1、A_2 中的一个为高电平，输入中有一个或两个产生由 1 到 0 的负跳变
×	L	↑	⊓	⊔	

单稳态电路的定时取决于定时电阻和定时电容的数值，如图 3-32 所示。应用时，定时电容 C_{ext} 连接在芯片的 10、11 引脚之间。若输出脉冲宽度较宽，而采用电解电容时，外接定时电容 C_{ext} 的正极接在输入端 C_{ext} 口（10 引脚）。对于定时电阻 R_{ext}，使用者可以有两种选择：

（1）采用外接定时电阻 R_{ext}（阻值在 $1.4 \sim 40$ kΩ 之间），此时 9 引脚应悬空，电阻接在 11、14 引脚之间。

（2）利用内部定时电阻 R_{int}（2 kΩ），此时将 9 引脚（R_{int}）接至电源 V_{CC}（14 脚）。

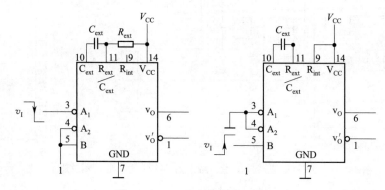

图 3-32　74121 内部简化逻辑图

74121 的输出脉冲宽度

$$t_{\text{w}} \approx 0.7 R_{\text{ext}} C_{\text{ext}}$$

通常 R_{ext} 的取值在 $2 \sim 30$ kΩ 之间，C_{ext} 的取值在 10 pF $\sim$ 10 μF 之间，输出脉冲宽度取值范围可达到 20 ns $\sim$ 200 ms。

上式中的电阻可以是外接电阻 R_{ext}，也可以是芯片内部电阻 R_{int}（约 2 kΩ），如希望得到较宽的输出脉冲，一般使用外接电阻。

2. 可重复触发的集成单稳态触发器

下面以常用的 CMOS 集成器件 74HC123 为例，介绍可重复触发的单稳态触发器工作原理。该器件的逻辑符号和输出电压波形如图 3-33 所示，逻辑功能见表 3-9。

74HC123 有两种输入，TR_- 为低电平有效，TR_+ 为高电平有效。用外接的电阻和电容作定时元件，时间自己设定，比 74LS 电路易用。74HC123 为双可重复触发的单稳态触发器，其输出脉冲的宽度主要取决于定时电阻 R 与定时电容 C，脉宽的计算为电容值与电阻值的乘积。

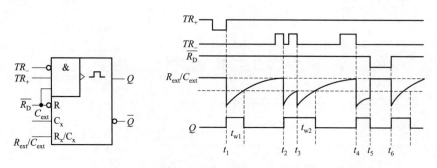

图 3-33　集成单稳态触发器 74HC123 逻辑符号与输出电压波形

表 3-9 74HC123 功能表

输入			输出		说明
$\overline{R_D}$	TR_-	TR_+	Q	$\overline{Q}$	
1	0	↑	∏	∐	TR_+ ↑触发
1	↓	1	∏	∐	TR_- ↓触发
↑	0	1	∏	∐	$\overline{R_D}$ ↑触发
0	×	×	0	1	$\overline{R_D}$低电平,输出置 0
×	1	×	0	1	TR_- 为高电平,输出置 0
×	×	0	0	1	TR_+ 为低电平,输出置 0

74HC123 中单稳态触发器作用是,不管触发信号持续多长时间,只固定维持外围阻容给定的一段时间就恢复触发前状态,外围电阻电容决定单稳态时间,因为触发是由边沿触发(上升沿或下降沿)。

可重复触发单稳态触发器的特点是,当前次触发后的单稳没有恢复触发前状态而又有触发信号时,可重复触发单稳态触发器将在触发边沿开始继续维持阻容给定的单稳态时间。

3.3.3 单稳态触发器的应用

利用单稳态触发器的特性可以实现脉冲整形、脉冲定时等功能。

1. 脉冲整形

利用单稳态触发器能产生一定宽度的脉冲这一特性,可以将过窄或过宽的输入脉冲整形成固定宽度的脉冲输出,如图 3-34 (a)、(b) 所示。

图 3-34 (c) 表示不规则输入波形,经单稳态触发器处理后,便可得到固定宽度、固定幅度,且上升沿、下降沿陡峭的规整矩形波输出。

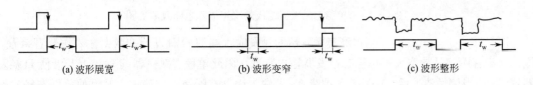

(a) 波形展宽　　　　(b) 波形变窄　　　　(c) 波形整形

图 3-34 脉冲整形

2. 脉冲定时

若将单稳态触发器的输出 v_B 接至与门的一个输入引脚,与门的另一个输入引脚输入高频脉冲序列 v_A。单稳态触发器在输入正向窄脉冲到来时开始翻转,与门开启,允许高频脉冲序列通过与门从其输出端 v_O 输出。经过 t_w 定时时间后,单稳态触发器恢复稳态,与门关闭,禁止高频脉冲序列输出。由此实现了高频脉冲序列的定时选通功能,工作波形如图 3-35所示。

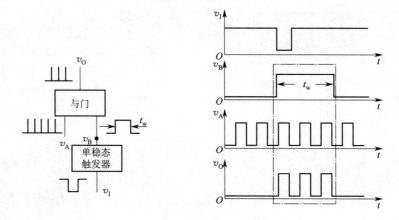

图 3-35 脉冲定时

3. 噪声消除电路

利用单稳态触发器可以构成噪声消除电路（或称脉宽鉴别电路）。通常噪声多表现为尖脉冲，宽度较窄，而有用的信号都具有一定的宽度。利用单稳态电路，将输出脉宽调节到大于噪声宽度而小于信号脉宽，才可消除噪声。由单稳态触发器组成的噪声消除电路及波形图如图 3-36所示。

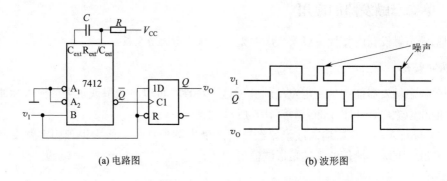

(a) 电路图   (b) 波形图

图 3-36 由单稳态触发器组成的噪声消除电路及波形图

图 3-36 中，输入信号接至单稳态触发器的触发输入端和 D 触发器的数据输入端及直接置 0 端。由于有用信号脉宽大于单稳态触发器输出脉宽，因此单稳态触发器 $\overline{Q}$ 输入上升沿使 D 触发器置 1，而当信号消失后，D 触发器被清 0。若输入中含有噪声，其噪声上升沿使单稳态触发器触发翻转，但由于单稳态触发器输出脉宽大于噪声宽度，故单稳态触发器 $\overline{Q}$ 输出上升沿时，噪声已消失，从而在输出信号中消除了噪声成分。

4. 脉冲延时电路

用两个集成单稳态触发器74121组成的脉冲延时电路，如图 3-37 所示。输入信号经过两个 74121 延时时间 $t=t_{w1}+t_{w2}$，其中

$$\begin{cases} t_{w1}=0.7R_1C_1 \\ t_{w2}=0.7R_2C_2 \end{cases}$$

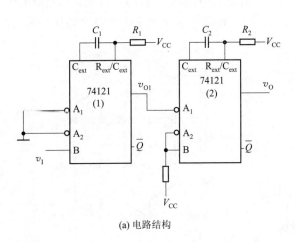
(a) 电路结构

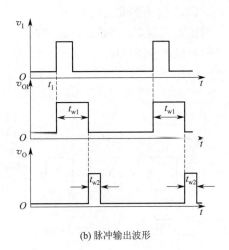
(b) 脉冲输出波形

图 3-37 脉冲延时电路

3.4 多谐振荡器

多谐振荡器是一种能产生矩形波的自激振荡器，也称矩形波发生器。在接通电源后，不需要外加脉冲就能自动产生矩形脉冲。"多谐"指矩形波中除了基波成分外，还含有丰富的高次谐波成分。

多谐振荡器没有稳态，只有两个暂稳态。在工作时，电路的状态在这两个暂稳态之间自动地交替变换，由此产生矩形波脉冲信号，常用作脉冲信号源及时序电路中的时钟信号。

用门电路组成的多谐振荡器（包括反相器、与非门和或非门）在各种电子电路中几乎都能见到，它们最主要的用途是用来作时钟脉冲发生器，或者用来驱动计数器或脉冲分配器，使电路的各组成部分能够按照所设定的工作程序有条不紊地工作。用非门组成的多谐振荡器如图 3-38 所示，这是对称式多谐振荡器的典型电路，它是由两个非门、两个电阻与两个电容构成的。

为了产生自激振荡，电路不能有稳定状态，也就是说，在静态下（电路没有振荡时）它的状态必须是不稳定的，由反相器的电压传输特性，如果设法使 U_1、U_2 在电压传输特性的转折区或线性区，则它们将工作在放大状态，即电压放大倍数 $A_u > 1$，这时只要 U_1 或 U_2 有极小的变化，就会被正向反馈回路放大从而引起振荡。

反相器静态时工作在放大状态，必须给它们设置适当的偏置电压，它的数值应介于高低电平之间。这个电平可以通过在反相器的输入端与输出端之间接入反馈电阻得到。

电路接通电源后，假设由于某种原因（例如电源波动或外界干扰）使 v_{I1} 有微小的正跳变，则必然会引起如下的正反馈过程：v_{I1} 升高使 v_{O1} 下降，从而使 v_{I2} 下降，使 v_{O2} 升高，v_{O2} 又反馈到 v_{I1}，使 v_{I1} 升高。使 v_{O1} 迅速跳变为低电平、v_{O2} 迅速跳变为高电平，电路进入第一个暂稳态，同时电容 C_1 开始充电而 C_2 开始放电。由于 C_1 同时由 R_1 和 R_2 充电，电压迅速上升到与非门的阈值电压，引起下面的正反馈：v_{I2} 上升使得 v_{O2} 下降，从而使得 v_{I1} 下降，v_{O1} 上升，v_{O1} 上升又反馈回 v_{I2}，使 v_{I2} 上升。从而使 v_{O2} 迅速跳变为低电平，而 v_{O1} 跳变为高电平，电路进入第二个暂稳态，同时 C_2 开始充电而 C_1 开始放电，与上述 C_1 充电而 C_2 放电是对称的，v_{I1} 上升到阈值电压又将迅速返回第一个暂稳态。因此，电路不断在第一个暂稳态和第二个暂稳态之间往复振荡，在输出端产生矩形脉冲，如图 3-39 所示。

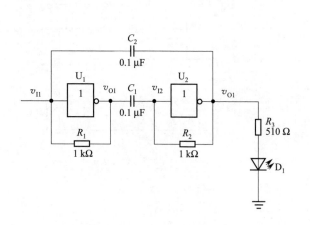

图 3-38　用非门组成的多谐振荡器

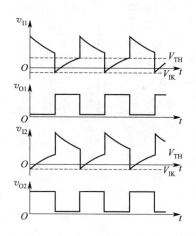

图 3-39　多谐振荡器输出电压波形

3.5　555 定时器及其应用

在数字系统中，为了使各部分在时间上协调动作，需要有一个统一的时间基准。用来产生时间基准信号的电路称为时基电路。555 定时器就是其中的一种。它是一种由模拟电路与数字电路组合而成的多功能的中规模集成组件，只要配置少量的外部器件，便可方便地组成触发器、振荡器等多种功能电路。因而在波形的产生与变换、测量与控制、家用电器和电子玩具等许多领域中都得到了广泛的应用。

目前生产的定时器有双极型和 CMOS 两种类型，其型号分别有 NE555（或 5G555）和 C7555 等多种。通常，双极型产品型号最后的三位数码都是 555，CMOS 产品型号的最后四位数码都是 7555，它们的结构、工作原理以及外部引脚排列基本相同。

一般双极型定时器具有较大的驱动能力，而 CMOS 定时器具有低功耗、输入阻抗高等优点。555 定时器工作的电源电压很宽，并可承受较大的负载电流。双极型定时器电源电压范围为 5～16 V，最大负载电流可达 200 mA；CMOS 定时器电源电压变化范围为 3～18 V，最大负载电流在 4 mA 以下。

3.5.1　555 定时器内部结构和工作原理

555 定时器原理图和逻辑符号如图 3-40 所示。

555 定时器内部结构包括：

(1) 由三个阻值为 5 kΩ 的电阻组成的分压器。其上端接电源 V_{CC}（8 端），下端接地（1 端），为两个比较器 C_1、C_2 提供基准电平。使比较器 C_1 的"＋"端接基准电平 $\frac{2}{3}V_{CC}$（5 端），

比较器 C_2 的"－"端接 $\frac{1}{3} V_{CC}$。如果在控制端（5 端）外加控制电压，可以改变两个比较器的基准电平，从而实现对输出的另一种控制。不用外加控制电压时，可用 $0.01\ \mu\text{F}$ 的电容使 5 端交流接地，起滤波作用，以消除外来的干扰，确保参考电平的稳定。

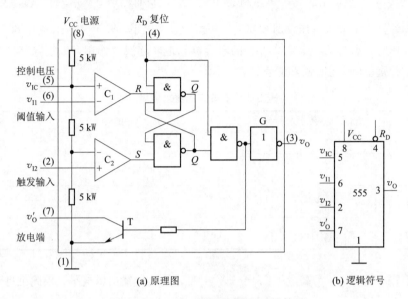

图 3-40 555 定时器原理图和逻辑符号

（2）两个电压比较器 C_1 和 C_2。其"＋"端是同相输入端，"－"端是反相输入端。由于比较器的灵敏度很高，当同相输入端电平略大于反相输入端时，其输出端为高电平；反之，当同相输入端电平略小于反相输入端电平时，其输出端为低电平，即满足：

$$v_+ > v_- , v_o = 1;$$
$$v_+ < v_- , v_o = 0。$$

因此，当高电平触发端（6 端）的触发电平大于 $\frac{2}{3} V_{CC}$ 时，比较器 C_1 的输出为低电平；反之，输出为高电平，其结果作为基本 RS 触发器 R 端的输入信号。当低电平触发端（2 端）的触发电平略小于 $\frac{1}{3} V_{CC}$ 时，比较器 C_2 的输出为低电平；反之，输出为高电平，其结果作为基本 RS 触发器 S 端的输入信号。

当输入信号自 6 引脚输入并超过 $\frac{2}{3} V_{CC}$ 时，比较器 C_1 输出低电平作为 RS 触发器 R 端的输入信号，触发器复位，555 定时器的输出端（3 引脚）输出低电平，同时放电三极管 T 导通；当输入信号自 2 引脚输入并低于 $\frac{1}{3} V_{CC}$ 时，比较器 C_2 输出低电平作为 RS 触发器 S 端的输入信号，触发器置位，555 定时器的 3 引脚输出高电平，同时放电三极管 T 截止。

（3）基本 RS 触发器。比较器 C_1 和 C_2 的输出端就是基本 RS 触发器的输入端 R_D 和 S_D。因此，基本 RS 触发器的状态受 6 端和 2 端的输入电平控制。图 3-40 中的 4 端是低电平复位端。在 4 端施加低电平时，可以强制复位，使 $Q=0$。正常工作时，将 4 端接电源 V_{CC} 的正极。

（4）放电三极管 T 及缓冲器 G。图 3-40 中三极管 T 构成放电开关，使用时将其集电极接正电源，基极接基本 RS 触发器后面的与非门输出端。当 $Q=0$ 时，T 饱和导通；当 $Q=1$ 时，T 截止。可见 T 作为放电开关，其通断状态由触发器的状态决定。当 T 导通时，将给接于引脚 7 的电容器提供低阻放电电路。

v_{IC}（有的参考书记作 v_{CO}）是电压控制端（5 引脚），平时输出 $\frac{2}{3}V_{CC}$ 作为比较器 C_1 的参考电平，当 5 引脚外接一个输入电压，即改变了比较器的参考电平，从而实现对输出的另一种控制。在不接外加电压时，通常接一个 $0.01\ \mu F$ 的电容器到地，起滤波作用，以消除外来的干扰，确保参考电平的稳定。555 定时器功能表见表 3-10。

表 3-10　555 定时器功能表

阈值输入(v_{I1})	触发输入(v_{I2})	复位(R_D)	输出(v_O)	放电三极管 T
$\times$	$\times$	0	0	导通
$<\frac{2}{3}V_{CC}$	$<\frac{1}{3}V_{CC}$	1	1	截止
$>\frac{2}{3}V_{CC}$	$>\frac{1}{3}V_{CC}$	1	0	导通
$<\frac{2}{3}V_{CC}$	$>\frac{1}{3}V_{CC}$	1	不变	不变

由于阈值输入端（v_{I1}）为高电平$\left(大于\frac{2}{3}V_{CC}\right)$时，定时器输出低电平，因此也将该端称为高触发端（TH）。

由于触发输入端（v_{I2}）为低电平$\left(小于\frac{1}{3}V_{CC}\right)$时，定时器输出高电平，因此也将该端称为低触发端（TL）。

如果在电压控制端（5 引脚）施加一个外加电压（其值在 $0\sim V_{CC}$ 之间），比较器的参考电压将发生变化，电路相应的阈值、触发电平也将随之变化，并进而影响电路的工作状态。

另外，R_D 为复位输入端，当 R_D 为低电平时，不管其他输入端的状态如何，输出 v_o 为低电平，即 R_D 的控制级别最高。正常工作时，一般应将其接高电平或者悬空。

555 定时器各个引脚功能描述见表 3-11。

表 3-11　555 定时器各个引脚功能描述

引脚	功能描述
引脚 1(接地)	地线(或共同接地)，通常被连接到电路共地端
引脚 2(触发点)	这个脚位是 NE555 时间周期的触发信号。触发信号上升沿须大于 $(2/3)V_{CC}$，下降沿须低于 $(1/3)V_{CC}$
引脚 3(输出)	这是 555 的输出时间信号的脚位，时间周期开始移至比电源电压少 1.7 V 的高电位。周期结束输出回到 0 V 左右的低电位。于高电位时的最大输出电流大约为 200 mA
引脚 4(重置)	一个低逻辑电位送至这个引脚时会重置定时器和使输出回到一个低电位。它通常被接到正电源或忽略不用
引脚 5(控制)	这个引脚接外部电压时，可以改变触发和门限回差电压。当计时器在稳定或振荡的运作方式下，这个输入能用来改变或调整输出频率

续表

引脚	功能描述
引脚 6(重置锁定)	引脚 6 重置锁定并使输出呈低态。当这个引脚的电压从 $(1/3)V_{CC}$ 以下移至 $(2/3)V_{CC}$ 以上时启动这个动作
引脚 7(放电)	这个引脚和主要的输出引脚有相同的电流输出能力,当输出为 ON 时为 LOW,对地为低阻抗;当输出为 OFF 时为 HIGH,对地为高阻抗
引脚 8(V_{CC})	这是 555 定时器的正电源电压端。供应电压的范围是 +3.5V(最小值)至 +16V(最大值)

分析 555 定时器原理图和功能表可以得出如下结论:

(1) 555 定时器有两个阈值电压,分别是 $\frac{2}{3}V_{CC}$ 和 $\frac{1}{3}V_{CC}$。

(2) 输出端(3 引脚)和放电端(7 引脚)的状态一致,输出低电平对应放电三极管饱和,在 7 引脚外接有上拉电阻时,7 引脚为低电平。输出高电平对应放电三极管截止,在有上拉电阻时,7 引脚为高电平。

(3) 输出端状态的改变有滞回现象,回差电压为 $\frac{1}{3}V_{CC}$。

3.5.2 555 定时器构成的施密特触发器

将图 3-40 所示的 555 定时器的阈值输入端 v_{I1}(6 引脚)、触发输入端 v_{I2}(2 引脚)相连作为输入端 v_I,由 v_O(3 引脚)或 v_O'(7 引脚)接上拉电阻 R_L 及电源 V_{DD} 作为输出端,v_M 端为电压调节端,便构成了如图 3-41 所示的施密特触发器。

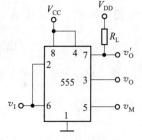

图 3-41 555 定时器构成的施密特触发器

下面分析它的工作原理。如图 3-41 所示,输入信号 v_I,对应的输出信号为 v_O,假设未接控制输入电压 v_{IC}。

(1) 当 $v_I = 0$ V 时,即 $v_{I1} < \frac{2}{3}V_{CC}$、$v_{I2} < \frac{1}{3}V_{CC}$,此时 $v_o = 1$。以后,v_I 逐渐上升,只要不高于阈值电压 $\frac{2}{3}V_{CC}$,输出 v_o 维持 1 不变。

(2) 当 v_I 上升至高于阈值电压 $\left(\frac{2}{3}V_{CC}\right)$ 时,则 $v_{I1} > \frac{2}{3}V_{CC}$、$v_{I2} > \frac{1}{3}V_{CC}$,此时定时器状态翻转为 0,输出 $v_o = 0$,此后 v_I 继续上升,然后下降,只要不低于触发电位 $\left(\frac{1}{3}V_{CC}\right)$,输出维持 0 不变。

(3) 当 v_I 继续下降,一旦低于触发电位 $\left(\frac{1}{3}V_{CC}\right)$ 后,$v_{I1} < \frac{2}{3}V_{CC}$、$v_{I2} < \frac{1}{3}V_{CC}$,定时器状态翻转为 1,输出 $v_o = 1$。

因此得到结论:未考虑外接控制输入 v_{IC} 时,正负向阈值电压 $V^+ = \frac{2}{3}V_{CC}$、$V^- = \frac{1}{3}V_{CC}$,回差电压 $\Delta V = \frac{1}{3}V_{CC}$。若考虑 v_{IC},则正负向阈值电压 $V^+ = v_{IC}$、$V^- = \frac{1}{2}v_{IC}$,回差电压 $\Delta V = \frac{1}{2}v_{IC}$。由此,通过调节外加电压 v_{IC} 可改变施密特触发器的回差电压特性,从而改变输出脉冲的宽度,即改变信号的频率。

3.5.3　555定时器构成的多谐振荡器

电阻 R_1、R_2 和电容 C 构成定时电路。定时电容 C 上的电压 v_C 作为高触发端 TH（6 引脚）和低触发端 TL（2 引脚）的外触发电压。放电端 D（7 引脚）接在 R_1 和 R_2 之间。电压控制端 K（5 引脚）不外接控制电压而接入 $0.01\ \mu F$ 的高频干扰旁路电容。直接复位端 R（4 引脚）接高电平，使 555 定时器处于非复位状态，如图 3-42 所示。

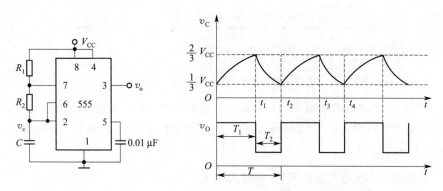

图 3-42　NE555 多谐振荡器原理图与波形图

设电容的初始电压 $v_c=0$，$t=0$ 时接通电源，由于电容电压不能突变，所以高、低触发端 $V_{TH}=V_{TL}=0<\dfrac{1}{3}V_{CC}$，由图 3-40 所示的 555 定时器内部结构可知，比较器 C_1 输出为高电平，C_2 输出为低电平，即触发器 $R=1$，$S=0$，RS 触发器置 1，定时器输出 $v_O=1$，此时 $Q=1$，定时器内部放电三极管截止，电源 V_{CC} 经 R_1、R_2 向电容 C 充电，v_C 逐渐升高。当 v_C 上升到 $\dfrac{1}{3}V_{CC}$ 时，C_2 输出由 0 翻转为 1，这时触发器 $R=S=1$，RS 触发器保持状态不变。所以，$0<t<t_1$ 期间，定时器输出 v_O 为高电平 1。

$t=t_1$ 时刻，v_c 上升到 $\dfrac{2}{3}V_{CC}$，比较器 C_1 的输出由 1 变为 0，这时触发器 $R=0$、$S=1$，RS 触发器清 0，定时器输出 $v_O=0$。

$t_1<t<t_2$ 期间，$Q=0$，放电三极管 T 导通，电容 C 通过 R_2 放电。v_C 按指数规律下降，当 $v_C<\dfrac{2}{3}V_{CC}$ 时，比较器 C_1 输出由 0 变为 1，RS 触发器的 $R=S=1$，Q 的状态不变，v_O 的状态仍为低电平。

$t=t_2$ 时刻，v_C 下降到 $\dfrac{1}{3}V_{CC}$，比较器 C_2 输出由 1 变为 0，RS 触发器的 $R=1$，$S=0$，RS 触发器置 1，定时器输出 $v_O=1$。此时，电源再次向电容 C 放电，重复上述过程。

通过上述分析可知，电容充电时，定时器输出 $v_O=1$；电容放电时，$v_O=0$，电容不断地进行充、放电，输出端便获得矩形波。多谐振荡器无外部信号输入，却能输出矩形波，其实质是将直流形式的电能变为矩形波形式的电能。

多谐振荡器的充放电时间常数分别为

充电时间 $t_1=\ln2\times(R_1+R_2)\times C$，即 $t_{PH}\approx0.693\times(R_1+R_2)\times C$。

放电时间 $t_2 = \ln 2 \times R_2 \times C$，即 $t_{PL} \approx 0.693 \times R_2 \times C$。

振荡周期 T 和振荡频率 f 分别为

$$T = t_{PH} + t_{PL} \approx 0.693 \times (R_1 + 2R_2) \times C。$$

$$f = 1/T \approx 1/[0.693 \times (R_1 + 2R_2) \times C]。$$

3.5.4　555 定时器构成的单稳态触发器

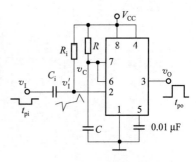

图 3-43　555 定时器构成的
单稳态触发器

555 定时器的阈值输入端 v_{I1}（6 引脚）和放电端 v'_O（7 引脚）接 RC 定时电路，其中 R、C 为单稳态触发器的定时元件，触发输入端 v_{I2}（2 引脚）外接触发信号。这样就构成了单稳态触发器，如图 3-43 所示。

单稳态触发器的定时时间就是输出脉冲的宽度 t_{po}，即

$$t_{po} \approx 1.11RC$$

R_i、C_i 构成输入回路的微分环节，用以使输入信号 v_i 的负脉冲宽度 t_{pi} 限制在允许的范围内。一般 $t_{pi} > 5R_iC_i$，通过微分环节，可使 v'_i 的尖脉冲宽度小于单稳态触发器的输出脉冲宽度 t_{po}。若输入信号的负脉冲宽度 t_{pi} 本来就小于 t_{po}，则微分环节可省略。

定时器复位输入端 R_D（4 引脚）接高电平，电压控制输入端 v_{IC}（5 引脚）通过 $0.01\ \mu F$ 电容接地，定时器输出端 v_O（3 引脚）作为单稳态触发器的单稳信号输出端。

下面分析 555 定时器构成的单稳态触发器的工作原理。当输入 v_I 保持高电平时，C_i 相当于断开。输入 v'_i 由于 R_i 的存在而为高电平 V_{CC}。此时，

（1）若定时器原始状态为 0，则集电极输出（7 引脚）导通接地，使电容 C 放电，$v_C = 0$，即输入 6 引脚的信号低于 $\frac{2}{3}V_{CC}$，此时定时器维持 0 不变。

（2）若定时器原始状态为 1，则集电极输出（7 引脚）对地断开，V_{CC} 经 R 向 C 充电，使 v_C 电位升高，待 v_C 值高于 $\frac{2}{3}V_{CC}$ 时，定时器翻转为 0 态。

因此得出结论：单稳态触发器正常工作时，若未加输入负脉冲，即 v_I 保持高电平，则单稳态触发器的输出 v_O 一定是低电平。

单稳态触发器的工作过程分下面三个阶段来分析，图 3-44 为其工作波形图。

（1）触发翻转阶段：输入负脉冲 v_I 到来时，下降沿经 R_iC_i 微分环节在 V'_i 端产生下跳负向尖脉冲，其值低于负向阈值 $V^- \left(\frac{1}{3}V_{CC} \right)$。由于稳态时 v_C 低于正向阈值 $V^+ \left(\frac{2}{3}V_{CC} \right)$，故定时器翻转为 1，输出 v_O 为高电平，集电极输出对地断开，此时单稳态触发器进入暂稳状态。

（2）暂态维持阶段：由于集电极输出端（7 引脚）对地断开，V_{CC} 通过 R 向 C 充电，v_C 按指数规律上升并趋向于 V_{CC}。从暂稳态开始到 v_C 值达到正向阈值 $V^+ \left(\frac{2}{3}V_{CC} \right)$ 之前的这段时间就是暂态维持时间 t_{po}。

（3）返回恢复阶段：当 C 充电使 v_C 值高于正向阈值 $V^+ \left(\frac{2}{3}V_{CC} \right)$ 时，由于 v'_i 端负向尖脉冲已消失，v'_i 值高于负向阈值 $V^- \left(\frac{1}{3}V_{CC} \right)$，定时器翻转为 0，输出低电平，集电极输出端（7 引脚）

对地导通，暂态维持阶段结束。C 通过 7 引脚放电，使 v_c 值低于正向阈值 $V^+\left(\dfrac{2}{3}V_{CC}\right)$，使单稳态触发器恢复稳态。

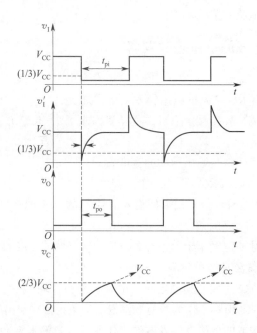

图 3-44　单稳态触发器的工作波形

3.5.5　555 时基集成电路的分类

通过前面分析，可以知道 555 定时器电路在应用和工作方式上一般可归纳为 3 类。每类工作方式又有很多种不同的电路。在实际应用中，除了单一品种的电路外，还可组合出很多不同电路，如多个单稳、多个双稳、单稳和无稳、双稳和无稳的组合等。这样一来，电路变得更加复杂。为了便于分析和识别电路，更好地理解 555 电路，下面按 555 电路的结构特点进行分类和归纳，把 555 电路分为 3 类、8 种，共 18 个单元电路。每个电路除画出它的标准图形，指出它的结构特点或识别方法外，还给出了计算公式及其用途。下面将分别介绍。

1. 单稳类电路

单稳工作方式可分为三种，每种类型都给出了一个应用实例，见表 3-12。

第一种是人工启动型单稳。因为定时电阻、定时电容位置不同而分为两个不同的单元。它们的输入端 RT 和 CT 所在位置不同，具有不同的连接形式，也就是电路的结构特点是 RT-6.2-CT 和 CT-6.2-RT。

第二种是脉冲启动型单稳，也可以分为两个不同的单元。它们的输入特点都是 RT-7.6-CT，都是从 2 端输入。第一个单元电路的 2 端不带任何元件，具有最简单的形式；第二个单元电路则带有一个 RC 微分电路。

第三种是压控振荡器。单稳型压控振荡器电路有很多，都比较复杂。为简单起见，这里只把它分为两个不同单元。其中一个单元电路不带任何辅助器件；另一个单元电路则使用晶体管、运算放大器等辅助器件。

表 3-12　单稳类电路应用总结

电路类型	工作方式	应用实例	特点	用途	脉冲宽度
单稳类电路	人工启动	（555 电路：R_T、V_{CC}、6 4 8、555 3 v_O、SB、2 5 1、C_T、C_1）	RT-6.2-CT。 $v_O=0$,稳态； $v_O=1$,暂稳态(t_d)	定时、延时	$t_d=1.1R_T \times C_T$
		（555 电路：SB、C_T、V_{CC}、6 4 8、555 3 v_O、2 5 1、R_T、C_1）	CT-6.2-RT。 $v_O=1$,稳态； $v_O=0$,暂稳态(t_d)		
	脉冲启动	（555 电路：R_T、V_{CC}、6 4 8、7 555 3 v_O、v_I、2 5 1、SB、C_T、C_1）	RT-7.6-CT。 2 端输入。 外脉冲启动或人工启动	定(延)时、消抖动、分频、倍频,脉冲输出,速率检测	$t_d=1.1R_T \times C_T$
		（555 电路：R_1、R_T、V_{CC}、VD、6 4 8、7 555 3 v_O、v_I、C_1、2 5 1、C_T、C_2）	RT-7.6-CT。 2 端输入。 外脉冲启动输入带 RC 微分电路		
	压控振荡器	（555 电路：R_1、R_T、V_{CC}、VD、6 4 8、7 555 3 v_O、v_I、C_1、2 5 1、C_T、v_{ct}）	RT-7.6-CT。 2 端输入被调制脉冲。 5 端加调制信号 v_{ct}	脉宽调制、压频变化,A/D 转换（别名 PWM）	
		（555 电路：C_1、R_T、V_{CC}、6 4 8、7 555 3 v_O、v_I R_1、R_2、R_2、C_2、C_T、2 5 1）	RT-7.6-CT。 输入有积分电路、运放等辅助器件	脉宽调制、压频变化、A/D 转换（别名 VFC）	

2. 双稳类电路

双稳类电路应用总结见表 3-13。555 双稳类电路可分成两种。

第一种是触发电路，有双端输入和单端输入两个单元。单端比较器可以是 6 端固定，2 端输入；也可是 2 端固定，6 端输入。

第二种是施密特触发电路，有最简单形式的和输入端电阻调整偏置或在控制端（5 引脚）加控制电压 V_{CT} 以改变阈值电压的共两个单元电路。

双稳类电路输入端的输入电压端一般没有定时电阻和定时电容。这是双稳类电路的结构特点。表 3-13 中最后一个单元电路中的 C_1 只起耦合作用，R_1 和 R_2 起直流偏置作用。

表 3-13 双稳类电路应用总结

电路类型	工作方式	应用实例	特点	用途
双稳类电路	触发电路		双端触发:有 R 和 S 两个输入,两输入阈值电压不同,无输入 C（别名:双限比较器、锁存器）	比较器、电子开关、检测电路、家电控制器等
			单端触发:一端固定,一端输入,无输入 C(别名:检测比较器)	
	施密特触发电路（包括阈值电压固定和可调）		6、2 端短接作为输入,输入无 C,有滞后电压 ΔV_T,阈值电压固定	滞后比较器、反相比较器
			6、2 端短接作为输入,阈值电压可调;改变 R_1、R_2 的值或改变 V_{CT} 以调整阈值电压	方波输出、脉冲整形

3. 无稳类电路

无稳类电路就是多谐振荡电路，是 555 电路中应用最广的一类（见表 3-14）。电路的变化形式也最多。为简单起见，也把它分为三种。

第一种是直接反馈型，振荡电阻是连在输出端 v_O 的。

第二种是间接反馈型，振荡电阻是连在电源 V_{CC} 上的。其中，第一个单元电路是应用最广的。第二个单元电路是方波振荡电路。第三、四个单元电路都是占空比可调的脉冲振荡电路，功能相同而电路结构略有不同。

第三种是压控振荡器。由于电路变化形式很复杂，为简单起见，只分成最简单的形式和带辅助器件的两个单元。

无稳类电路的输入端一般都有两个振荡电阻和一个振荡电容。只有一个振荡电阻的可以认为是特例。有时会遇到 7、6、2 三端并联，只有一个电阻 R_A 的无稳类电路，这时可把它看成是单元电路省掉 R_B 后的变形。

表 3-14　无稳类电路应用总结

电路类型	工作方式	应用实例	特点	用途	脉冲宽度
无稳类电路	直接反馈		RA-6.2-C。R_A 与 v_O 相连	方波输出、音箱告警、电源变换	$T_1=T_2=0.693R_A\times C_T$ $=0.722/R_A\times C$
			7-RB-6.2-C。7 端与 v_O 直接相连		$T_1=T_2=0.693R_A\times C_T$ $=0.722/R_A\times C$
	间接反馈		RA-7-RB-6.2-C。R_A 与 V_{CC} 相连	脉冲输出、音响告警、家电控制、电子玩具、检测仪器、电源变换、定时器等	$T_1=0.693(R_A+R_B)\times C$ $T_2=0.693R_B\times C$ $f=1.443/(R_A+2R_B)\times C$

电路类型	工作方式	应用实例	特点	用途	脉冲宽度
无稳类电路		R_A 与 V_{CC} 相连 R_B VD 555 v_O C C_1	RA-7-RB-6.2-C。R_A 与 V_{CC} 相连，VD 与 R_B 并联	方波输出、音响告警、家电控制、检测仪器、定时器等	$T_1 = 0.693R_A \times C$ $T_2 = 0.693R_B \times C$ $R_A = R_B$ 时，$T_1 = T_2$ $f = 0.722/(R_A \times C)$
	间接反馈	R_1 R_A $R_{A'}$ VD$_1$ R_B $R_{B'}$ R_2 VD$_2$ 555 v_O C C_1	7 端和 6、2 端上下为 R 和 C，中间有 R_2 和 VD_2 并联	占空比可调的脉冲振荡电路。可用于：脉冲输出、音响告警、家电控制、电子玩具、检测仪器、电源变换、定时器等	$R_A = R_1 + R_A$ $R_B = R_2 + R_B$ $T_1 = 0.693R_A \times C$ $T_2 = 0.693R_B \times C$ $f = 1.443/(R_A + R_B) \times C$
		R_1 R_2 VD$_1$ VD$_2$ $R_{A'}$ $R_{B'}$ 555 v_O C C_1	7 端和 6、2 端上下为 R 和 C，中间有电阻和 VD_1、VD_2 并联		
	压控振荡器	R_A R_B 555 v_O C v_I (V_{CT})	RA-7-6.2-C。5 端接输入信号 v_I 或控制电压信号 v_{IC}	脉宽调制、电压频率变换、A/D 转换	$f = 1.443/(R_A + 2R_B) \times C$
		VT (R_A) v_I R_1 R_B 555 v_O R_2 C C_1	RA-7-RB-6.2-C。输入有 VT、集成运放等辅助器件		

以上归纳了 555 电路的 3 类、8 种，共 18 个单元电路，虽然它们不可能包罗所有 555 应用电路，但万变不离其宗，相信这对读者理解大多数 555 电路还是很有帮助的。

3.5.6 基于 555 时基集成电路的实际应用举例

555 时基集成电路在实际应用中用得非常广泛，可以利用 555 时基集成电路设计以单稳态触发器、施密特触发器以及振荡器为基础的各种实际电路。为了更好地理解和应用，下面先将这三种电路的基本特点做一比较，见表 3-15 所示，然后再介绍几种实用电路。

表 3-15 三种电路的基本特点

项目	状态	跳变条件	555 电路	应用
单稳态触发器	一个稳态，一个暂稳态	触发出 1，自动回 0	2 引脚输入，2、6 引脚分开	延时（门铃）、定时、整形
施密特触发器	两个稳态	输入上升趋势门限 V_{T+}，下降趋势门限 V_{T-}	2、6 引脚相连作为输入	波形变换、整形、鉴幅，方波产生
多谐振荡器	两个暂稳态	自动翻转	2、6 脚相连，外接 RC 充放电回路	产生矩形波，驱动时序电路

1. 555 触摸定时开关

利用集成电路 555 定时器接成单稳态电路构成触摸定时开关，如图 3-45 所示。平时由于触摸片 P 端无感应电压，电容 C_1 通过 555 的 7 引脚放电完毕，3 引脚输出为低电平，继电器 KS 释放，电灯不亮。

当需要开灯时，用手触碰一下金属片 P，人体感应的杂波信号电压由 C_2 加至 555 的触发端，使 555 的输出由低电平变成高电平，继电器 KS 吸合，电灯点亮。同时，555 的 7 引脚内部截止，电源便通过 R_1 给 C_1 充电，这就是定时的开始。

当电容 C_1 两端电压上升至电源电压的 2/3 时，555 的 7 引脚导通使 C_1 放电，使 3 引脚输出由高电平变回到低电平，继电器释放，电灯熄灭，定时结束。

定时长短由 R_1、C_1 决定。$T_1 = 1.1R_1 \times C_1$。按图 3-45 中所标数值，定时时间约为 4 min。VD_1 可选用 1N4148 或 1N4001。

2. 相片曝光定时器

图 3-46 所示电路是用 555 单稳电路制成的相片曝光定时器。用人工启动式单稳电路。

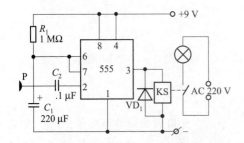

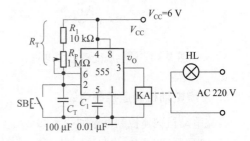

图 3-45 555 触摸定时开关   图 3-46 555 单稳电路制成的相片曝光定时器

工作原理：电源接通后，定时器进入稳态。此时定时电容 C_T 的电压为 $V_{CT}=V_{CC}=6$ V。对 555 这个等效触发器来讲，两个输入都是高电平，即 $V_S=0$。继电器 KA 不吸合，常开触点是打开的，曝光照明灯 HL 不亮。

按一下按钮开关 SB 之后，定时电容 C_T 立即放电到电压为零。于是，此时 555 等效电路触发器的输入为 $R=0$、$S=0$，它的输出就是高电平：$v_O=1$。继电器 KA 吸合，常开触点闭合，曝光照明灯 HL 点亮。按钮开关按一下后立即放开，于是电源电压就通过 R_T 向电容 C_T 充电，暂稳态开始。当电容 C_T 上的电压升到 $(2/3)V_{CC}$，即 4 V 时，定时时间已到，555 等效电路触发器的输入为 $R=1$、$S=1$，于是输出又翻转成低电平：$v_O=0$。继电器 KA 释放，曝光照明灯 HL 熄灭。暂稳态结束，又恢复到稳态。

曝光时间计算公式为 $T=1.1R_T\times C_T$。本电路提供参数的延时时间为 1 s～2 min，可由电位器 R_P 调整和设置。

电路中的继电器必须选用吸合电流不大于 30 mA 的产品，并应根据负载（HL）的容量大小选择继电器触点容量。

3. 单电源变双电源电路

单电源变双电源电路如图 3-47 所示，时基电路 555 接成无稳态电路，3 引脚输出频率为 20 kHz、占空比为 1∶1 的方波。3 引脚为高电平时，C_4 被充电；低电平时，C_3 被充电。由于 VD_1、VD_2 的存在，C_3、C_4 在电路中只充电不放电，充电最大值为 E_C，将 B 端接地，在 A、C 两端就得到 $\pm E_C$ 的双电源。本电路输出电流超过 50 mA。

4. 简易催眠器

简易催眠器电路如图 3-48 所示。时基电路 555 构成一个极低频振荡器，输出一个个短的脉冲，使扬声器发出类似雨滴的声音。扬声器采用 2 英寸（1 英寸＝2.54 cm）、8 Ω 小型动圈式。雨滴声的速度可以通过 100 kΩ 电位器来调节到合适的程度。如果在电源端增加一简单的定时开关，则可以在使用者进入梦乡后及时切断电源。

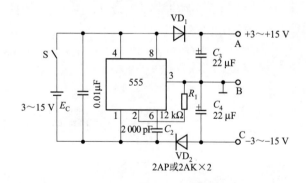

图 3-47　单电源变双电源电路

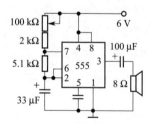

图 3-48　简易催眠器电路

5. 直流电动机调速控制电路

直流电动机调速控制电路如图 3-49 所示，这是一个占空比可调的脉冲振荡器。电动机 M 是用它的输出脉冲驱动的，脉冲占空比越大，电动机电驱电流就越小，转速减慢；脉冲占空比越小，电动机电驱电流就越大，转速加快。因此，调节电位器 R_P 的数值可以调整电动机的速度。

如电动机电驱电流不大于 200 mA 时，可用 CB555 直接驱动；如电流大于 200 mA，应增加驱动级和功放级。

图 3-49 中 VD_3 是续流二极管。在功放管截止期间为电驱电流提供通路，既保证电驱电流的连续性，又防止电驱线圈的自感反电动势损坏功放管。电容 C_2 和电阻 R_3 是补偿网络，它可使负载呈电阻性。整个电路的脉冲频率选在 3 ~5 kHz 之间。频率太低，电动机会抖动；太高时，因占空比范围小使电动机调速范围减小。

6. 用 555 制作的 D 类放大器

D 类放大器具有体积小、效率高的特点。这里介绍一个用 555 电路制作的简易 D 类放大器。它是利用 555 电路构成的一个可控的多谐振荡器，音频信号输入到控制端得到调宽脉冲信号，如图 3-50 所示，基本能满足一般的听音要求。

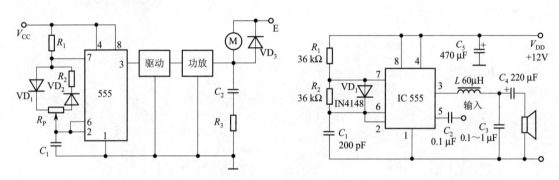

图 3-49　直流电动机调速控制电路　　　　图 3-50　D 类放大器

由 IC 555 和 R_1、R_2、C_1 等组成 100 kHz 可控多谐振荡器，占空比为 50%，控制端 5 引脚输入音频信号，3 引脚便得到脉宽与输入信号幅值成正比的脉冲信号，经 L 和 C_3 滤波后推动扬声器。

7. 风扇周波调速电路

风扇周波调速电路，如图 3-51 所示。下面介绍其工作原理。

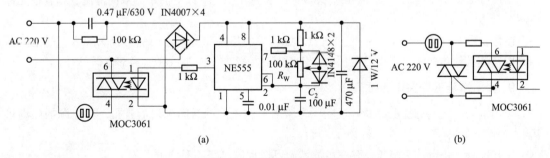

(a)　　　　　　　　　　　　　　(b)

图 3-51　风扇周波调速电路

图 3-51（a）所示电路中，NE555 接成占空比可调的方波发生器，调节 R_w 可改变占空比。在 NE555 的 3 引脚输出高电平期间，过零通断型光耦合器 MOC3061 一次侧得到约 10 mA 正向工作电流，使内部硅化镓红外线发射二极管发射红外光，过零检测器中光敏双向开关于市电过零时导通，接通风扇电动机电源，风扇运转送风。在 NE555 的 3 引脚输出低电平期间，双向开

关断开，风扇停转。

MOC3061本身具有一定驱动能力，可不加功率驱动元件而直接利用MOC3061的内部双向开关来控制风扇电动机的运转。R_W为占空比调节电位器，即风扇单位时间内（本电路数据约为20 s）送风时间的调节，改变C_2的取值或R_W的取值可改变控制周期。

图3-51（b）所示电路为MOC3061的典型功率扩展电路。在控制功率较大的电动机时，应考虑使用功率扩展电路。由于电源采用电容压降方式，自制时应注意安全，人体不能直接触摸电路板。

8. 电热毯温控器

一般电热毯有高温、低温两挡。使用时，拨在高温挡，入睡后总被热醒；拨在低温挡，有时醒来会觉得温度不够。这里介绍一种电热毯温控器，它可以把电热毯的温度控制在一个合适的范围，如图3-52所示。

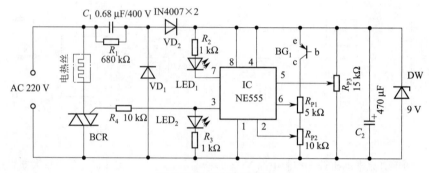

图3-52　电热毯温控器

工作原理： 图3-52中IC为NE555时基电路。R_{P3}为温控调节电位器，其滑动臂电位决定IC的触发电位V_2和阈电位V_f，且$V_5 = V_f = 2V_Z$。220 V交流电压经C_1、R_1限流降压，VD_1、VD_2整流，C_2滤波，DW稳压后，获得9 V左右的电压供IC使用。室温下接通电源，因已调$V_2 < V_Z$、$V_6 \geqslant V_f$时，IC翻转，3引脚变为低电平，BCR截止，电热丝停止发热，温度开始逐渐下降，BG_1的I_{CEO}随之逐渐减小，V_2、V_6降低。

BG_1可选用3AX、3AG等PNP型锗管；BCR选用400 V以上的小型双向晶闸管，其他元件按图3-52标注选用。

制作要点： 热敏传感器BG_1可用耐温的细软线引出，并将其连同引脚接头装入一电容器铝壳内，注入导热硅脂，制成温度探头。使用时，把该温度探头放在适当部位即可。

9. 多用途延迟开关电源插座

家用电器、照明灯等电源的开或关，常常需要在不同的时间延迟后进行。本电源插座即可满足这种不同的需要，如图3-53所示。

工作原理： 该电路由降压、整流、滤波及延时控制电路等部分组成。

12 V工作电压加至延迟器上，这时NE555的2引脚和6引脚为高电平，则NE555的3引脚输出为低电平，因此继电器K得电工作，触点K_{1-1}向上吸合，这时"延关"插座得电，而"延开"插座无电。这时电源通过电容C_3、电位器R_P、电阻器R_3至"地"，对C_3进行充电，随着C_3上的电压升高，NE555的2、6引脚的电压越来越往下降，当此电压下降至（2/3）V_{CC}时，NE555的3引脚输出由低电平跳变为高电平，这时继电器将失电而不工作，则其控制触点恢复原位，则"延关"插座失电，而"延开"插座得电。这样就满足了不同的需求，LED$_1$、LED$_2$做相应的指示。

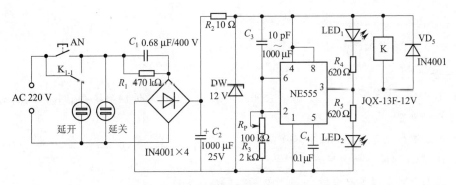

图 3-53　多用途延迟开关电源插座

本电路只要元器件是好的，装配无误，装好即可正常工作。

延时时间由 C_3 及 $R_P + R_3$ 的值决定，$T \approx 1.1 C_3 (R_P + R_3)$。$R_P$ 指有效部分，C_3 可用数十皮法至 1 000 μF 的电容器，$(R_P + R_3)$ 的值可取 2 k$\Omega \sim$ 10 MΩ。

C_1 的耐压值应 $\geqslant$ 400 V，R_1 的功率应 $\geqslant$ 2 W，AN 按钮开关可选用 K-18 型的，继电器的型号为 JQX-13F-12V。其他元器件无特殊要求。

小　结

本章主要介绍常见的 RS 触发器、D 触发器、JK 触发器，用于脉冲波形产生和整形的各种方法。

锁存器最主要的特点是具有使能性的锁存电平功能。触发器又称双稳态触发器。应用中，为了使触发过程容易控制，而做成由时钟触发控制的时序逻辑电路。时钟触发器可以由真值表、驱动方程、状态转换图、状态转换表和波形图来描述其功能。在实际应用中，JK 触发器和 D 触发器最为常见，如果需要使用其他类型的触发器，皆可由 JK 触发器或者 D 触发器转换而来。

施密特触发器有两个稳定状态，但与一般触发器不同的是，施密特触发器采用电位触发方式，其状态由输入信号电位维持；对于负向递减和正向递增两种不同变化方向的输入信号，施密特触发器有不同的阈值电压。单稳态触发器的功能特点：只有一个稳定状态，且只有在外来触发信号作用下，电路才会从原来的稳态翻转到另一个状态。单稳态触发器被广泛地应用于脉冲波形的变换与延时中。多谐振荡器是一种能产生矩形波的自激振荡器，又称矩形波发生器。多谐振荡器没有稳态，只有两个暂稳态。在工作时，电路的状态在这两个暂稳态之间自动地交替变换，由此产生矩形波脉冲信号，常用作脉冲信号源及时序电路中的时钟信号。

555 集成定时器是一种由模拟电路与数字电路组合而成的多功能的中规模集成组件，只要配置少量的外部器件。利用它可实现施密特触发器、单稳态触发器、多谐振荡器，用于脉冲的产生、整形、延时和定时电路。

习　　题

1. 填空题：

(1) 由于触发器有_____个稳态，它可以记录_____位二进制码，存储 8 位二进制信息需要_____个触发器。

(2) 触发器按照逻辑功能的不同可以分为_____、_____、_____、_____等几类。

(3) JK 触发器的特性方程为 $Q^{n+1}=$_____。

(4) 用四个触发器可以存储_____位二进制数。

(5) 由 D 触发器转换成 T 触发器，其转换逻辑为 $D=$_____。

(6) 对于 JK 触发器，当时钟脉冲有效期间，若 $J=K=0$ 时，触发器状态_____；若 $J=\overline{K}$ 时，触发器____或____；若 $J=K=1$ 时，触发器状态_____。

(7) 对于 JK 触发器，若 $J=K$，则可完成_____触发器的逻辑功能。

(8) 对于 JK 触发器，若 $J=K=1$，则可完成_____触发器的逻辑功能。

(9) 将 D 触发器的 D 端与 $\overline{Q}$ 端直接相连时，D 触发器可转换成____触发器。

(10) 在触发脉冲作用下，单稳态触发器从_____转换到_____后，依靠自身电容的放电作用，又能回到_____。

(11) 多谐振荡电路没有_____，电路不停地在两个_____之间转换，因此又称_____。

(12) 用 555 定时器构成的施密特触发器的回差电压可表示为_____。

(13) 用 555 定时器构成的施密特触发器的电源电压为 15 V 时，其回差电压 ΔV_{T} 为____V。

(14) 多谐振荡器主要用于_____；施密特触发器主要用于_____；单稳态触发器主要用于_____。

2. 选择题：

(1) 对于触发器和组合逻辑电路，以下（　　）说法是正确的。

　　A. 两者都有记忆能力　　　　　　　　B. 两者都无记忆能力

　　C. 只有组合逻辑电路有记忆能力　　　D. 只有触发器有记忆能力

(2) 时钟有效期间，同步 RS 触发器的特性方程是（　　）。

　　A. $Q^{n+1}=S+\overline{R}Q^n$　　　　　　　　B. $Q^{n+1}=S+\overline{R}Q^n(RS=0)$

　　C. $Q^{n+1}=\overline{S}+RQ^n$　　　　　　　　D. $Q^{n+1}=\overline{S}+RQ^n(RS=0)$

(3) 时钟有效期间，同步 D 触发器特性方程是（　　）。

　　A. $Q^{n+1}=D$　　　　　　　　　　　B. $Q^{n+1}=DQ^n$

　　C. $Q^{n+1}=D\oplus Q^n$　　　　　　　　D. $Q^{n+1}=\overline{D}\oplus Q^n$

(4) 对于 JK 触发器，输入 $J=0$、$K=1$，时钟脉冲作用后，触发器的 Q^{n+1} 应为（　　）。

　　A. 0　　　　　　　　　　　　　　　　B. 1

　　C. 可能是 0，也可能是 1　　　　　　　D. 与 Q^n 有关

(5) JK 触发器在时钟脉冲作用下，若使 $Q^{n+1}=\overline{Q^n}$，则输入信号应为（　　）。

　　A. $J=K=1$　　　　　　　　　　　　B. $J=Q$，$K=\overline{Q}$

C. $J=\overline{Q}$, $K=\overline{Q}$ 　　　　　　　　　　D. $J=K=0$

(6) 具有"置 0""置 1""保持""翻转"功能的触发器称为（　　）。

　　A. JK 触发器　　　　　　　　　　　　B. 基本 RS 触发器

　　C. 同步 D 触发器　　　　　　　　　　D. 同步 RS 触发器

(7) 仅具有"保持""翻转"功能的触发器称为（　　）。

　　A. JK 触发器　　　　B. RS 触发器　　　　C. D 触发器　　　　D. T 触发器

(8) 仅具有"翻转"功能的触发器称为（　　）。

　　A. JK 触发器　　　　B. RS 触发器　　　　C. D 触发器　　　　D. T′ 触发器

(9) 一个 T 触发器，在 $T=1$ 时，加上时钟脉冲，则触发器（　　）。

　　A. 保持原态　　　　B. 置 0　　　　　　C. 置 1　　　　　　D. 翻转

(10) 对于 JK 触发器，若 $J=K$，则可完成（　　）触发器的逻辑功能。

　　A. RS　　　　　　　B. D　　　　　　　C. T　　　　　　　D. T′

(11) T 触发器中，当 $T=1$ 时，触发器实现（　　）功能。

　　A. 置 1　　　　　　B. 置 0　　　　　　C. 计数　　　　　　D. 保持

(12) 在时钟脉冲作用下，欲使 T 触发器具有 $Q^{n+1}=\overline{Q^n}$ 的功能，其 T 端应接（　　）。

　　A. 1　　　　　　　B. 0　　　　　　　C. Q^n　　　　　　D. $\overline{Q^n}$

(13) 已知某触发器的特性表见表 3-16（A、B 为触发器的输入），其输出信号的逻辑表达式为（　　）。

表 3-16　特　性　表

A	B	Q_{n+1}	说明
0	0	Q_n	保持
0	1	0	置 0
1	0	1	置 1
1	1	$\overline{Q_n}$	翻转

A. $Q^{n+1}=A$　　　　　　　　　　　　B. $Q^{n+1}=\overline{A}Q^n+A\overline{Q^n}$

C. $Q^{n+1}=A\overline{Q^n}+\overline{B}Q^n$　　　　　　　D. $Q^{n+1}=B$

(14) 用 555 定时器构成的施密特触发器，若电源电压为 6 V，控制端不外接固定电压，则其上限阈值电压、下限阈值电压和回差电压分别为（　　）。

　　A. 2 V，4 V，2 V　　B. 4 V，2 V，2 V　　C. 4 V，2 V，4 V　　D. 6 V，4 V，2 V

(15) 如图 3-54 所示由 555 定时器组成的电路是（　　）。

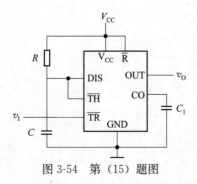

图 3-54　第（15）题图

  A. 多谐振荡器 B. 施密特触发器 C. 单稳态电路 D. 双稳态电路

（16）要把不规则的矩形波变换为幅度与宽度都相同的矩形波，应选择（ ）电路。

  A. 多谐振荡器   B. 基本 RS 触发器

  C. 单稳态触发器   D. 施密特触发器

（17）单稳态触发器可用来（ ）。

  A. 产生矩形波   B. 产生延迟作用

  C. 存储信号   D. 把缓慢变化的信号变成矩形波

（18）把正弦波变换为同频率的矩形波，应选择（ ）电路。

  A. 多谐振荡器   B. 基本 RS 触发器

  C. 单稳态触发器   D. 施密特触发器

（19）回差是（ ）电路的特性参数。

  A. 时序逻辑   B. 施密特触发器

  C. 单稳态触发器   D. 多谐振荡器

（20）能把缓慢变化的输入信号转换成矩形波的电路是（ ）。

  A. 单稳态触发器   B. 多谐振荡器

  C. 施密特触发器   D. 边沿触发器

3. 由或非门构成的基本 RS 锁存器如图 3-55 所示，已知输入端 S_D、R_D 的电压波形，试画出与之对应的 Q 和 $\overline{Q}$ 的波形。

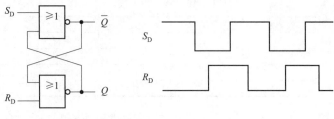

图 3-55 第 3 题图

4. 由与非门构成的基本 RS 锁存器如图 3-56 所示，已知输入端 $\overline{S_D}$、$\overline{R_D}$ 的波形，试画出与之对应的 Q 和 $\overline{Q}$ 的波形。

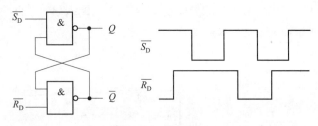

图 3-56 第 4 题图

5. 钟控 RS 锁存器如图 3-57（a）所示，设初始状态为 0，如果给定 CLK、S、R 的波形如图 3-57（b）所示，试画出相应的输出 Q 的波形。

6. 有一上升沿触发的 JK 触发器如图 3-58（a）所示，已知 CLK、J、K 的波形如图 3-58（b）所示，画出 Q 端的波形。（设触发器的初始态为 0。）

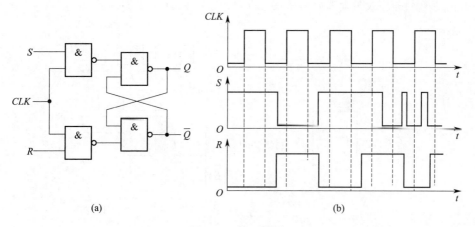

(a) (b)

图 3-57 第 5 题图

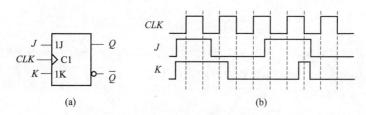

(a) (b)

图 3-58 第 6 题图

7. 试画出图 3-59 所示时序电路在一系列 CLK 信号作用下，Q_0、Q_1、Q_2 的输出电压波形。设触发器的初始状态为 $Q=0$。

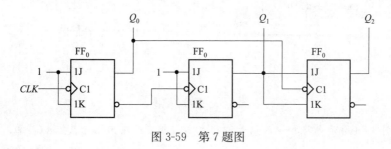

图 3-59 第 7 题图

8. 由 JK 触发器和 D 触发器构成的电路如图 3-60（a）所示，各输入端波形如图 3-60（b）所示，当各个触发器的初态为 0 时，试画出 Q_0 和 Q_1 的波形。

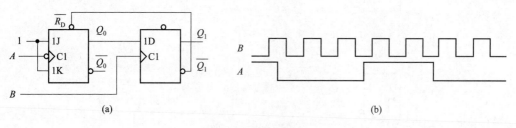

(a) (b)

图 3-60 第 8 题图

9. 画出图 3-61 所示 JK 触发器输出端 Q 和 $\overline{Q}$ 的电压波形。时钟脉冲 CLK 和输入 J、K 的电压波形如图 3-61 所示。设触发器的初始状态为 $Q=0$。

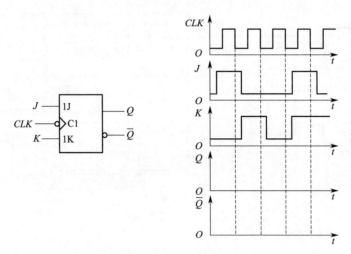

图 3-61   第 9 题图

10. 已知 CMOS 边沿触发器输入端 D 和时钟信号 CLK 的电压波形如图 3-62 所示，试画出 Q 和 $\overline{Q}$ 端对应的电压波形。假定触发器的初始状态为 $Q=0$。

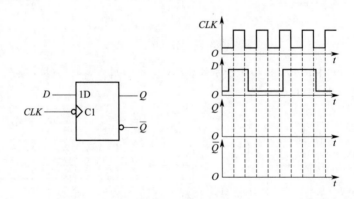

图 3-62   第 10 题图

11. 根据图 3-63 所示电路和输入信号波形，画出相应的输出信号 Q_1 和 Q_2 的波形。

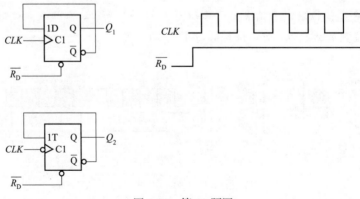

图 3-63   第 11 题图

12. 对图 3-64 所示电路按给定输入 A、B 的波形画出输出 Y 的波形，设触发器的初态为 0。

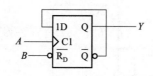

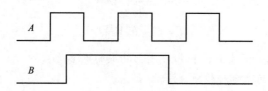

图 3-64　第 12 题图

13. 已知电路及各输入端波形如图 3-65 所示，画出 Q 端的电压波形。假定初态 $Q=0$。

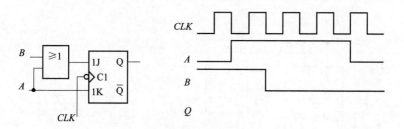

图 3-65　第 13 题图

14. 由 555 定时器构成的施密特触发器如图 3-66（a）所示。

（1）在图 3-66（b）中画出该电路的电压传输特性曲线。

（2）如果输入 v_I 为图 3-66（c）所示波形，画出对应的输出 v_O 的波形。

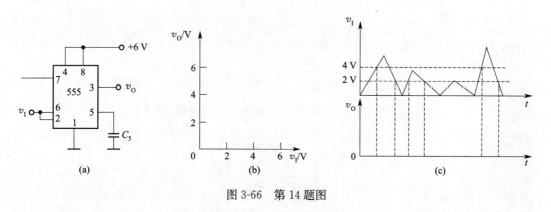

图 3-66　第 14 题图

15. 图 3-67 所示为由 555 定时器构成的多谐振荡器。已知 $V_{CC}=10$ V，$C=0.1$ μF，$R_1=15$ kΩ，$R_2=24$ kΩ。试求：

（1）多谐振荡器的振荡频率。

（2）画出 v_C 和 v_O 的波形。

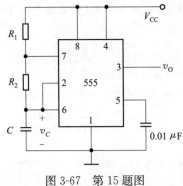

图 3-67　第 15 题图

16. 图 3-68 所示为由 555 定时器和 D 触发器构成的电路。

(1) 555 定时器构成的是哪种脉冲电路？

(2) 在图 3-68 (b) 中画出 v_c、v_{O1}、v_{O2} 的波形。

(3) 计算 v_{O1} 和 v_{O2} 的频率。

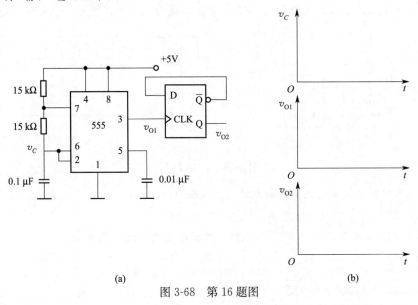

(a)   (b)

图 3-68　第 16 题图

17. 图 3-69 所示为由 555 定时器构成的单稳态触发器。已知 $V_{CC}=12$ V，$R=100$ kΩ，$C=0.01$ μF，试求：

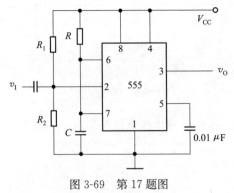

图 3-69　第 17 题图

（1）计算输出脉冲的宽度。

（2）输入脉冲的下限幅度为多大？

18. 图 3-70 所示为由 555 定时器构成的单稳态触发器。已知 $V_{CC}=10\text{ V}$，$R_L=33\text{ k}\Omega$，$R=10\text{ k}\Omega$，$C=0.01\ \mu\text{F}$。试求输出脉冲宽度 t_w，并画出 v_I、v_C 和 v_O 的波形。

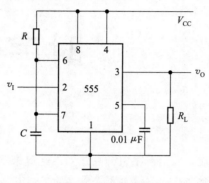

图 3-70　第 18 题图

19. 简答题：

（1）JK 触发器的特性方程是什么？如何利用 JK 触发器设计 D 触发器、T 触发器以及 RS 触发器？

（2）多谐振荡器的特点和主要应用是什么？

（3）施密特触发器的主要应用是什么？

（4）画出利用 555 定时器构成多谐振荡器和施密特触发器的电路。

（5）单稳态触发器主要应用于哪些方面？

第4章
时序逻辑电路

引 言

随着社会科学技术不断发展，人们所使用的电子产品也越来越高科技，像生活中所用的手机、计算机、照相机等都趋于智能化。在这些电子产品中，时序逻辑电路的应用十分广泛。本章主要介绍时序逻辑电路的逻辑功能及其描述方法、电路结构、分析方法及其设计方法。最后介绍几种典型的集成时序逻辑电路的工作原理及其应用。

内容结构

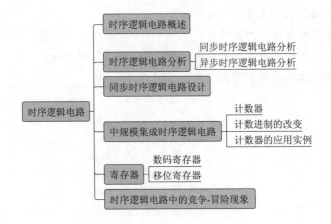

学习目标

通过对本章内容的学习，应该能够做到：

（1）理解时序逻辑电路逻辑功能的描述方法；了解时序逻辑电路的特点。

（2）掌握如何进行时序逻辑电路的分析和设计，掌握集成时序逻辑电路的使用方法，并学会用集成计数器设计 N 进制计数器。

（3）理解寄存器、竞争-冒险现象的基本原理。

4.1 时序逻辑电路概述

在数字电路中，常用的两种电路分别是组合逻辑电路和时序逻辑电路，而这两种电路却有着本质的区别。组合逻辑电路任意时刻的输出信号只取决于当时的输入信号，它没有记忆的功能，换句话说，如果电路的输入信号突然消失了，那么它的输出信号就会相应地发生改变。而时序逻辑电路是一种具有记忆功能的逻辑电路，其任意时刻的输出信号不仅与当时的输入信号有关，而且还与该时序逻辑电路原来的状态有关。这也就决定了时序逻辑电路的基本单元就是触发器，因为只有触发器才具有存储功能，即记忆功能。因此，时序逻辑电路主要由组合逻辑电路和触发器构成的存储电路两部分组成。

时序逻辑电路的基本概念：

1. 功能特点

任一时刻的输出信号不仅取决于此时刻的输入信号，而且取决于上一个时刻的输出状态。

2. 电路特点

时序逻辑电路包含组合逻辑电路、存储电路及反馈电路。

其中，反馈电路将存储电路的输出状态反馈到组合逻辑电路的输入端，与输入信号一起共同决定电路的输出。

3. 时序逻辑电路的分类

（1）按电路中触发器的触发时间分类：同步和异步。

同步时序逻辑电路中所有信号输入端都并联在一起，它们的动作都受同一时钟脉冲控制，即触发器的状态变化是同时进行的。因此，同步时序逻辑电路中只有一个时钟脉冲输入端，每输入一个脉冲信号，电路的状态改变一次。

异步时序逻辑电路中至少有一个触发器的时钟信号与其他触发器不同。触发器的时钟信号来源不同，它们的状态变化也不会同步，即不在同一时间动作。

（2）按电路输出的控制方式分类：Mealy 型和 Moore 型。

Mealy 型时序逻辑电路的特点是电路的输出与触发器的状态和输入信号都有关，而 Moore 型时序逻辑电路的特点是电路的输出只与触发器的状态有关。因此，Moore 型时序逻辑电路看作是 Mealy 型时序逻辑电路的特例。除了时钟信号外，Mealy 型时序逻辑电路必须有外接输入激励信号端。而 Moore 型时序逻辑电路则不需要外接输入信号，完全依靠触发器的触发来实现状态的更替。

时序逻辑电路框图如图 4-1 所示。

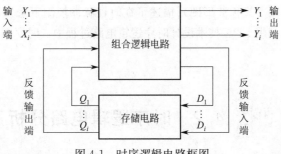

图 4-1　时序逻辑电路框图

图 4-1 中 $X_1, \cdots, X_i$ 代表输入信号；$Y_1, \cdots, Y_i$ 代表输出信号；$D_1, \cdots, D_i$ 代表存储电路的反馈输入信号；$Q_1, \cdots, Q_i$ 代表存储电路的反馈输出信号。这些信号之间的逻辑关系可以用式(4-1)～式(4-3)来描述：

$$\begin{cases} Y_1 = F(X_1, X_2, X_3, \cdots, X_i, Q_1, Q_2, Q_3, \cdots, Q_i) \\ Y_2 = F(X_1, X_2, X_3, \cdots, X_i, Q_1, Q_2, Q_3, \cdots, Q_i) \\ \vdots \\ Y_i = F(X_1, X_2, X_3, \cdots, X_i, Q_1, Q_2, Q_3, \cdots, Q_i) \end{cases} \tag{4-1}$$

$$\begin{cases} D_1 = G_1(X_1, X_2, X_3, \cdots, X_i, Q_1, Q_2, Q_3, \cdots, Q_i) \\ D_2 = G_2(X_1, X_2, X_3, \cdots, X_i, Q_1, Q_2, Q_3, \cdots, Q_i) \\ \vdots \\ D_i = G_i(X_1, X_2, X_3, \cdots, X_i, Q_1, Q_2, Q_3, \cdots, Q_i) \end{cases} \tag{4-2}$$

$$\begin{cases} Q_1^* = H_1(X_1, X_2, X_3, \cdots, X_i, Q_1, Q_2, Q_3, \cdots, Q_i) \\ Q_2^* = H_2(X_1, X_2, X_3, \cdots, X_i, Q_1, Q_2, Q_3, \cdots, Q_i) \\ \vdots \\ Q_i^* = H_i(X_1, X_2, X_3, \cdots, X_i, Q_1, Q_2, Q_3, \cdots, Q_i) \end{cases} \tag{4-3}$$

逻辑功能的描述：描述一个时序逻辑电路的逻辑功能有多种方法，如逻辑表达式、状态转换表、状态转换图和时序图等，这些方法之间可以相互转换。

（1）逻辑表达式。逻辑表达式就是通过一组数学方程描述时序逻辑电路的功能。这种方法最简洁，但比较抽象、不直观、不能直接观察出具体的逻辑功能。按照时序逻辑电路框图，时序逻辑电路的逻辑表达式可以包括以下几种方程：

①时序逻辑电路的输出方程。

②触发器的驱动方程（又称激励方程）。

③触发器的状态方程。

④触发器的时钟方程。

（2）状态转换表。状态转换表以表格形式来描述时序逻辑电路的输出、触发器的状态与输入信号、触发器初态之间的逻辑关系。

（3）状态转换图。状态转换图以拓扑结构形式给出了时序逻辑电路全部输出状态之间的转换关系。完整的状态转换图应是一个状态循环形式，从初始状态出发，最后回到初始状态。这一过程也是状态转换表的另一种表现形式。在状态转换图中，以圆圈表示电路的各个状态，圆圈中填入以二进制或十进制编码形式来表示的存储单元的状态值，圆圈之间用箭头表示状态转换的方向，在箭头旁注明输入变量性质和状态转换前的输入/输出值，输入和输出用斜线分开，斜线上方写输入值，斜线下方写输出值。

（4）时序图。时序图（又称波形图）描述了在时钟脉冲控制下触发器状态和电路输出的变化过程及对比关系。在利用 EDA 技术设计时序逻辑电路过程中，时序图是验证所设计电路逻辑功能的重要手段。

4.2　时序逻辑电路分析

4.2.1　同步时序逻辑电路分析

时序逻辑电路分析的主要任务：通过分析给定的逻辑电路图，找出电路状态和输出的状态在输入变量和时钟信号作用下的变化规律。注意，时序逻辑电路分析是分析给定的逻辑电路图，分析其在一定的输入和时钟脉冲的作用下，电路将产生怎样的新状态和输出，进而理解整个电路的功能。分析的关键是确定电路状态的变化规律，而核心问题是借助触发器的新状态（次态）表达式列出时序逻辑电路的状态转换表和状态转换图。

同步时序逻辑电路分析的一般步骤：

（1）从给定的逻辑电路图中写出每个触发器的驱动方程（即存储电路中每个触发器输入信号的逻辑函数式）；

（2）把驱动方程代入相应触发器的状态方程，得出每个触发器的状态方程，从而得到由这些状态方程组成的整个时序逻辑电路的状态方程组；

（3）由逻辑电路图写出电路的输出方程；

（4）由状态方程、输出方程画出状态转换表或状态转换图，并分析电路的逻辑功能；

（5）对该时序逻辑电路进行分析，检查是否自启动。

例 4.1 分析图 4-2 所示电路的逻辑功能。

分析 本题侧重时序逻辑电路分析的步骤。

解 设 Q 初态为 0，图中为 JK 触发器，且 CLK 为下降沿的边沿触发。

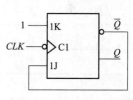

图 4-2 例 4.1 电路图

特性方程： $$Q^{n+1} = J\overline{Q^n} + \overline{K}Q^n$$

驱动方程： $$\begin{cases} J = \overline{Q^n} \\ K = 1 \end{cases}$$

状态方程： $$Q^{n+1} = \overline{Q^n} \cdot \overline{Q^n} + \overline{1} \cdot Q^n = \overline{Q^n}$$

状态转换表如表 4-1 所示，波形图如图 4-3 所示。

表 4-1 例 4.1 状态转换表

CLK	Q^n	Q^{n+1}
0	0	1
1	1	0
2	0	1
3	1	0
4	0	1

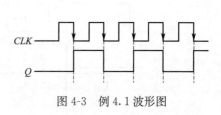

图 4-3 例 4.1 波形图

例 4.2 由三个触发器构成的时序逻辑电路如图 4-4 所示，请画出 Q_0、Q_1、Q_2 的波形。设触发器的初始状态 $Q_2 Q_1 Q_0 = 000$。

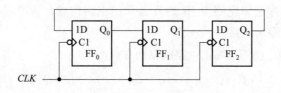

图 4-4 例 4.2 电路图

分析   此题考查触发器构成的时序逻辑电路的分析。由图 4-4 可见，该时序逻辑电路是由 D 触发器构成的，共用同一时钟信号，下降沿触发，所以为同步时序逻辑电路。在此电路中，由于共用一个时钟信号，因此时钟方程也可以不写。

解   驱动方程：$\quad\quad\quad\quad\quad\quad\quad D_0 = Q_2,\ D_1 = Q_0,\ D_2 = Q_1$

状态方程：$\quad\quad\quad\quad\quad\quad\quad\quad Q_0^{n+1} = D_0 = Q_2$

$$Q_1^{n+1} = D_1 = Q_0$$

$$Q_2^{n+1} = D_2 = Q_1$$

根据 D 触发器的状态方程，得到状态转换表如表 4-2 所示。

表 4-2   例 4.2 状态转换表

CLK	Q_2^n	Q_1^n	Q_0^n	Q_2^{n+1}	Q_1^{n+1}	Q_0^{n+1}
0	0	0	0	0	0	0
1	0	0	1	0	1	0
2	0	1	0	1	0	0
3	0	1	1	1	1	0
4	1	0	0	0	0	1
5	1	0	1	0	1	1
6	1	1	0	1	0	1
7	1	1	1	1	1	1

根据状态方程得到波形图如图 4-5 所示。

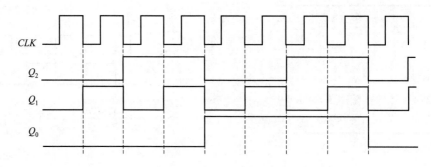

图 4-5   例 4.2 波形图

例 4.3   分析图 4-6 所示电路的逻辑功能。

分析   图 4-6 中时序逻辑电路由 JK 触发器和门电路构成，共用同一时钟信号，下降沿触发。该电路为同步时序逻辑电路。

解   由给定的逻辑电路图可写出电路的驱动方程为

$$\begin{cases} J_0 = \overline{Q_2^n Q_1^n} \\ K_0 = 1 \end{cases} \quad \begin{cases} J_1 = Q_0^n \\ K_1 = \overline{\overline{Q_2^n}\ \overline{Q_0^n}} \end{cases} \quad \begin{cases} J_2 = Q_1^n Q_0^n \\ K_2 = Q_1^n \end{cases}$$

从图 4-6 中可见，本题中具有存储功能的触发器为 JK 触发器，将上述驱动方程代入 JK 触

发器的特性方程 $Q^{n+1} = J\overline{Q^n} + \overline{K}Q^n$，得到电路的状态方程为

$$\begin{cases} Q_0^{n+1} = \overline{\overline{Q_2^n}Q_1^n \cdot \overline{Q_0^n}} = \overline{Q_2^n}\,\overline{Q_0^n} + \overline{Q_1^n}\,\overline{Q_0^n} \\ Q_1^{n+1} = \overline{\overline{Q_2^n}Q_0^n} + \overline{Q_2^n}\,\overline{Q_0^n}Q_1^n = \overline{Q_1^n}Q_0^n + \overline{Q_2^n}Q_1^n\overline{Q_0^n} \\ Q_2^{n+1} = Q_1^nQ_0^n\overline{Q_2^n} + \overline{Q_1^n}Q_2^n = \overline{Q_2^n}Q_1^nQ_0^n + Q_2^n\overline{Q_1^n} \end{cases}$$

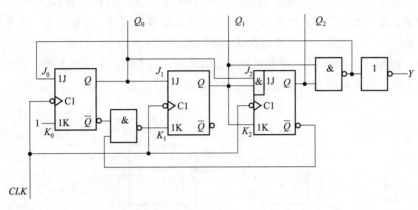

图 4-6 例 4.3 电路图

根据逻辑电路图写出输出方程： $\qquad Y = Q_2^nQ_1^n$

设电路的初态为 $Q_2^nQ_1^nQ_0^n = 000$，将其代入上述公式中，可得次态和输出值，而这个次态又作为下一个 CLK 到来前的现态，这样依次进行下去，可得到状态转换表如表 4-3 所示。

表 4-3 例 4.3 状态转换表

CLK	Q_2^n	Q_1^n	Q_0^n	Q_2^{n+1}	Q_1^{n+1}	Q_0^{n+1}	Y
0	0	0	0	0	0	1	0
1	0	0	1	0	1	0	0
2	0	1	0	0	1	1	0
3	0	1	1	1	0	0	0
4	1	0	0	1	0	1	0
5	1	0	1	1	1	0	0
6	1	1	0	0	0	0	1
7	1	1	1	0	0	0	1

根据状态转换表得到的状态转换图如图 4-7 所示。

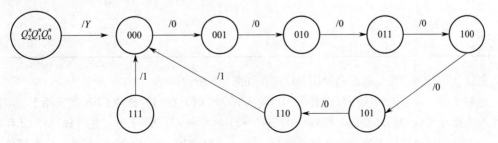

图 4-7 例 4.3 状态转换图

通过计算发现，当 $Q_2^n Q_1^n Q_0^n = 110$ 时，其次态方程为 $Q=000$，返回到最初设定的状态，可见电路在七个状态中循环，它有对时钟信号进行计数的功能，模为 7，即 $N=7$，称为七进制计数器。

而三个触发器的输出应有八种状态组合，进入循环的是七种状态，缺少的状态为 111，所以要把 111 作为初态，代入状态方程计算，经过一个时钟 CLK，就可以转换为 000，进入循环，这说明，如果初始状态处于无效状态的 111，该电路也能够自动进入计数状态，故称为具有自启动能力的电路。这一转换过程也要添加在状态转换表中。

例 4.4　分析图 4-8 所示时序逻辑电路的逻辑功能，写出电路的驱动方程、状态方程和输出方程，画出电路的状态转换图，说明电路能否自启动。

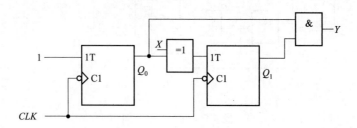

图 4-8　例 4.4 电路图

分析　本题电路是由 T 触发器及门电路构成的时序逻辑电路。

解　T 触发器的状态方程：$Q^{n+1} = T \oplus Q^n$。

根据电路结构，将驱动方程代入触发器的特性方程，即得到电路的状态方程：

$$\begin{cases} Q_1^{n+1} = T_1 \oplus Q_1^n = X \oplus Q_0^n \oplus Q_1^n \\ Q_0^{n+1} = T_0 \oplus Q_0^n = 1 \oplus Q_0^n = \overline{Q_0^n} \end{cases}$$

状态转换表如表 4-4 所示。

表 4-4　例 4.4 状态转换表

X	Q_1^n	Q_0^n	Q_1^{n+1}	Q_0^{n+1}	Y
0	0	0	0	1	0
0	0	1	1	0	0
0	1	0	1	1	0
0	1	1	0	0	1
1	0	0	1	1	0
1	0	1	0	0	0
1	1	0	0	1	0
1	1	1	1	0	1

根据状态转换表画出状态转换图及时序图如图 4-9 所示。

电路功能：由状态转换图可以看出，当输入 $X=0$ 时，在时钟脉冲 CLK 的作用下，电路的四个状态按递增规律循环变化，即 00→01→10→11→00→⋯⋯当 $X=1$ 时，在时钟脉冲 CLK 的作用下，电路的四个状态按递减规律循环变化，即 00→11→10→01→00→⋯⋯可见，该电路既具有递增计数功能，又具有递减计数功能，是一个两位二进制同步可逆计数器。

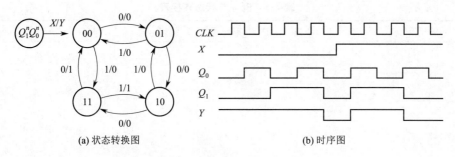

(a) 状态转换图   (b) 时序图

图 4-9 状态转换图和时序图

例 4.5 分析图 4-10 所示电路。

（1）画出状态转换图，指出是几进制计数器；

（2）判断该计数器能否自启动。

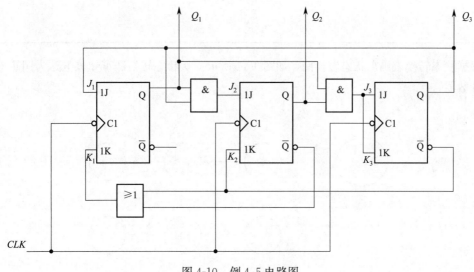

图 4-10 例 4.5 电路图

解 根据逻辑电路图，写出各触发器的驱动方程

$$J_1 = Q_3^n \qquad K_1 = \overline{Q_3^n} + \overline{Q_2^n}$$

$$J_2 = Q_2^n Q_1^n \qquad K_2 = \overline{Q_3^n}$$

$$J_3 = Q_2^n Q_1^n \qquad K_3 = Q_2^n Q_1^n$$

将触发器的驱动方程代入特性方程 $Q_1^{n+1} = J\overline{Q_1^n} + \overline{K}Q_1^n$，得到电路的状态方程：

$$Q_1^{n+1} = Q_3^n \overline{Q_1^n} + Q_3^n Q_2^n Q_1^n$$

$$Q_2^{n+1} = Q_3^n Q_1^n \overline{Q_2^n} + Q_3^n Q_2^n$$

$$Q_3^{n+1} = Q_2^n Q_1^n \overline{Q_3^n} + \overline{Q_2^n Q_1^n} Q_3^n$$

将电路的初态（一般设触发器的初态为 0）代入状态方程，计算出电路的新态。以得到的新状态作为电路的现态，再次代入状态方程，计算出电路的又一组新的状态。如此继续上述过程，直至状态出现循环为止。将全部计算结果列表，就得到电路的状态转换表，如表 4-5 所示。

表 4-5　例 4.5 状态转换表

CLK	Q_3	Q_2	Q_1
0	0	1	1
1	1	0	0
2	1	0	1
3	1	1	0
4	1	1	1
5	0	1	1
0	0	0	0
1	0	0	0
0	0	0	1
1	0	0	0
0	0	1	0
1	0	0	0

根据状态转换表画出状态转换图，如图 4-11 所示。从状态转换图可知该电路为同步五进制加法计数器。

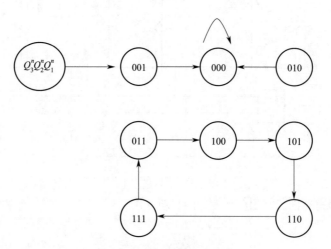

图 4-11　例 4.5 状态转换图

该计数器有三个状态不在循环内，不能自启动。

4.2.2　异步时序逻辑电路分析

同步时序逻辑电路的各个触发器的时钟信号相同，而且都在同一时刻触发。而异步时序逻辑电路中没有统一的时钟信号，电路的状态随输入信号的改变而相应变化。

同步时序逻辑电路的每个状态都是"稳定状态"，而异步时序逻辑电路的状态中则含有不稳定因素。在异步时序逻辑电路中，每次电路状态发生转换时，并不是所有触发器都有时钟信号，只有那些有时钟信号的触发器才需要用特性方程去计算状态，而没有时钟信号的触发器将保持原来的状态不变。

分析异步时序逻辑电路，除了需要分析各个触发器的驱动方程、状态方程、输出方程外，还需要分析各个触发器的时钟信号。由于所有触发器不共用一个时钟信号，因此异步时序逻辑电路的状态转换有一定的延迟时间，每次电路状态转换时哪些触发器有时钟信号，哪些触发器没有时钟信号，都要时刻关注，其与同步时序逻辑电路的分析步骤是相同的。

例 4.6 由 D 触发器和 JK 触发器构成的二级时序逻辑电路图如图 4-12（a）所示，波形图如图 4-12（b）所示。试分析其逻辑功能。

分析 由图 4-12 可知，两个触发器没有共用同一个触发时钟信号，为异步触发。

解 根据逻辑电路图，写出各触发器的特性方程、驱动方程和时钟方程

特性方程：
$$Q^{n+1}=D$$
$$Q^{n+1}=J\,\overline{Q^n}+\overline{K}Q^n$$

驱动方程：
$$D=\overline{Q^n},\quad \begin{cases} J=A \\ K=B \end{cases}$$

时钟方程：$\begin{aligned} CLK_1&=Q_2^n \\ CLK_2&=CLK \end{aligned}$，令 CLK_1 为 D 触发器的时钟信号，CLK_2 为 JK 触发器的时钟信号，从这里可以看出，本电路为异步时序逻辑电路。

CLK_1 脉冲为时钟的上升沿有效，即 Q_2 波形的上升沿，CLK_2 脉冲为时钟的下降沿有效，即为 Q_2 波形的下降沿。

状态方程：
$$Q_1^{n+1}=D=\overline{Q_1^n}$$
$$Q_2^{n+1}=A\,\overline{Q_2^n}+\overline{B}Q_2^n$$

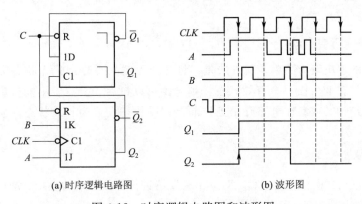

(a) 时序逻辑电路图   (b) 波形图

图 4-12 时序逻辑电路图和波形图

4.3 同步时序逻辑电路设计

时序逻辑电路的设计是分析的逆过程，其电路主要由触发器和必要的门电路构成。同步时序逻辑电路的设计任务是根据实际提出的设计要求，设计出符合逻辑要求的逻辑电路。设计过程要比分析过程复杂。同步时序逻辑电路设计的一般步骤如下：

1. 根据逻辑功能的要求确定输入和输出，并画出状态转换图

这里要注意对题中给出的逻辑问题进行逻辑抽象，确定输入变量和输出变量，确定电路的状态数，从而对输入和输出的变量进行定义并赋值。同时，将电路的状态进行编码，列出状态转换表，画出电路转换图。

2. 确定触发器的级数和类型

如果用 n 表示触发器的级数，该时序逻辑电路的状态数为 N，则最多为 $N=2^n$，相当于二进制计数器。若 $2^{n-1}<N<2^n$ 就必须舍去多余的状态。例如，状态数为 $N=5$，按前面所述不等式则有 $2^{3-1}<5<2^3$，则 $n=3$，共计为 2^3 个状态，只需要五个状态，舍去三个状态。时序逻辑电路设计中的触发器类型一般以 JK 或 D 触发器进行转换。JK 触发器的逻辑功能最为齐全，设计结果也比较简单，故而经常采用。

3. 确定状态转换图及状态转换表

设定初始状态，根据状态转换顺序确定新状态（次态），进而确定原始状态转换图，并标注出相应的输入条件和输出值。由此也可以列出状态转换表。

4. 求解状态方程，并由状态方程推导出驱动方程和输出方程

依据状态转换表或者状态转换图画出各触发器的次态卡诺图和电路输出变量的卡诺图，并利用卡诺图化简得到次态表达式，即电路的状态方程和输出方程。此时注意，在应用卡诺图化简的过程中无须得到最简，需要根据选定触发器的类型，将状态方程调整为相应触发器的特性方程标准形式，即化简的最简表达式要和触发器的特性方程匹配，以求出触发器的驱动方程。

5. 检查电路能否自启动

对这个问题的解决较为简单，其方法是：将各个无效状态分别代入状态方程中，如果最终它们的次态能够转变为任一个有效状态，则电路可以自启动。对于不能自启动的电路，可以采取改变电路结构，或者在电路开始工作前将初始状态设置为有效状态，强制进行自启动修正。

6. 绘出电路图

根据求得的驱动方程和输出方程，对 n 个触发器进行各信号端的连接，即可得到最终的电路图。画图时可使用必要的门电路。

例 4.7　采用 JK 触发器设计一个自然序列的同步三进制加法计数器，并判定是否可自启动。

分析　本题考查 JK 触发器及同步时序逻辑电路的设计问题。

解　（1）确定触发器的级数和类型。自然序列的三进制状态有三个，即 00、01、10 三个转态，所以 $N=3$，$2^{2-1}<3<2^2$，$n=2$，需要触发器为两个，两个触发器的有效状态应为四个，本题要求为三进制，即需要三个有效状态，一个无效状态。本题选择 JK 触发器。

（2）确定状态转换图，如图 4-13 所示。

（3）求解状态方程，并由状态方程推导出驱动方程和输出方程。

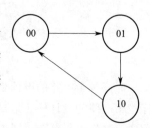

图 4-13　例 4.7 状态转换图

由表 4-6 分别列出 Q_2^n、Q_1^n 的次态卡诺图，可得 $Q_2^n Q_1^n$ 的状态方程为

$$Q_1^{n+1} = \overline{Q_2}\,\overline{Q_1} = \overline{Q_2}\,\overline{Q_1} + \overline{1}Q_1$$

$$Q_2^{n+1} = Q_1^n \overline{Q_2^n} = Q_1^n \overline{Q_2^n} + \overline{1}Q_2^n$$

状态转换表见表 4-6。

表 4-6　例 4.6 的状态转换表

CLK	Q_2^n	Q_1^n	Q_2^{n+1}	Q_1^{n+1}	Y
0	0	0	0	1	0
1	0	1	1	0	0
2	1	0	0	0	1
3	1	1	0	0	1

对照 JK 触发器的特性方程，可得到触发器的驱动信号方程

$$\begin{cases} J_1 = \overline{Q_2^n} & K_1 = 1 \\ J_2 = Q_1^n & K_2 = 1 \end{cases}$$

输出方程为

$$Y = Q_2$$

（4）检查电路能否自启动。将无效状态 $Q_2^n Q_1^n = 11$，代入状态方程中，得到新态为 $Q_2^{n+1} Q_1^{n+1} = 00$，重新进入有效循环中。图 4-14 所示为新的状态转换图，由此可见，可以实现自启动。

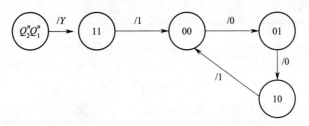

图 4-14　例 4.7 新的状态转换图

（5）绘出逻辑电路图如图 4-15 所示。

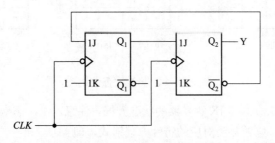

图 4-15　例 4.7 电路图

例 4.8　设计一个按自然序列变化的七进制同步加法计数器。计数规则为逢七进一，产生一个进位输出。

分析　本题考查同步时序逻辑电路的设计。

解　（1）确定触发器的级数和类型。自然序列的七进制状态为 7，即 $N=7$，$2^{n-1}<7<2^n$，$n=3$，七个有效状态，一个无效状态。$n=3$，需要三个触发器，本题选择 JK 触发器。

（2）确定状态转换图（见图 4-16）与状态转换表（见表 4-7）。

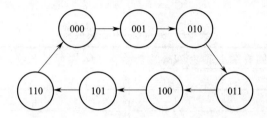

图 4-16　例 4.8 状态转换图

表 4-7　例 4.8 状态转换表

Q_2^n	Q_1^n	Q_0^n	Q_2^{n+1}	Q_1^{n+1}	Q_0^{n+1}	Y
0	0	0	0	0	1	0
0	0	1	0	1	0	0
0	1	0	0	1	1	0
0	1	1	1	0	0	0
1	0	0	1	0	1	0
1	0	1	1	1	1	0
1	1	0	0	0	0	1

（3）求解状态方程，并由状态方程推导出驱动方程和输出方程。

输出方程：

$$Y=Q_2^n Q_1^n$$

求状态方程，这里用次态卡诺图（见图 4-17）来进行化简。

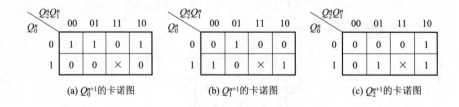

图 4-17　触发器状态卡诺图

由上述三个卡诺图化简得到 JK 触发器的状态方程，注意，由次态卡诺图获得状态方程，不能追求最简与或式结构，应转化为对应的特性方程形式，即

$$\begin{cases} Q_0^{n+1}=\overline{Q_2^n}\,\overline{Q_0^n}+\overline{Q_1^n}\,\overline{Q_0^n}=\overline{\overline{Q_2^n}Q_1^n}\,\overline{Q_0^n}+\overline{1}\,Q_0^n \\ Q_1^{n+1}=Q_0^n\overline{Q_1^n}+\overline{Q_2^n}\,\overline{Q_0^n}Q_1^n \\ Q_2^{n+1}=Q_1^nQ_0^n\overline{Q_2^n}+\overline{Q_1^n}Q_2^n \end{cases}$$

对照 JK 触发器的特性方程 $Q^{n+1}=J\overline{Q^n}+\overline{K}Q^n$，得到驱动方程为

$$J_0 = \overline{Q_2^n Q_1^n} \qquad K_0 = 1$$

$$J_1 = Q_0^n \qquad K_1 = \overline{\overline{Q_2^n} \ \overline{Q_0^n}}$$

$$J_2 = Q_1^n Q_0^n \qquad K_2 = Q_1^n$$

（4）检查电路能否自启动。将无效状态 111 代入状态方程计算：

$$\begin{cases} Q_0^{n+1} = \overline{Q_2^n Q_1^n} \ \overline{Q_0^n} + \overline{1} Q_0^n = 0 \\ Q_1^{n+1} = Q_0^n \overline{Q_1^n} + \overline{\overline{Q_2^n} \ \overline{Q_0^n}} Q_1^n = 0 \\ Q_2^{n+1} = Q_1^n Q_0^n \overline{Q_2^n} + \overline{Q_1^n} Q_2^n = 0 \end{cases}$$

可见 111 的次态为有效状态 000，且 $Y = Q_2 Q_1 = 1$，电路能够自启动。此时，完整的电路状态转换图如图 4-18 所示。

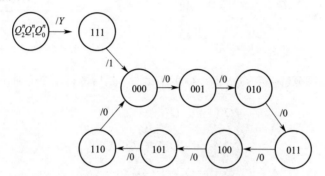

图 4-18　例 4.8 完整的状态转换图

（5）根据输出方程、驱动方程绘制逻辑电路，如图 4-19 所示。

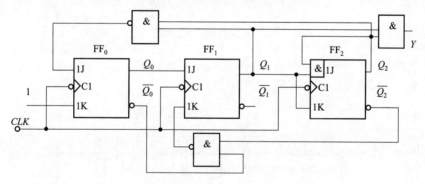

图 4-19　例 4.8 电路图

例 4.9　采用 JK 触发器设计同步六进制计数器，其时序图如图 4-20 所示。

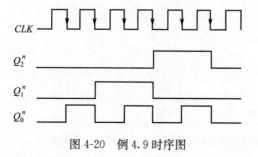

图 4-20　例 4.9 时序图

解：（1）状态转换如图 4-21 所示。由时序图可知，计数器共有六个有效状态，因此 $N=6$，$2^{3-1}<6<2^3$，这里需要三个 JK 触发器。状态转换图如图 4-21 所示。

（2）根据时序图，画出其次态卡诺图。将计数器的原态列在卡诺图的左边和上边，将计数器的次态填入卡诺图，得到电路的次态卡诺图如图 4-22 所示。

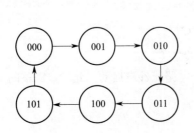

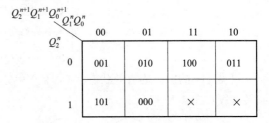

图 4-21　例 4.9 状态转换图　　　　　图 4-22　$Q_2Q_1Q_0$ 的次态卡诺图

（3）由次态卡诺图分解得到 Q_2、Q_1、Q_0 的卡诺图，然后进行化简得到各自的状态方程：

$$\begin{cases} Q_2^{n+1}=Q_1^n Q_0^n \overline{Q_2^n}+\overline{Q_0^n}Q_2^n \\[2mm] Q_1^{n+1}=\overline{Q_2^n}Q_0^n \overline{Q_1^n}+\overline{Q_0^n}Q_1^n \\[2mm] Q_0^{n+1}=\overline{Q_0^n}=1\cdot\overline{Q_0^n}+0\cdot Q_0^n \end{cases}$$

（4）根据 JK 触发器的特性方程，由状态方程可得到驱动方程：

$$\begin{cases} J_2=Q_1^n Q_0^n & K_2=Q_0^n \\[2mm] J_1=\overline{Q_2^n}Q_0^n & K_1=Q_0^n \\[2mm] J_0=1 & K_0=1 \end{cases}$$

（5）由驱动方程画出逻辑电路图，如图 4-23 所示。

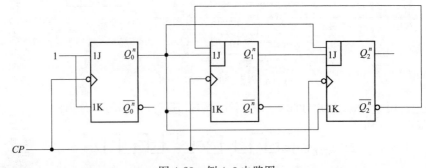

图 4-23　例 4.9 电路图

例 4.10　设计一个可调进制的同步计数器。它有一个控制端 M，当 $M=0$ 时，实现六进制计数器；当 $M=1$ 时，实现四进制计数器，请用 JK 触发器和门电路（门电路类型不限），画出最简逻辑图。

分析　本题考查同步时序逻辑电路的设计，可按照步骤逐步设计。

　　解　根据题意，该计数器电路在 $M=0$ 时应该有六个状态，在 $M=1$ 时有四个状态。因此，可以用三位触发器来实现。电路输出进位信号为 C，设三个触发器输出 $Q_2Q_1Q_0$ 的状态为 $000\sim101$，表示计数器的六个状态，在四进制时只取前四个状态即可，由此可画出该电路的状态转换图如图 4-24 所示。

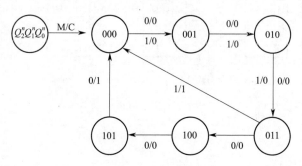

图 4-24　例 4.10 状态转换图

由状态转换图可以得出 $Q_2Q_1Q_0/C$ 的次态卡诺图如图 4-25 所示。

MQ_2 \ Q_1Q_0	00	01	11	10
00	001/0	010/0	100/0	011/0
01	101/1	000/0	×××/×	×××/×
11	×××/×	×××/×	×××/×	×××/×
10	001/0	010/0	000/1	011/0

图 4-25　例 4.10 次态卡诺图

由次态卡诺图可以化简得到状态方程：

$$\begin{cases} Q_2^{n+1}=Q_2^n\overline{Q_0^n}+\overline{M}\,\overline{Q_2^n}Q_1^nQ_0^n \\ Q_1^{n+1}=\overline{Q_2^n}\,\overline{Q_1^n}Q_0^n+Q_1^n\overline{Q_0^n} \\ Q_0^{n+1}=\overline{Q_0^n} \end{cases}$$

其中，进位输出端 C 的方程为：

$$C=Q_2^n\overline{Q_0^n}+MQ_1^nQ_0^n$$

用 JK 触发器实现时，由于 JK 触发器的特性方程为 $Q^{n+1}=J\,\overline{Q^n}+\overline{K}Q^n$，所以可得到各触发器的驱动方程：

$$\begin{cases} J_2=\overline{M}Q_1^nQ_0^n & K_2=Q_0^n \\ J_1=\overline{Q_2^n}Q_0^n & K_1=Q_0^n \\ J_0=1 & K_0=0 \end{cases}$$

由此可得出逻辑电路图，如图 4-26 所示。

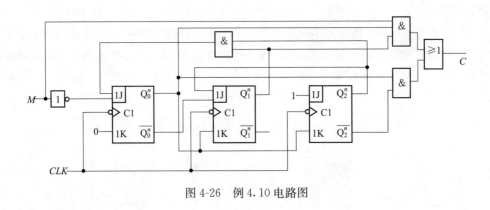

图 4-26   例 4.10 电路图

4.4 中规模集成时序逻辑电路

4.4.1 计数器

计数器就是每输入一个脉冲，电路的状态就改变一次。因此，计数器不但可以对输入脉冲进行计数，还可以用于分频、定时、产生节拍脉冲等。计数器有多种不同的分类方法。

按照计数器状态的转换是否受同一时钟控制，可将其分为同步计数器和异步计数器。同步计数器：计数脉冲同时加到所有触发器的时钟信号输入端，触发器在同一时刻同时翻转的计数器，称为同步计数器。异步计数器：计数脉冲只加到部分触发器的时钟脉冲输入端上，而其他触发器的触发信号则由电路内部提供，应翻转的触发器状态更新有先有后的计数器，称为异步计数器。

按照计数过程中计数器的数值是递增还是递减，又可将其分为加法计数器、减法计数器和加/减计数器（或者称为可逆计数器）。加法计数器：随着计数脉冲的输入做递增计数的电路称为加法计数器。减法计数器：随着计数脉冲的输入做递减计数的电路称为减法计数器。加/减计数器：在加/减控制信号作用下，可递增计数，也可递减计数的电路，称为加/减计数器，又称可逆计数器。

按计数器的计数进制还可以将其分为二进制计数器、十进制计数器和任意进制计数器。其中，二进制计数器是结构最简单的计数器，但应用很广。

中规模集成计数器的产品种类很多、品种全、通用性强，应用十分广泛。这些计数器通常具有清零、置数和保持等多种功能。

中规模集成计数器的功能和构成任意进制计数器的方法：

（1）同步十进制加法计数器 74LS160/74LS162（异步清零/同步清零）。

（2）同步四位二进制加法计数器 74LS161/74LS163（异步清零/同步清零）。

（3）单时钟同步十进制加/减计数器 74LS190。

（4）单时钟同步四位二进制加/减计数器 74LS191。

（5）双时钟同步十进制加/减计数器 74LS192。

（6）双时钟同步四位二进制加/减计数器 74LS193。

这里重点介绍集成同步加法计数器 74LS160/74LS161，其他芯片的功能及应用将在第 6 章中结合实际应用进行阐述。

集成同步加法计数器 74LS160/74LS161 具有清零、置数、计数和保持等功能。具体功能见表 4-8。

表 4-8　集成同步加法计数器功能

型号	计数进制	码制	清零方式	置数方式
74LS160	十进制	8421BCD 码	异步清零	同步置数
74LS161	十六进制	四位二进制码	异步清零	同步置数

1. 清零

计数器 74LS160/74LS161 异步清零。当清零信号 $\overline{R_D}=0$ 时，计数器清零，$Q_3 Q_2 Q_1 Q_0 = 0000$。清零操作时其他输入信号不起作用，清零操作不受时钟控制。此过程为异步清零，其优先级别最高。

2. 置数

计数器 74LS160/74LS161 为同步置数。当清零信号 $\overline{R_D}=1$ 时，置数信号 $\overline{LD}=0$，且时钟信号为上升沿到来时，计数器同步并进行置数，$Q_3 Q_2 Q_1 Q_0 = D_3 D_2 D_1 D_0$。

3. 计数

当 $\overline{R_D}=1$、$\overline{LD}=1$、计数器使能信号 $EP=ET=1$，且时钟信号上升沿到来时，计数器按照四位二进制码或 8421BCD 码计数，$Q_3^{n+1} Q_2^{n+1} Q_1^{n+1} Q_0^{n+1} = Q_3^n Q_2^n Q_1^n Q_0^n + 1$。

4. 保持

当 $\overline{R_D}=1$、$\overline{LD}=1$、计数器使能信号 $EP \cdot ET = 0$ 时，计数器保持，$Q_3^{n+1} Q_2^{n+1} Q_1^{n+1} Q_0^{n+1} = Q_3^n Q_2^n Q_1^n Q_0^n$。

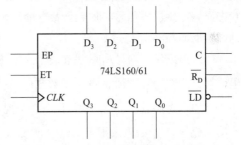

图 4-27　同步十进制计数器 74LS160/61 的逻辑框图

图 4-27 给出了同步十进制计数器 74LS160/61 的逻辑框图。

表 4-9 所示为 74LS160/61 的功能表。74LS162/63 的功能与其相同。

表 4-9　74LS160/61 的功能表

CLK	$\overline{R_D}$	$\overline{LD}$	EP	ET	D_3	D_2	D_1	D_0	Q_3	Q_2	Q_1	Q_0	工作模式
$\times$	0	$\times$	$\times$	$\times$	$\times$	$\times$	$\times$	$\times$	0	0	0	0	置　零
$\uparrow$	1	0	$\times$	$\times$	D	C	B	A	D	C	B	A	预置数
$\times$	1	1	0	1	$\times$	$\times$	$\times$	$\times$	保　持				保　持
$\times$	1	1	$\times$	0	$\times$	$\times$	$\times$	$\times$	保　持				保　持
$\uparrow$	1	1	1	1	$\times$	$\times$	$\times$	$\times$	计　数				计　数

4.4.2　计数进制的改变

集成计数器芯片包括十进制、十六进制、12 位二进制计数器等。如需其他任意进制计数器时，只能通过修改已有计数器的计数进制来实现。对于集成同步加法计数器，如前文提到的 74LS160/161 和 74LS162/163 来说，可以利用清零法（置零法）、置数法（预置数功能）改变计数器的计数进制。通过清零（包括同步清零和异步清零）改变计数进制的方法称为清零法。通过置数改变计数进制的方法称为置数法。

1. 清零法

清零法又称置零法。通过这种方法很容易将已有的 N 进制计数器改接成小于 N 的任何一种 M 进制的计数器。这里要注意，所使用的计数器必须要有置零输入端。当计数器从初始全 0 状态开始计数时，经过 $M-1$ 个状态（同步清零）或者 M 个状态（异步清零），产生清零信号，使得计数器清零。这样就跳过 $N-M$ 个状态，成为 M 进制的计数器。利用清零信号改变计数进制，关键点在于计数器的复位信号 $\overline{R_D}$ 的设计，其步骤如下：

（1）若计数器异步清零，写出计数器进制 M 的二进制码。例如 $N=10$、$M=6$，M 表示成二进制码为 0110。当计数器从 0000 开始计数，六个时钟脉冲后计数器状态为 0110。将 0110 状态译码，产生清零信号，加到计数器的异步清零信号端 $\overline{R_D}$，计数器立刻返回 0000，跳过 0111、1000、1001 状态。0110 仅在极短的时间出现，在稳定的循环状态中不包括 0110 状态。

若计数器同步清零，写出计数器进制 $M-1$ 的二进制码。例如，$N=10$、$M=6$，$M-1$ 表示成二进制码为 0101。当计数器从 0000 开始计数，五个时钟脉冲后计数器状态为 0101。将 0101 状态译码产生清零信号，加到计数器的同步清零信号端（$\overline{R_D}$），待第六个时钟脉冲上升沿到达时计数器返回 0000，跳过 0111、1000、1001 状态。

（2）写出清零信号 $\overline{R_D}$ 的逻辑函数式。根据计数器进制 M 的二进制码或者 $M-1$ 的二进制码，写出清零信号的 $\overline{R_D}$ 的逻辑函数式。

例如，对照表 4-9，采用 74LS160 实现六进制加法计数器，其异步清零信号 $\overline{R_D}$ 的逻辑函数式为 $\overline{R_D}=\overline{Q_1 \cdot Q_2}$。如果采用 74LS163 实现六进制加法计数器，其同步清零信号 $\overline{R_D}$ 的逻辑函数式为 $\overline{R_D}=\overline{Q_0 \cdot Q_2}$。

（3）用门电路实现清零信号 $\overline{R_D}$ 的逻辑函数式，并将其接入计数器的复位端，完成 M 进制计数器的逻辑图。

采用清零法构成六进制加法计数器，如图 4-28 所示。

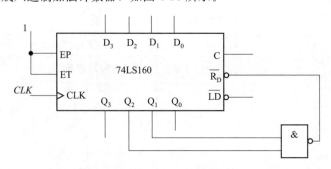

图 4-28　采用清零法构成六进制加法计数器

注意：

使用该方法时其中的清零位是一个瞬间即逝的过渡状态，不能成为稳定状态循环中的一个状态。这时循环中只有 $0000 \sim M-1$ 这 M 个状态，如图 4-29 所示。所以得到的是 M 进制的计数器。

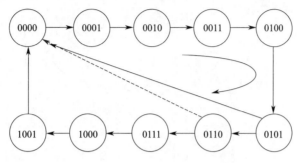

图 4-29　状态转换图

2. 置数法

计数器的计数进制为 N，要将其改为 M 进制的计数器，且 $M < N$。在已有的 N 进制计数器的循环中，经过 $M-1$ 个状态后，产生置数控制信号。待第 M 个时钟上升沿到达时，计数器置数。这样计数器就跳过 $N-M$ 个状态，成为 M 进制的计数器。根据实现跳跃的方式可分为置零法和置数法。置零法适用于有置零输入端的计数器，即置入数取全 0 的状态作为起始状态。置数法则是通过给计数器重复置入某个数值的方法跳跃 $N-M$ 个状态，从而获得 M 进制计数器的。

例 4.11　试用置数法由 74LS161 构成十二进制计数器，画出时序图。

分析　本题考查中规模集成计数器 74LS161 芯片同步置数规则。

解　（1）74LS161 为十六进制计数器，写出其循环状态从 0000、$0001 \sim 1110$、1111 共 16 个状态。这里采用置数法实现十二进制计数器（见图 4-30），即起始状态 $Q_3Q_2Q_1Q_0 = 0000$ 到 $Q_3Q_2Q_1Q_0 = 1011$。要求置数信号端 $\overline{LD} = 0$ 时，置入数 $D_3D_2D_1D_0 = 0000$。当计数器从 0000 开始计数，12 个时钟脉冲后计数器状态为

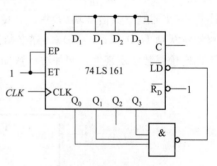

图 4-30　用置数法实现
十二进制加法计数器

1011。将 1011 状态译码产生置零信号，加到计数器的同步置数信号端（$\overline{LD}$），计数器立刻返回置数位 0000，跳过 1100、1101、$\cdots$、1111 状态。在置数法中，计数状态 1011 则稳定地存在于循环状态中。

（2）写出置数信号端 $\overline{LD}$ 的逻辑函数式。根据计数器进制 M 的二进制码或者 $M-1$ 的二进制码，写出置数信号端 $\overline{LD}$ 的逻辑函数式。此时，十二进制加法计数器的同步置数信号端 $\overline{LD}$ 的逻辑函数式为

$$\overline{LD} = \overline{Q_3 \cdot Q_1 \cdot Q_0}$$

状态转换图如图 4-31 所示。

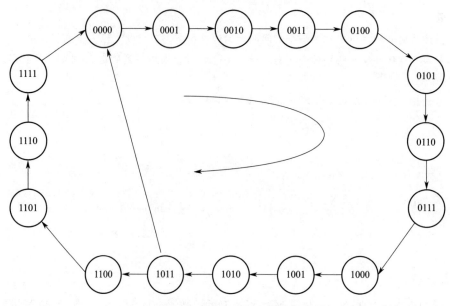

图 4-31　例 4.11 状态转换图

注意：

采用置数法改变计数器的计数进制，预置数端 $D_3D_2D_1D_0$ 不一定是全 0 作为初始值，可根据需要设置预置数。因此，预置数可分为固定和可变两种情况。

图 4-32 给出了预置数固定的计数器设计方案，预置数端 $D_3D_2D_1D_0 = 0011$，当计数器状态出现 1011 时，置数信号端 $\overline{LD} = \overline{Q_3 \cdot Q_1 \cdot Q_0} = 0$，74LS161 启动置数功能，计数器状态从 1011 直接跳跃到 $D_3D_2D_1D_0 = 0011$。建立新的有效计数循环，实现九进制加法计数器。图 4-33 所示为固定预置数法实现九进制加法计数器状态转换图。

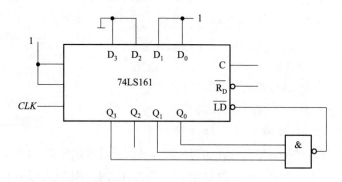

图 4-32　用置数法实现十二进制加法计数器

采用固定预置数法也可以通过改变外部输入控制变量实现计数器的变化。典型电路如图 4-34所示。这种情况下，该时序逻辑电路中含有可变控制端，其当控制变量 A 为 1 和 0 时，电路分别实现十二进制计数器和十进制计数器。

从图 4-34 中可以看到，预置数控制端为

$$\overline{LD} = Y = (\overline{A}Q_3Q_0 + AQ_3Q_1Q_0)$$

预置数：$D_3D_2D_1D_0 = 0000$。由此可以得到状态转换表如表 4-10 所示。

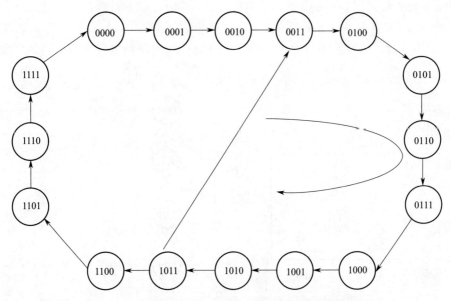

图 4-33　固定预置数法实现九进制加法计数器状态转换图

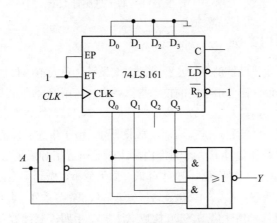

图 4-34　可变计数器逻辑电路图

表 4-10　图 4-34 对应的状态转换表

计数脉冲数	A=0				A=1			
	Q_3	Q_2	Q_1	Q_0	Q_3	Q_2	Q_1	Q_0
0	0	0	0	0	0	0	0	0
1	0	0	0	1	0	0	0	1
2	0	0	1	0	0	0	1	0
3	0	0	1	1	0	0	1	1
4	0	1	0	0	0	1	0	0
5	0	1	0	1	0	1	0	1
6	0	1	1	0	0	1	1	0
7	0	1	1	1	0	1	1	1
8	1	0	0	0	1	0	0	0
9	1	0	0	1	1	0	0	1
10					1	0	1	0
11					1	0	1	1

由状态转换表可知，$A=0$ 为十进制计数器；$A=1$ 为十二进制计数器。

另一种置数方式为预置数可变的方式，将控制端加在置数端。$A=1$ 时，为八进制计数器；$A=0$ 时，为四进制计数器。预置数可变的十六进制计数器逻辑电路及状态转换图如图 4-35 所示。

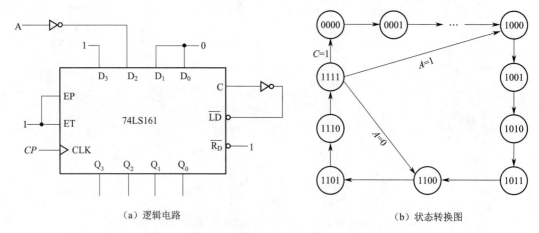

（a）逻辑电路　　　　　　　　　　　（b）状态转换图

图 4-35　预置数可变的十进制计数器

4.4.3　计数器的应用实例

由计数器构成的数字电子系统的设计步骤是按方案设计、单元电路设计、单元和方案试验等顺序进行的。具体就是依据设计任务书给定的技术指标要求，应用综合的方法拟出系统结构框图，确定各功能框图的电路类型，选择合适的数字集成芯片的规格型号，按所选芯片引脚功能连接组合成一个完整的数字电子系统，搭接线路试验，符合要求即可。由于集成芯片的引入，特别是中、大规模集成芯片的引入，使计数器设计方法得到优化，计算工作量相对减少（只用到一些逻辑设计计算），使系统结构非常简单，可靠性更高，成本降低，质量减小，做到小型化、微型化。其中，较为典型的中规模集成芯片包括 74LS60、74LS90、74LS92、74LS390 等系列。其典型应用主要包括：

（1）任意进制的实现。如采用 74LS390 构成六十、二十四进制计数器。

（2）分频计数器。分频器可用来降低信号的频率，是数字系统中常用的电路。分频器的输入信号频率 f_1 与输出信号频率 f_0 之比称为分频比 N。N 进制计数器可实现 N 分频器。具有并行置数功能的计数器都可以构成程序分频器。

（3）数字钟计数显示电路。通常数字钟需要一个精确的时钟信号，一般采用石英晶体振荡器产生，经分频后得到周期为 1 s 的脉冲信号。

为了将计数器系统更好地融入实际应用，请认真学习本书第 6 章的数字电子钟设计内容。

4.5　寄　存　器

寄存器是一种常用的时序逻辑电路，用来存储多位二进制代码。这些代码可以是数据、指令、地址或其他信息。在时序逻辑电路中经常需要将一些数码、指令或运算的结果暂时存储起来，称为寄存。

寄存器的组成有两部分：触发器和门电路。一个触发器能存放一位二进制数码，N 个触发器可以存放 N 位二进制数码。寄存器内存放的数码经常变更，要求存取速度快，一般无法存放大量数据。

寄存器主要用于：运算中存储数码、运算结果。

计算机的 CPU 由运算器、控制器、译码器、寄存器组成，其中就有数据寄存器、指令寄存器、一般寄存器。

根据功能，寄存器可分为数码寄存器和移位寄存器。数码寄存器是存储二进制数码、运算结果或指令等信息的电路。移位寄存器不但可存放数码，而且在移位时钟脉冲作用下，寄存器中的数码可根据需要向左或向右移位。

4.5.1　数码寄存器

数码寄存器是能够存放二进制数码的电路。由于触发器具有记忆功能，因此可以作为数码寄存器的电路。数码寄存器具有接收、存放、输出和清除数码的功能。在接收指令（在计算机中称为写指令）控制下，将数据送入寄存器存放；需要时可在输出指令（读指令）控制下，将数据由寄存器输出。

图 4-36 所示为由 D 触发器构成的数码寄存器。

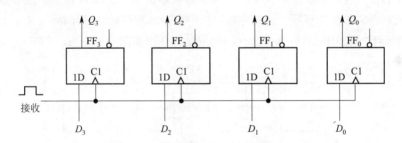

图 4-36　由 D 触发器构成的数码寄存器

工作原理：当时钟上升沿时，触发器更新状态，$Q_3 Q_2 Q_1 Q_0 = D_3 D_2 D_1 D_0$，即接收输入数据并保存。此电路为同步工作方式，其特点是只要时钟上升沿一到达，不需要清除原有数据，新的数据就会存入。常用的数码寄存器有 4D 型触发器 74LS175、6D 型触发器 74LS174、8D 型触发器 74LS373 或 MSI 器件。集成数码锁存器 74LS373 的引脚图和逻辑符号如图 4-37 所示。

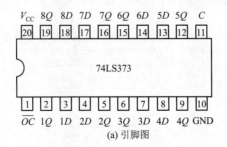

(a) 引脚图

图4-37　集成数码锁存器 74LS373 的引脚图和逻辑符号

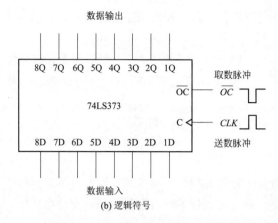

图 4-37　集成数码锁存器 74LS373 的引脚图和逻辑符号（续）

4.5.2　移位寄存器

在数字电路系统中，由于运算（如二进制的乘除）的需要，常常要求实现移位功能。移位寄存器除了具有存储数码的功能外，还具有移位功能。

移位功能是寄存器中所存数据，可以在移位脉冲作用下逐位左移或右移。

移位寄存器是由具有存储功能的触发器和反馈逻辑电路构成的。反馈逻辑电路由门电路构成，其输入是移位寄存器的输出，其输出为移位寄存器的输入。仅具有左移功能或右移功能的移位寄存器又称单向移位寄存器，包括右移移位寄存器和左移移位寄存器。

由 D 触发器构成的四位右移移位寄存器电路结构框图如图 4-38 所示。

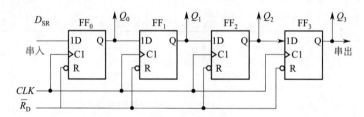

图 4-38　由 D 触发器构成的四位右移移位寄存器电路结构框图

1. 右移移位寄存器

该寄存器的工作原理：将数码 1011 右移，串行输入给寄存器（串行输入是指逐位依次输入）。在接收数码前，从输入端输入一个负脉冲把各触发器置为 0 状态（称为清零）。其移位过程状态见表 4-11。

表 4-11　四位右移移位寄存器移位过程状态

CLK 顺序	D_{SR}	Q_0	Q_1	Q_2	Q_3
0	1	0	0	0	0
1	0	1	0	0	0
2	1	0	1	0	0
3	1	1	0	1	0
4	0	1	1	0	1
5	0	0	1	1	0
6	0	0	0	1	1
7	0	0	0	0	1
8	0	0	0	0	0

2. 左移移位寄存器

图 4-39 所示为由 D 触发器构成的四位左移移位寄存器电路结构框图。

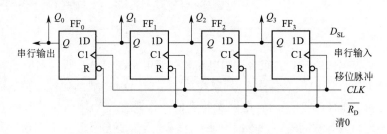

图 4-39　由 D 触发器构成的四位左移移位寄存器电路结构框图

该寄存器的工作原理：首先要在接收数码前清零。将数码 1011 左移串行输入给寄存器。其移位过程状态见表 4-12。

表 4-12　四位左移移位寄存器移位过程状态

CLK 顺序	D_{SR}	Q_0	Q_1	Q_2	Q_3
0	1	0	0	0	0
1	0	1	0	0	0
2	1	0	1	0	0
3	1	1	0	1	0
4	0	1	1	0	1
5	0	0	1	1	0
6	0	0	0	1	1
7	0	0	0	0	1
8	0	0	0	0	0

3. 双向移位寄存器

在单向（左或右）移位寄存器的基础上，增加由辅助门电路组成的控制电路即可实现双后移位寄存器。典型的芯片为 74LS194（四位双向移位寄存器）如图 4-40 所示。与 74LS194 的逻辑功能和外引脚排列都兼容的芯片有 CC40194、CC4022 和 74198 等。

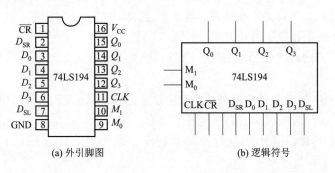

(a) 外引脚图　　　　　　(b) 逻辑符号

图 4-40　四位双向移位寄存器 74LS194

4.6　时序逻辑电路中的竞争-冒险现象

因为时序逻辑电路中通常包含组合逻辑电路和存储电路两部分，所以它的竞争-冒险现象包含两部分。组合逻辑电路中的竞争-冒险现象在第 2 章中已经详细阐述过。存储电路（或触发器）工作中的竞争-冒险，是时序逻辑电路所特有的一个现象。当输入信号和时钟信号同时改变，而且途经不同路径到达同一触发器时，便产生了竞争。竞争的结果有可能导致触发器误动作，这种现象称为存储电路（或触发器）的竞争-冒险现象。

在同步时序逻辑电路中，由于所有触发器都在同一时钟操作下动作，而在此之前每个触发器的输入信号已处于稳态，因而可以认为不存在竞争现象。一般认为存储电路的竞争-冒险现象仅发生在异步时序逻辑电路中。当然，同步时序逻辑电路（非严格意义上的）会存在时钟偏移现象，有可能造成移位寄存器的误动作。

下面通过图 4-41 所示的 JK 触发器构成的八进制计数器来分析竞争-冒险现象。

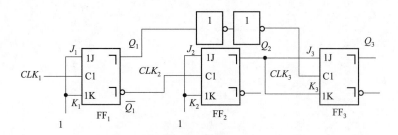

图 4-41　JK 触发器构成的八进制计数器

由于 CLK_3 取自 Q_1，而 $J_3=K_3=Q_2$，FF_2 的时钟信号又取自 $\overline{Q_1}$，因而当 FF_1 由 0 变成 1 时，FF_3 的输入信号和时钟电平同时改变，导致了竞争-冒险现象的发生。

如果 Q_1 从 0 变成 1 时，Q_2 的变化首先完成，CLK_3 的上升沿随后才到，那么在 $CLK_3=1$ 的全部时间里 J_3 和 K_3 的状态将始终不变，可以根据 CLK_3 下降沿到达时 Q_2 的状态决定 FF_3 是否该翻转。此时电路是一个八进制计数器。

反之，如果 Q_1 从 0 变成 1 时，CLK_3 的上升沿首先到达，而 Q_2 的变化在后，则 $CLK_3=1$ 的全部时间里 J_3 和 K_3 的状态可能发生变化，这就不能简单地凭 CLK_3 下降沿到达时 Q_2 的状态来决定 Q_3 的次态了。此时电路就不按八进制计数循环工作了。

倘若在设计时无法确切知道 CLK_3 和 Q_2 哪一个先改变状态，就不能确定电路状态转换的规律。

为了确保 CLK_3 的上升沿在 Q_2 的新状态稳定建立之后才到达 FF_3，可以在 Q_1 到 CLK_3 的传输通道上增加延迟环节，G_1 和 G_2 就是作延迟环节用的。

只要 G_1 和 G_2 的传输延迟时间足够长，一定能使 Q_2 的变化先于 CLK_3 的变化，保证电路按八进制计数循环正常工作。

为了保证触发器可靠地翻转，输入信号和时钟信号在时间配合上应满足一定的要求。然而，当输入信号和时钟信号同时改变，而且途经不同路径到达同一触发器时，便产生了竞争。

一般认为，存储电路的竞争-冒险现象仅发生在异步时序逻辑电路中。

在有些规模较大的同步时序逻辑电路中，由于每个门的带负载能力有限，所以经常是先用一个时钟信号同时驱动几个门电路，然后再由这几个门电路分别去驱动若干个触发器。

小　结

本章首先介绍了时序逻辑电路的特点和功能描述。时序逻辑电路任何时刻的输出不仅与当时的输入信号有关，而且还和电路原来的状态有关。从电路的组成上来看，时序逻辑电路一定含有存储电路（由触发器构成）。时序逻辑电路的功能可以用状态方程、状态转换表、状态转换图或时序图来描述。注意其与组合逻辑电路在功能描述、电路结构、分析和设计方法的不同。

时序逻辑电路的分析，要求能根据逻辑电路图，写出时序逻辑电路对应的各触发器的时钟方程、驱动方程和电路的输出方程；并将触发器的驱动方程代入相应触发器的特性方程，求出每个触发器的状态方程；再根据触发器的状态方程，列出状态转换表、画状态转换图及时序图；最后确定电路的逻辑功能，并检查电路是否可以自启动。

时序逻辑电路的设计是分析的逆过程，根据给出的逻辑问题进行具体化。其步骤如下：根据设计确定电路的状态，要求画出状态转换图，列出状态转换表；确定需要的触发器的类型和个数，写出电路的状态方程、输出方程。注意状态方程要参照所用触发器的特性方程标准式，更容易写出相应触发器的驱动方程；最后可根据电路的驱动方程和输出方程，画出电路的逻辑电路图，并检查电路能否自启动。

计数器是一种非常典型、应用很广的时序逻辑电路。计数器的类型很多，按计数器时钟脉冲引入方式和触发器翻转时序的异同，可分为同步计数器和异步计数器；按计数体制的异同，可分为二进制计数器、二-十进制计数器和任意进制计数器；按计数器中数字的变化规律的异同，可分为加法计数器、减法计数器和可逆计数器。本章主要介绍了中规模集成计数器74LS160/74LS161的功能和构成任意进制计数器的方法。

对各种寄存器和计数器，无须过多关注内部电路的分析，应重点掌握它们的逻辑功能和应用。现在已生产出的集成时序逻辑电路品种很多，可实现的逻辑功能也较强，应在熟悉其功能的基础上加以充分应用，开发出其他功能的时序逻辑电路。

习　题

1. 填空题：

（1）时序逻辑电路的输出不仅和_____有关，而且还与_____有关。

（2）计数器按时钟脉冲的输入方式可分为_____和_____。

（3）根据不同需要，在集成计数器芯片的基础上，通过采用_____和_____两种方法可以实现任意进制的计数器。

（4）时序逻辑电路通常包含_____电路和_____电路两部分。

（5）构成一个 2^n 进制计数器，共需要_____个触发器。

2. 分别写出 RS 触发器、JK 触发器及 T 触发器的特性方程。

3. 分析图 4-42 所示时序逻辑电路。要求：试分析时序逻辑电路的逻辑功能，写出电路的驱动方程、状态方程和输出方程，画出电路的状态转换图。A 为输入逻辑变量。

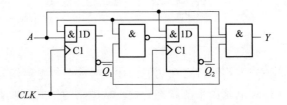

图 4-42　第 3 题图

4. 试分析图 4-43 所示时序逻辑电路的逻辑功能。FF_0、FF_1 和 FF_2 是 D 触发器，上升沿动作，输入端悬空时和逻辑 1 状态等效。分析如下时序逻辑电路的逻辑功能，写出电路的驱动方程、状态方程和输出方程，画出电路的 $Q_2Q_1Q_0$ 状态转换图，检查电路能否自启动。

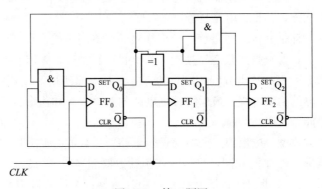

图 4-43　第 4 题图

5. 分析图 4-44 所示时序逻辑电路，写出电路的驱动方程、状态方程和输出方程，画出电路的状态转换图，说明电路实现的逻辑功能。A 为输入变量。

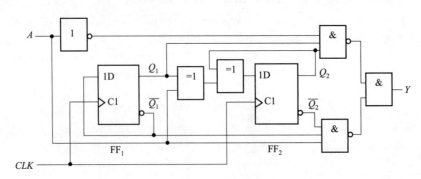

图 4-44　第 5 题图

6. 试分析图 4-45 所示时序逻辑电路的逻辑功能，写出电路的驱动方程、状态方程和输出方程，画出电路的状态转换图，检查电路能否自启动。

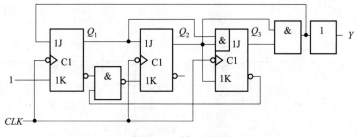

图 4-45 第 6 题图

7. 分析图 4-46 所示电路的逻辑功能，写出驱动方程，列出状态转换表，画出完全状态转换图和时序图。检查电路能否自启动。

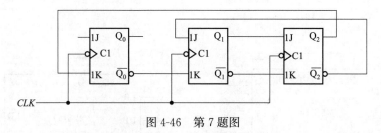

图 4-46 第 7 题图

8. 试分析图 4-47 所示时序逻辑电路的逻辑功能，写出电路的驱动方程、状态方程和输出方程，画出电路的状态转换图。检查电路能否自启动。

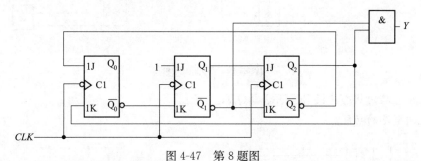

图 4-47 第 8 题图

9. 试用 JK 触发器和门电路设计一个五进制的计数器，并检查设计的电路能否自启动。

10. 试用 JK 触发器及与非门设计一个采用余 3 码的能置初态与十进制 0 状态的十进制同步加法计数器，要求画出电路图，并作状态分析，画出完整的状态转换图，并判定能否自启动。

11. 用 D 触发器和门电路设计一个三进制计数器，并检查电路能否自启动。

12. 74LS161 是同步四位十进制计数器，构成的电路如图 4-48 所示，试说明分别是多少进制的计数器。

13. 集成四位二进制加法计数器 74LS161 的连接图如图 4-49 所示，$\overline{LD}$ 是预置控制端；D_0、D_1、D_2、D_3 是预置数据输入端；Q_3、Q_2、Q_1、Q_0 是触发器的输出端，Q_0 是最低位，Q_3 是最高位；$\overline{LD}$ 为低电平时电路开始置数，$\overline{LD}$ 为高电平时电路计数。试分析电路的功能，要求：

（1）画出状态转换图；

（2）检验自启动能力；

（3）说明计数模值。

14. 74LS161 组成的电路如图 4-50 所示，分析电路，并回答以下问题：

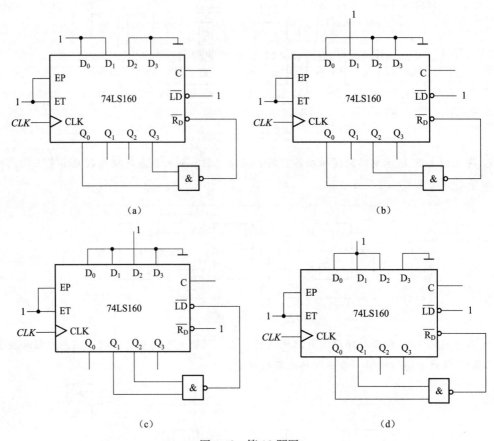

图 4-48　第 12 题图

（1）画出电路的状态转换图（$Q_3Q_2Q_1Q_0$）；

（2）说明电路的功能。

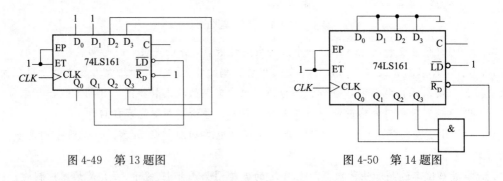

图 4-49　第 13 题图　　　　　　　图 4-50　第 14 题图

15. 分析图 4-51 所示计数器电路，说明是多少进制的计数器。

16. 分析图 4-52 所示计数器电路，画出电路的状态转换图，说明是多少进制的计数器。

17. 设计一个同步计数器电路，其中 M 为控制端，当 $M=0$ 时，实现五进制计数器，000-001-010-011-100-000；$M=1$ 时，实现五进制计数器 000-100-101-110-111-000。请用 JK 触发器和必要的门电路（门电路的类型不限）实现，画出最简逻辑图，并验证电路能否实现自启动（如不能实现自启动，不必修改成自启动电路）。

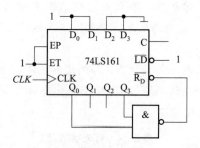

图 4-51　第 15 题图

18. 试用同步二进制计数器 74LS161 接成十三进制计数器，标出输入、输出端。可以附加必要的门电路。

19. 图 4-53 所示电路是可变进制计数器。试分析当控制变量 A 为 1 和 0 时电路各为几进制计数器。

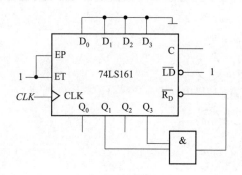

图 4-52　第 16 题图

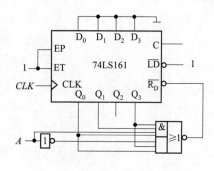

图 4-53　第 15 题图

20. 设计一个可控制进制的计数器，当输入控制变量 $M=0$ 时工作在五进制；$M=1$ 时工作在十五进制。请标出计数输入端和进位输出端。

21. 图 4-54 所示是一个移位寄存器型计数器，试画出它的状态转换图，说明这是几进制计数器，能否自启动。

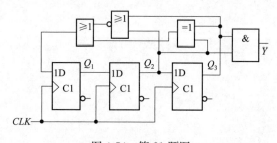

图 4-54　第 21 题图

22. 试利用同步四位二进制计数器 74LS161 和 4 线-16 线译码器 74LS154 设计节拍脉冲发生器，要求从 12 个输出端顺序、循环地输出等宽的负脉冲。

23. 设计一个序列信号发生器电路，使之在一系列时钟信号作用下能周期性地输出"0010110111"的序列信号。

24. 设计一个灯光控制逻辑电路。要求红、绿、黄三种颜色的灯在时钟信号作用下按表 4-14 中规定的顺序转换状态。表中的 1 表示"亮"，0 表示"灭"。要求电路能自启动，并尽可能采用中规模集成电路芯片。

25. 设计一个控制步进电动机三相六状态工作的逻辑电路，如果用 1 表示电动机绕组导通，0 表示电动机绕组截止，则三个绕组 ABC 的状态转换图应如图 4-55 所示，M 为输入控制变量，当 $M=1$ 时为正转，$M=0$ 时为反转。

表 4-14　灯光状态表

时钟顺序	红	黄	绿	时钟顺序	红	黄	绿
0	0	0	0	4	1	1	1
1	1	0	0	5	0	0	1
2	0	1	0	6	0	1	0
3	0	0	1	7	1	0	0

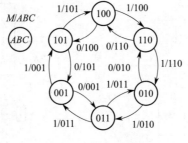

图 4-55　第 25 题图

第 5 章
门电路与半导体存储器

引 言

本章将简单地介绍各种简单的逻辑门电路、OC 门以及三态门的性质和应用，半导体存储器的分类及其特点。此外，还介绍了存储器扩展容量的连接方法以及用存储器设计组合逻辑电路的方法。

内容结构

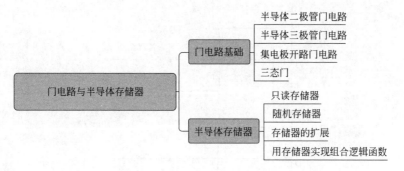

学习目标

通过对本章内容的学习，应该能够做到：

(1) 了解 OC 门和三态门及其应用。

(2) 理解 ROM 和 RAM 的区别以及电路构成。

(3) 掌握存储器扩展的方法：字扩展和位扩展。

(4) 熟练应用存储器设计组合逻辑电路。

5.1 门电路基础

门电路是用以实现逻辑运算的电子电路，与已经讲过的逻辑运算相对应。常用的门电路在逻辑功能上有与门、或门、非门、与非门、或非门、与或非门、异或门等。

"门"是这样的一种电路：它规定各个输入信号之间满足某种逻辑关系时，才有信号输出。最基本的门电路包括：与门、或门、非门（反相器）。从逻辑关系看，门电路的输入端或输出端只有两种状态，无信号以"0"表示，有信号以"1"表示。用逻辑 1 和 0 分别来表示电子电路中的高、低电平的逻辑赋值方式，称为正逻辑，目前在数字技术中，大都采用正逻辑工作；若用低、高电平来表示，则称为负逻辑，如

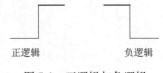

图 5-1   正逻辑与负逻辑

图 5-1 所示。然而，高与低是相对的，所以在实际电路中要先说明采用什么逻辑才有实际意义。

利用半导体开关元件（如二极管或三极管等）的导通、截止（即开、关）两种工作状态是获得高、低电平的基本方法。

5.1.1   半导体二极管门电路

1. 二极管的开关特性

由于半导体二极管具有单向导电性，所以它相当于一个受外加电压控制的开关。二极管在正向电压作用下电阻很小，处于导通状态，相当于一只接通的开关；在反向电压作用下，电阻很大，处于截止状态，如同一只断开的开关。利用二极管的开关特性，可以组成各种逻辑电路。二极管的开关特性如图 5-2 所示。

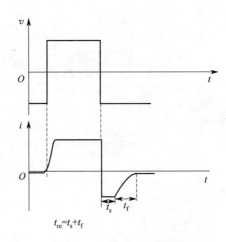

图 5-2   二极管的开关特性

当外加电压 v 由反向突然变为正向时，要等到 PN 结内部建立起足够的电荷梯度后才开始有扩散电流 i 形成，因而正向电流的建立稍微滞后一点。

当外加电压突然由正向变为反向时，存储电荷在反向电场的作用下，形成较大的反向电流。经过 t_s 后，存储电荷显著减少，反向电流迅速衰减并趋于稳态时的反向饱和电流。t_{re} 称为反向恢复时间，只有几纳秒。反向恢复时间即存储电荷消失所需要的时间，它远大于正向导通所需要的时间。这就是说，二极管的导通时间是很短的，它对开关速度的影响很小，以致可以忽略不计。因此，影响二极管开关时间的主要是反向恢复时间，而不是导通时间。

2. 二极管与门电路

图 5-3 所示为二极管与门电路，$V_{CC}=10$ V，假设 3 V 及以上代表高电平，0.7 V 及以下代表低电平。

下面根据图 5-3 的情况具体分析。

（1）$U_A = U_B = 0$ V 时，VD_1、VD_2 正偏，两个二极管均会导通。此时 F 点电压即为二极管导通电压，也就是 VD_1、VD_2 导通电压是 0.7 V。

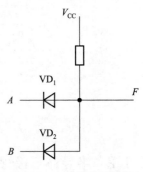

（2）当 U_A、U_B 一高一低时，不妨假设 $U_A = 3$ V，$U_B = 0$ V，这时先从 VD_2 开始分析。

VD_2 导通，导通后 VD_2 压降将会被限制在 0.7 V，那么 VD_1 由于右边是 0.7 V，左边是 3 V 所以 VD_1 会反偏截止，因此最后 F 点电位为 0.7 V。这里也可以从 VD_1 开始分析，如果 VD_1 导通，那么 F 点电位应当为 3.7 V，此时 VD_2 将导通，那么 VD_2 导通，压降又会变回 0.7 V，最终状态 F 点电位仍然是 0.7 V。

图 5-3　二极管与门电路

（3）$U_A = U_B = 3$ V，这个情况很好理解，VD_1、VD_2 都会正偏，F 点电位被限定在 3.7 V。

根据上述分析，最终 F 点的电位是 A 和 B 相与的结果，即 $F = AB$。二极管与门电路功能表和对应的真值表如图 5-4 所示。

A	B	F
0 V	0 V	0.7 V
0 V	3 V	0.7 V
3 V	0 V	0.7 V
3 V	3 V	3.7 V

规定3 V以上为1
0.7 V以下为0

A	B	F
0	0	0
0	1	0
1	0	0
1	1	1

图 5-4　二极管与门电路功能表和对应的真值表

可见，二极管导通之后，如果其阴极电位是不变的，那么就把它的阳极电位固定在比阴极高 0.7 V 的电位上；如果其阳极电位是不变的，那么就把它的阴极电位固定在比阳极低 0.7 V 的电位上，人们把导通后二极管的这种作用称为钳位。

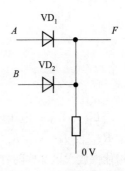

3. 二极管或门电路

图 5-5 所示为二极管或门电路，$V_{CC} = 10$ V，假设 2.3 V 及以上代表高电平，0.7 V 及以下代表低电平。

下面具体分析电路工作过程：

图 5-5　二极管或门电路

（1）$U_A = U_B = 3$ V 时，VD_1、VD_2 正偏，两个二极管均会导通，此时，F 点电压即为二极管导通电压，也就是 VD_1、VD_2 导通电压 2.3 V。

（2）当 U_A、U_B 一高一低时，不妨假设 $U_A = 3$ V，$U_B = 0$ V，此时 VD_2 截止，相当于断开。VD_1 导通，那么 F 点电位应当为 2.3 V。

（3）$U_A = U_B = 0$ V，这个情况很好理解，VD_1、VD_2 都会反偏，F 点电位为 0 V。

根据上述分析，最终 F 点的电位是 A 和 B 相或的结果，即 $F = A + B$。二极管或门电路功能表和对应的真值表如图 5-6 所示。

A	B	F			A	B	F
0 V	0 V	0 V			0	0	0
0 V	3 V	2.3 V			0	1	1
3 V	0 V	2.3 V			1	0	1
3 V	3 V	2.3 V			1	1	1

规定2.3 V以上为1

0 V以下为0

图 5-6　二极管或门电路功能表和对应的真值表

5.1.2　半导体三极管门电路

1. 三极管的开关特性

在脉冲与数字电路中，三极管作为最基本的开关元件得到了普遍的应用。三极管工作在饱和状态时，其 $U_{CES} \approx 0$，相当于开关的接通状态；工作在截止状态时，$I_C \approx 0$，相当于开关的断开状态，因此，三极管可当作开关器件使用。

三极管开关特性如图 5-7 所示。当输入电压 $u_A < 0$ V 时，三极管的发射结和集电结均为反向偏置（$U_{BE} < 0$，$U_{BC} < 0$），只有很小的反向漏电流 I_{EBO} 和 I_{CBO} 分别流过两个结，故 $i_B \approx 0$，$i_C \approx 0$，$U_{CE} \approx V_{CC}$。这时集电极回路中的 c、e 极之间近似于开路，相当于开关断开一样。三极管的这种工作状态称为截止。此时 F 点电位为 V_{CC}。

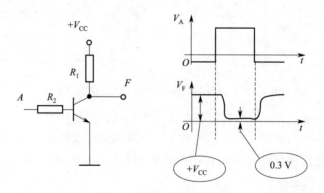

图 5-7　三极管开关特性

当 U_A 大于某一电压值时，保证三极管的发射结和集电结均为正向偏置（$U_{BE} > 0$，$U_{BC} > 0$），调节 R_2，使 $I_B = V_{CC}/R_1$，集电极电流 i_C 已接近于最大值 V_{CC}/R_1，由于 i_C 受到 R_1 的限制，它已不可能像放大区那样随着 i_B 的增加而成比例地增加了，此时集电极电流达到饱和，对应的基极电流称为基极临界饱和电流 I_{BS}，而集电极电流称为集电极饱和电流 I_{CS}（V_{CC}/R_1）。此后，如果再增加基极电流，则饱和程度加深，但集电极电流基本上保持在 I_{CS} 不再增加，集电极电压 $U_{CE} = V_{CC} - I_{CS}R_1 = U_{CES}$，即 F 点的电位。这个电压称三极管的饱和压降，它也基本上不随 i_B 的增加而改变，三极管的这种工作状态称为饱和。由于 U_{CES} 很小，集电极回路中的 c、e 极之间近似于短路，相当于开关闭合一样，即 F 点电位近似为 0 V。

三极管的开关过程和二极管一样，也是内部电荷"建立"和"消散"的过程。因此，三极管饱和与截止两种状态的相互转换也是需要一定的时间才能完成的。

在图 5-7 所示电路的输入端 A 加入一个幅度在 $-U_{B1}$ 和 $+U_{B2}$ 之间变化的理想方波 U_i，如

图 5-8 所示。则输出电流 I_C 的波形如图 5-9 所示。可见 I_C 的波形已不是和输入波形一样的理想方波，上升沿和下降沿都变得缓慢了。

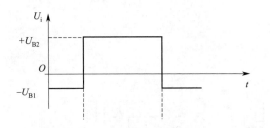

図 5-8　三极管输入方波信号　　　　　　图 5-9　三极管输出信号

为了对三极管开关的瞬态过程进行定量描述，通常引入表 5-1 所示的几个参数来表征。

表 5-1　三极管开关时间定量描述

开关时间参数	描　述
t_d	延迟时间
t_r	上升时间
t_s	存储时间
t_f	下降时间
导通时间 t_{on}	$t_{on}=t_d+t_r$，反映了三极管从截止到饱和所需的时间
截止时间 t_{off}	$t_{off}=t_s+t_f$，反映了三极管从饱和到截止所需的时间

导通时间和截止时间总称为三极管的开关时间，它随管子类型不同而有很大差别，一般在几十至几百纳秒的范围，可以从器件手册中查到。三极管的开关时间限制了三极管开关运用的速度。开关时间越短，开关速度越高。因此，要设法减小开关时间。

2. 三极管非门电路（反相器）

图 5-10 所示为三极管构成的非门电路。下面分情况介绍：

（1）当 $U_A=0$ V 时，三极管处于截止状态，此时 F 点输出电压 $U_F=3.7$ V。此处二极管起到钳位作用。

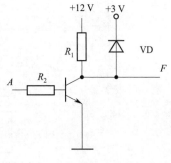

图 5-10　三极管构成的非门电路

（2）当 $U_A=5$ V 时，三极管饱和导通，F 点输出为低电平 U_{CES}。

5.1.3　集电极开路门电路

在数字系统中，有时需要将两个或两个以上集成逻辑门的输出端相连，从而实现输出线与的功能，这样在使用门电路组合各种逻辑电路时，可以很大程度地简化电路。为使门电路实现"线与"功能，常把电路中的输出级改为集电极开路结构，简称 OC（open collector）结构。

OC 门具有与非逻辑功能。图 5-11 表示二输入的 OC 门电路，其逻辑表达式为 $Y=\overline{A \cdot B}$。实际应用时，若希望 T_s 管截止时，OC 门也能输出高电平，必须在输出端外接上拉电阻 R_L 到电源 E_C。电阻 R_L 和电源 E_C 的数值选择必须保证 OC 门输出的高、低电平符合后级电路的逻辑要求，同时 T_3 的灌电流负载不能过大，以免造成 OC 门受损。所以，OC 门在工作时必须外接负载电阻和电源。通过改变电阻的阻值和电源电压的数值来调节输出高、低电平和输出端三极管的负载电流大小。

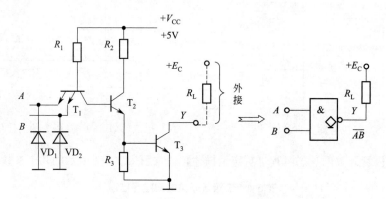

图 5-11　OC 与非门电路及逻辑符号

OC 门的主要用途有以下三个方面：

1）实现线与

两个或多个 OC 门的输出端直接相连，相当于将这些输出信号相与，称为线与。图 5-12 所示为两个二输入 OC 与非门实现线与的电路及其等效逻辑符号，此时的逻辑关系为

$$Y = \overline{AB} \cdot \overline{CD} = \overline{AB + CD} \tag{5-1}$$

即在输出线上实现了与逻辑运算，通过逻辑变换可转化为与或非逻辑运算。

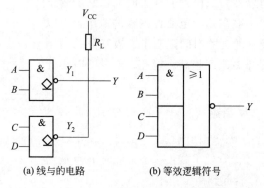

(a) 线与的电路　　　　(b) 等效逻辑符号

图 5-12　OC 与非门线与电路图与等效逻辑符号

2）用作电平转换

TTL 与非门有时需要驱动其他种类门电路，而不同种类门电路的高低电平标准不一样。应用 OC 门就可以适应负载门对电平的要求。

通常情况下，TTL 电路输出高电平 > 2.4 V，输出低电平 < 0.4 V。在室温下，一般输出高电平 3.5 V，输出低电平 0.2 V。而 CMOS 电路逻辑 1 电平电压接近于电源电压，逻辑 0 电平电压接近于 0 V。

图 5-13 所示电路是用 OC 门实现 TTL 到 CMOS 的接口转换电路。OC 门的 $U_{OL} \approx 0.3$ V，$U_{OH} \approx V_{DD}$，正好符合 CMOS 电路 $U_{IH} \approx V_{DD}$，$U_{IL} \approx 0$ 的要求。

3）用作驱动器

可以用 OC 门驱动大电流负载，比如指示灯、继电器、发光二极管等。普通 TTL 与非门不允许直接驱动电压高于 5 V 的负载，否则将被损坏。其驱动发光二极管的电路如图 5-14 所示。当电路在输入 A、B 都为高电平时输出低电平，这时发光二极管发光；否则，输出高电平，发光二极管熄灭。

 注意：

驱动电流要小于 OC 门输出管所能承受的最大值。

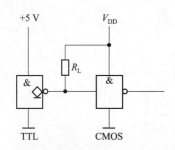

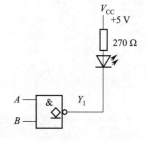

图 5-13　用 OC 门实现 TTL 到 CMOS 的接口转换电路　　　图 5-14　OC 门驱动发光二极管的电路

OC 门驱动继电器的电路如图 5-15 所示。当电路在输入 A、B 都为高电平时输出低电平，此时继电器动作，常开触点 8、9 端分别与 4、13 端连接；当电路在输入 A、B 都为低电平时输出高电平，此时继电器断开，常闭触点 6、11 端分别与 4、13 端连接。

5.1.4　三态门

计算机中的记忆元件由触发器组成，而触发器只有两个状态，即"0"态和"1"态，所以每条信号线上只能传送一个触发器的信息。如果要在一条信号线上连接多个触发器，而每个触发器可以根据需要与信号线连通或断开，当连通时可以传送"0"和"1"，断开时对信号线上的信息不产生影响，就需要一个特殊的电路加以控制，此电路即为三态

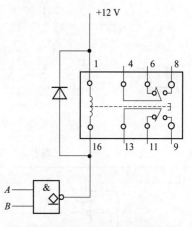

图 5-15　OC 门驱动继电器的电路

输出电路，又称三态门。三态输出电路可提供三种不同的输出值，即逻辑"0"、逻辑"1"和高阻态。高阻态主要用来将逻辑门与系统的其他部分加以隔离。

高阻态相当于该门和它连接的电路处于断开的状态。（因为实际电路中不可能断开它，所以设置这样一个状态使它处于断开状态）。三态门是一种扩展逻辑功能的输出级，也是一种控制开关。主要是用于总线的连接，因为总线只允许同时只有一个使用者。通常在数据总线上接有多个器件，每个器件通过 OE/CE 之类的信号选通。如果器件没有选通，它就处于高阻态，相当于没有接在总线上，不影响其他器件的工作。

三态门电路的输出结构与普通门电路的输出结构有很大的不同，它在电路中增加了一个输出控制端 EN（enable 的缩写）。EN 可以设计为高电平有效或者低电平有效。当设计为高电平有效时，即当 $EN=1$ 时，对原电路无影响，电路的输出符合原来电路的所有逻辑关系；当 $EN=0$ 时，电路内部所有的输出将处于一种关断状态，输出端输出为高阻态，反之亦然。

高电平控制三态输出与非门电路结构、逻辑符号、功能表如图 5-16 所示。由使能信号 EN 控制输出，当 $EN=1$ 时，电路的功能是一个正常的与非门电路；当 $EN=0$ 时，不论输入为何种电平组合，此时输出呈高阻态。图 5-17 所示为低电平控制三态输出与非门电路结构、逻辑符号、功能表。此外，还可以设计高电平或者低电平控制的三态输出非门电路或者其他门电路。表 5-2 所示为常用三态门的逻辑符号和输出逻辑表达式。

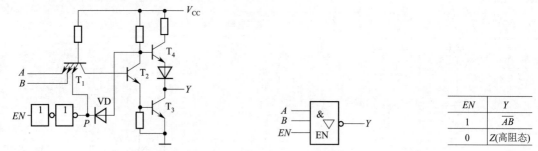

图 5-16　高电平控制三态输出与非门电路结构、逻辑符号、功能表

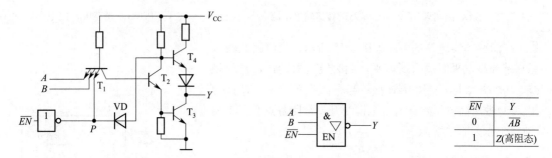

图 5-17　低电平控制三态输出与非门电路结构、逻辑符号、功能表

表 5-2　常用三态门的逻辑符号和输出逻辑表达式

逻辑符号	名　称	输出逻辑表达式
A — 1 ▽ EN — Y，EN	三态非门（高有效）	$Y=\begin{cases}\overline{A} & (EN=1\text{ 时})\\ \text{高阻} & (EN=0\text{ 时})\end{cases}$
A — 1 ▽ EN — Y，$\overline{EN}$	三态非门（低有效）	$Y=\begin{cases}\overline{A} & (\overline{EN}=0\text{ 时})\\ \text{高阻} & (\overline{EN}=1\text{ 时})\end{cases}$
A，B — & ▽ EN — Y，EN	三态与非门（高有效）	$Y=\begin{cases}\overline{AB} & (EN=1\text{ 时})\\ \text{高阻} & (EN=0\text{ 时})\end{cases}$
A，B — & ▽ EN — Y，$\overline{EN}$	三态与非门（低有效）	$Y=\begin{cases}\overline{AB} & (\overline{EN}=0\text{ 时})\\ \text{高阻} & (\overline{EN}=1\text{ 时})\end{cases}$

三态门的应用主要包含两个方面：

1）多路信号分时传送

同一条线上分时传送数据，其连线方式称为"总线结构"。信号分时单向传输以及功能说明

如图 5-18 所示。

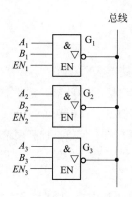

EN_1	EN_2	EN_3	总线传递
1	0	0	G_1路数据
0	1	0	G_2路数据
0	0	1	G_4路数据

图 5-18　信号分时单向传输以及功能说明

只要在工作时控制各个门的 EN 端轮流等于 "1"，而且任何时候仅有一个等于 "1" 就可以把各个门的输出信号轮流送到公共的传输线——总线上而互不干扰。

 注意：

任何时刻 EN_1、EN_2、EN_3 中只能有一个为有效电平，使相应三态门工作，而其他三态输出门处于高阻态，从而实现了总线的复用。

2）实现数据的双向传输

利用三态输出门电路还能实现数据的双向传输。

在图 5-19 所示电路中，当 $EN=1$ 时，G_1 工作而 G_2 为高阻态，数据 D_1 经 G_1 反相后送到总线上去。当 $EN=0$ 时，G_2 工作而 G_1 为高阻态，来自总线的数据经 G_2 反相后输出。

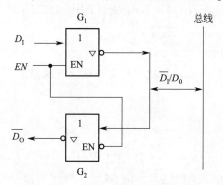

图 5-19　三态非门实现数据双向传输

5.2　半导体存储器

存储器是计算机系统中的记忆设备，用来存放程序和数据。构成存储器的存储介质，目前主要采用半导体器件和磁性材料。一个双稳态半导体电路或一个 CMOS 晶体管或磁性材料的存储元，均可以存储一位二进制代码。这个二进制代码位是存储器中最小的存储单位，称为一个存储位或存储元。由若干个存储元组成一个存储单元，然后再由许多存储单元组成一个存储器。

存储器的分类如下：

（1）按存储介质分：半导体器件存储器和磁性材料存储器。

（2）按存取方式分：随机存储器和顺序存储器。

（3）按存储器的读写功能分：只读存储器（ROM）和随机存储器（RAM）。

（4）按信息的可保存性分：非永久性记忆的存储器、永久性记忆的存储器。磁性材料做成的存储器是永久性记忆的存储器，半导体读写存储器是非永久性记忆的存储器。

（5）按在计算机系统中的作用分：主存储器、辅助存储器、高速缓冲存储器、控制存储器等。

半导体存储器以其容量大、体积小、功耗低、存取速度快、使用寿命长等特点，已广泛应用于数字系统中。根据用途分为两大类：

（1）只读存储器（ROM）。用于存放永久性的、不变的数据。其内容只能读出不能写入。存储的数据不会因断电而消失，即具有非易失性。

（2）随机存储器（RAM）。用于存放一些临时性的数据或中间结果，需要经常改变存储内容。RAM 又称读/写存储器。既能方便地读出所存数据，又能随时写入新的数据。RAM 的缺点是数据易失，即一旦掉电，所存的数据全部丢失。

存储容量是描述存储器性能的主要指标之一。存入一个机器字的存储单元，通常称为字存储单元，相应的单元地址称为字地址。而存入一个字节的单元，称为字节存储单元；相应的地址称为字节地址。在一个存储器中可以容纳的存储单元总数通常称为该存储器的存储容量。存储容量越大，能存储的信息就越多。

存储容量常用"字数×位数"表示。例如，一个 32×8 的 ROM，表示它有 32 个字，每个字的位数是 8 位，存储容量为 32×8＝256。对于大容量的 ROM，常用 KB 表示 1 024 B，即 1 KB＝1 024 B＝2^{10}B；用 MB 表示 1 024 KB，即 1 MB＝1 024 KB＝2^{10} KB＝2^{20} B。外存中为了表示更大的存储容量，还采用 GB、TB 等单位。

其中，1 KB＝2^{10} B，1 MB＝ 2^{20} B，1 GB＝ 2^{30} B，1 TB＝ 2^{40} B。B 表示字节，一字节（Byte）定义为 8 个二进制位，所以计算机中一个字的字长通常是 8 的倍数。存储容量这一概念反映了存储空间的大小。

5.2.1　只读存储器

只读存储器（read only memory，ROM）在工作时其存储内容是固定不变的，因此，只能读出，不能随时写入，所以称为只读存储器。ROM 的主要组成部分包括地址译码器、存储矩阵、输出缓冲器，如图 5-20 所示。

图 5-20　ROM 的主要组成

图 5-21 所示为由二极管构成的简单的 ROM 电路结构图。地址译码器由四个二极管构成的与门阵列组成，A_1、A_0 称为地址线，译码器将四个地址码译成 W_0、W_1、W_2 和 W_3（字线）四根线上的高电平信号。

存储矩阵由四个二极管构成的或门阵列组成编码器。当 W_0、W_1、W_2 和 W_3 每根线分别给出高电平信号时，都会在 d_0、d_1、d_2 和 d_3（位线或数据线）四根线上输出二进制代码，并把数据送往输出缓冲器。

输出缓冲器由三态非门构成，增加带负载能力，并将输出的高低电平变换成标准的逻辑电平。同时提供三态控制，以便和系统的总线相连。

存储矩阵的每个交叉点是一个"存储单元"，通常情况下，存储单元中有器件时表示存入"1"，无器件时表示存入"0"。其地址与存储数据对应关系如表 5-3 所示。

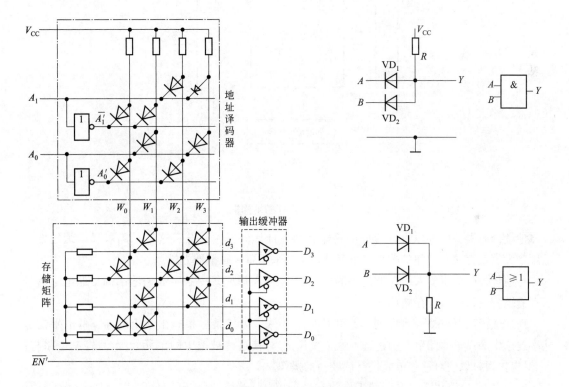

图 5-21 二极管 ROM 电路结构图

表 5-3 地址与存储数据对应关系

地 址		数 据			
A_1	A_0	D_3	D_2	D_1	D_0
0	0	0	1	0	1
0	1	1	0	1	1
1	0	0	1	0	0
1	1	1	1	1	0

5.2.2 随机存储器

随机存储器（random access memory，RAM）又称读/写存储器。优点是：在工作过程中，既可从存储器的任意单元读出信息，又可以把外界信息写入任意单元，读写方便，使用灵活。缺点是：存入的数据易丢失（即掉电后数据随之丢失）。

图 5-22 所示为 RAM 的结构框图，主要由行地址译码器、列地址译码器、存储矩阵和读/写控制电路构成。

存储矩阵由许多存储单元排列而成，每个存储单元能存储一位二值数据（1 或 0），在译码器和读/写控制电路的控制下，既可写入数据，也可读出数据。

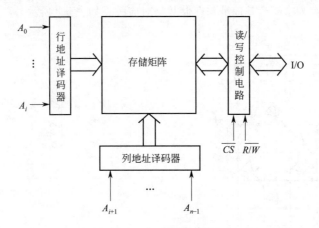

图 5-22　RAM 的结构框图

地址译码器一般都分为行地址译码器和列地址译码器两部分。这里采用双译码编址方式，适用于大容量存储器。如果是小容量存储器可以采用单一码编址方式。

行地址译码器将输入的地址代码的若干位 $A_0 \sim A_i$ 译成某一条字线的输出高、低电平信号，从存储矩阵中选中一行存储单元。

列地址译码器将输入地址的其余几位 $A_{i+1} \sim A_{n-1}$ 译成某一根输出线上的高、低电平信号，从字线选中的一行存储单元中再选一位（或几位），使这些被选中的单元经读/写控制电路与输入/输出接通，以便对这些单元进行读或写的操作。

读/写控制电路用于对电路的工作状态进行控制。当读/写控制信号 $R/\overline{W}=1$ 时，执行读操作，将存储单元里的数据送到输入/输出端上；当 $R/\overline{W}=0$ 时，执行写操作，加到输入/输出端上的数据被写入存储单元中。在读/写控制电路中另设有片选输入端 $\overline{CS}$。当 $\overline{CS}=0$ 时，RAM 为正常工作状态；当 $\overline{CS}=1$ 时，所有的输入/输出端均为高阻态，不能对 RAM 进行读/写操作。

总之，一个 RAM 有三根线：

（1）地址线是单向的，它传送地址码（二进制数），以便按地址访问存储单元。

（2）数据线是双向的，它将数据码（二进制数）送入存储矩阵或从存储矩阵读出。

（3）读/写控制线传送读/写命令，即读时不写，写时不读。

5.2.3 存储器的扩展

存储芯片的扩展包括位扩展、字扩展和字位同时扩展等三种情况。

1. 位扩展

位扩展是指存储芯片的字（单元）数满足要求而位数不够，需对每个存储单元的位数进行扩展。图 5-23 给出了使用两片 1024×4 的 RAM 芯片（2114）通过位扩展构成 1024×8 存储器系统的连线图。

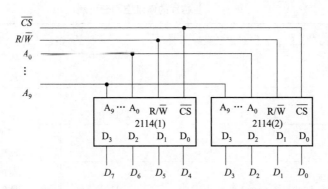

图23 用 1024×4（两片 2114）构成 1024×8 存储器系统的连线图

由于存储器的字数与存储器芯片的字数一致，$1024 = 2^{10}$，故只需 10 根地址线（$A_9 \sim A_0$）对各芯片内的存储单元寻址，每一芯片有四条数据线，所以需要两片这样的芯片，将它们的数据线分别接到数据总线（$D_7 \sim D_0$）的相应位。在此连接方法中，每一条地址线有两个负载，每一条数据线有一个负载。位扩展法中，所有芯片都应同时被选中，各芯片 $\overline{CS}$ 端可直接接地，也可并联在一起，根据地址范围的要求，可与高位地址线译码产生的片选信号相连。

可以看出，位扩展的连接方式是将各芯片的地址线、片选信号线、读/写控制线相并联，而数据线要分别引出。

2. 字扩展

字扩展用于存储芯片的位数满足要求而字数不够的情况，是对存储单元数量的扩展。图 5-24 所示为用 1024×4（四片 2114）构成 4096×4 存储器系统的连线图。

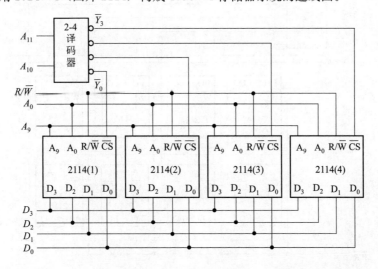

图 5-24 用 1024×4（四片 2114）构成 4096×4 存储器系统的连线图

图 5-24 中四个芯片的数据端与数据总线 $D_3 \sim D_0$ 相连；地址总线低位地址 $A_9 \sim A_0$ 与各芯片的 10 位地址线连接，用于进行片内寻址。为了区分四个芯片的地址范围，还需要两根高位地址线 A_{10}、A_{11} 经 2-4 译码器译出四根片选信号线，分别和四个芯片的片选端相连。各芯片的地址空间分配表见表 5-4。

表 5-4 各芯片的地址空间分配表

片号	A_{15}	A_{14}	A_{13}	A_{12}	A_{11}	...	A_1	A_0	说 明
1	0	0	0	0	0	...	0	0	最低地址（0000H）
	0	0	1	1	1	...	1	1	最高地址（3FFFH）
2	0	1	0	0	0	...	0	0	最低地址（4000H）
	0	1	1	1	1	...	1	1	最高地址（7FFFH）
3	1	0	0	0	0	...	0	0	最低地址（8000H）
	1	0	1	1	1	...	1	1	最高地址（BFFFH）
4	1	1	0	0	0	...	0	0	最低地址（C000H）
	1	1	1	1	1	...	1	1	最高地址（FFFFH）

可以看出，字扩展的连接方式是将各芯片的地址线、数据线、读/写控制线并联，而由片选信号来区分各片地址。也就是将低位地址线直接与各芯片地址线相连，以选择片内的某个单元；用高位地址线经译码器产生若干不同片选信号，连接到各芯片的片选端，以确定各芯片在整个存储空间中所属的地址范围。

3. 字位同时扩展

在实际应用中，往往会遇到字数和位数都需要扩展的情况。

若使用 $l \times k$ 位存储器芯片构成一个容量为 $M \times N$ 位（$M > l$，$N > k$）的存储器，那么这个存储器共需要 $(M/l) \times (N/k)$ 个存储器芯片。连接时可将这些芯片分成 M/l 个组，每组有 N/k 个芯片，组内采用位扩展法，组间采用字扩展法。

图 5-25 给出了用 1024×4（八片 2114）构成 4096×8 存储器系统的连线图。

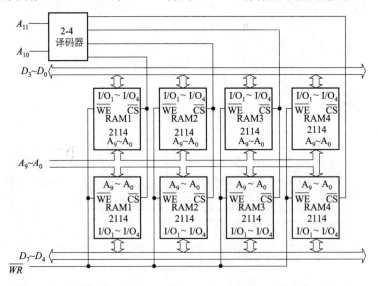

图 5-25 用 1024×4（八片 2114）构成 4096×8 存储器系统的连线图

图 5-25 中将八片 2114 芯片分成了四组（RAM1、RAM2、RAM3 和 RAM4），每组两片。组内用位扩展法构成 1024×8 的存储模块，四个这样的存储模块用字扩展法连接便构成了 4096×8 的存储器。用 $A_9 \sim A_0$ 10 根地址线对每组芯片进行片内寻址，同组芯片应被同时选中，故同组芯片的片选端应并联在一起。这里用 2-4 译码器对两根高位地址线 $A_{10} \sim A_{11}$ 译码，产生四根片选信号线，分别与各组芯片的片选端相连。

5.2.4　用存储器实现组合逻辑函数

对于前面讲过的二极管 ROM 电路结构（见图 5-21），根据数据输出表（见表 5-3），可以看出，若把地址输入 A_1 和 A_0 看成是两个输入变量，数据输出看成是一组输出变量，则 $D_3 \sim D_0$ 就是一组 $A_1 \sim A_0$ 的组合逻辑函数。可以写成：

$$\begin{cases} D_0 = m_0 + m_1 = \overline{A}_1 \overline{A}_0 + \overline{A}_1 A_0 \\ D_1 = m_1 + m_3 = \overline{A}_1 A_0 + A_1 A_0 \\ D_2 = m_0 + m_2 + m_3 = \overline{A}_1 \overline{A}_0 + A_1 \overline{A}_0 + A_1 A_0 \\ D_3 = m_1 + m_3 = \overline{A}_1 A_0 + A_1 A_0 \end{cases}$$

可见，由于任何组合逻辑函数都可以写成最小项之和的形式，因此任何组合逻辑函数都可以通过向 ROM 中写入相应的数据来实现。

结论：用具有 n 位输入地址、m 位数据输出的 ROM 可以获得不大于 m 个任何形式的 n 变量组合逻辑函数。这也同样适合 RAM。

例 5.1　试用 ROM 产生下列一组组合逻辑函数。

$$\begin{cases} Y_1 = \overline{A}BC + \overline{A}\,\overline{B}C \\ Y_2 = A\overline{B}\,C\overline{D} + BC\overline{D} + \overline{A}BCD \\ Y_3 = ABC\overline{D} + \overline{A}B\,\overline{C}\overline{D} \\ Y_4 = \overline{A}\,\overline{B}C\overline{D} + ABCD \end{cases}$$

解　首先将所给的组合逻辑函数展成最小项之和的形式。

$$\begin{cases} Y_1 = \sum m(2,3,6,7) \\ Y_2 = \sum m(6,7,10,14) \\ Y_3 = \sum m(4,14) \\ Y_4 = \sum m(2,15) \end{cases}$$

由于要实现的是四个逻辑函数，且逻辑函数为四变量的，所以需要四位地址输入和四位数据输出，故选 16×4 的 ROM 实现。

其连线图如图 5-26 所示。

例 5.2　试用 ROM 设计一个两位二进制数的比较器。设这两位分别为 $A = A_1 A_0$，$B = B_1 B_0$。当 $A < B$ 时，$Y_1 = 1$；当 $A = B$ 时，$Y_2 = 1$；当 $A > B$ 时，$Y_3 = 1$。

解　由题意可得真值表及逻辑电路图如图 5-27 所示。则选用 16×3 的 ROM 实现。

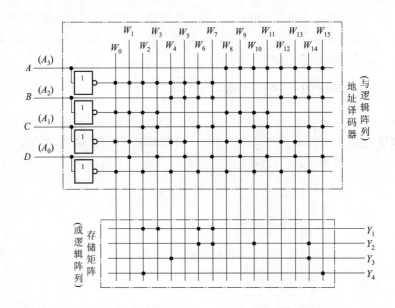

图 5-26   例 5.1 连线图

A_1	A_0	B_1	B_0	Y_1	Y_2	Y_3
0	0	0	0	0	1	0
0	0	0	1	1	0	0
0	0	1	0	1	0	0
0	0	1	1	1	0	0
0	1	0	0	0	0	1
0	1	0	1	0	1	0
0	1	1	0	1	0	0
0	1	1	1	1	0	0
1	0	0	0	0	0	1
1	0	0	1	0	0	1
1	0	1	0	0	1	0
1	0	1	1	1	0	0
1	1	0	0	0	0	1
1	1	0	1	0	0	1
1	1	1	0	0	0	1
1	1	1	1	0	1	0

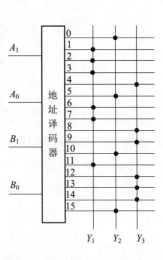

图 5-27   例 5.2 真值表及逻辑电路图

例 5.3   试用 8×4 位 ROM 实现一个排队组合电路。电路的功能是输入信号 A、B、C 通过排队电路后分别由 Y_A、Y_B、Y_C 输出。但在同一时刻只能有一个信号通过，如果同时有两个以上信号通过时，则按 A、B、C 的优先顺序通过。

解   由题意可得真值表逻辑电路图如图 5-28 所示。

A	B	C	Y_A	Y_B	Y_C
0	0	0	0	0	0
0	0	1	0	0	1
0	1	0	0	1	0
0	1	1	0	1	0
1	0	0	1	0	0
1	0	1	1	0	0
1	1	0	1	0	0
1	1	1	1	0	0

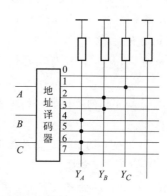

图 5-28　例 5.3 真值表及逻辑电路图

小　结

门电路是用以实现逻辑运算的电子电路，与前文介绍的逻辑运算相对应。本章介绍了各种简单的逻辑门电路、OC 门以及三态门的性质和应用，半导体存储器的分类及其特点。此外，还介绍了存储器扩展容量的连接方法以及用存储器设计组合逻辑电路的方法。尤其对存储器的扩展方法——字扩展和位扩展要理解并掌握其原理，并熟练应用存储器设计组合逻辑电路。

习　题

1．填空题：

（1）指出下列存储器（见表 5-5）存储容量、字数和位数。

表　5-5

ROM	存储容量	字数	位数
2K×8 位			
256×2 位			
1M×4 位			

（2）半导体存储器按读、写功能可分成_____和_____两大类。

（3）RAM 电路通常由_____、_____和_____三部分组成。

（4）ROM 的电路结构中包含_____、_____和_____共三个组成部分。

（5）若将存储器的地址输入作为_____，将数据输出作为_____，则存储器可实现组合逻辑电路的功能。

（6）2114 RAM 有_____条地址线，_____条数据线，其存储容量为_____位。

（7）存储器的扩展有_____和_____两种方法。

（8）将多片 1 K×4 位的存储器扩展成 8 K×4 位的存储器是进行_____扩展；若扩展成 1 K×16位的存储器是进行_____扩展。

（9）256×4 的存储器有_____条数据线，_____条地址线，若该存储器的起始地址为 00H，则最高地址为_____，欲将该存储器扩展为 1 K×8 的存储器，需要 256×4 的存储器_____个。

（10）用四片 256×4 位的存储器可构成容量为_____位的存储器。

2. 选择题：

（1）存储器中可以保存的最小数据单位是（　　）。

　　A. 位　　　　　　B. 字节　　　　　　C. 字

（2）ROM 是（　　）存储器。

　　A. 非易失性　　　　　　　　B. 易失性

　　C. 读/写　　　　　　　　　　D. 以字节组织的

（3）数据通过（　　）存储在存储器中。

　　A. 读操作　　　B. 启动操作　　　C. 写操作　　　　D. 寻址操作

（4）RAM 给定地址中存储的数据在（　　）情况下会丢失。

　　A. 电源关闭　　　　　　　　B. 数据从该地址读出

　　C. 在该地址写入数据　　　　D. A 和 C

（5）具有 256 个地址的存储器有（　　）地址线。

　　A. 256 条　　　B. 6 条　　　　C. 8 条　　　　　D. 16 条

（6）可以存储 256 字节数据的存储容量是（　　）。

　　A. 256×1 位　　　　　　　　B. 256×8 位

　　C. 1 K×4 位　　　　　　　　D. 2 K×1 位

（7）如果用 2 K×16 位的存储器构成 16 K×32 位的存储器，需要（　　）片。

　　A. 4　　　　　B. 8　　　　　C. 16

（8）若将四片 2114 RAM 扩展成容量为 4 K×4 位的存储器，需要（　　）条地址线。

　　A. 10　　　　B. 11　　　　C. 12　　　　D. 13

3. 试确定图 5-29 所示各 TTL 门电路的输出 Y_i（$i=1, \cdots, 14$）。

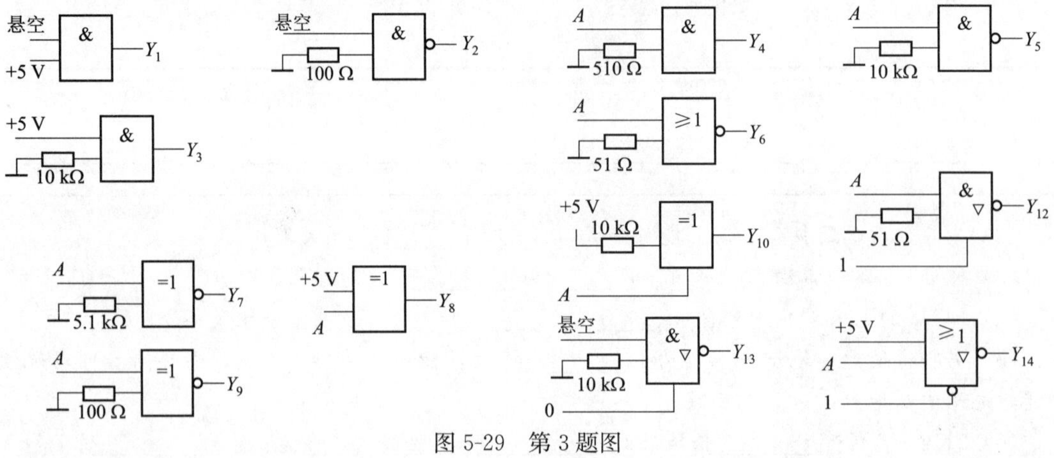

图 5-29　第 3 题图

4. 简答题：

(1) 存储器有哪些分类？各有何特点？

(2) ROM 和 RAM 的主要区别是什么？它们各适用于哪些场合？

(3) 某台计算机系统的内存储器设置有 20 位的地址线，16 位的并行输入/输出端，试计算它的最大存储容量。

5. 设有一个具有 24 位地址和 8 位字长的存储器，问：

(1) 该存储器能存储多少字节的信息？

(2) 如果存储器由 4M ×1 位 SRAM 芯片组成，需要多少片？

(3) 需要多少位地址作芯片选择？

6. 试用四片 2114（1024×4 位 RAM）和 3-8 译码器组成 4096×4 位的存储器。

7. 试用四片 2114 RAM 连接成 2 K×8 位的存储器。

8. ROM 实现的组合逻辑函数：

(1) 分析电路功能（见图 5-30），说明当 ABC 取何值时，函数 $F_1 = F_2 = 1$；

(2) 当 ABC 取何值时，函数 $F_1 = F_2 = 0$。

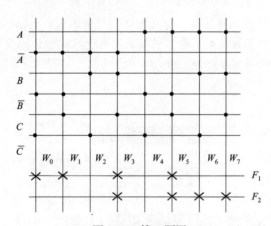

图 5-30 第 8 题图

9. 用 ROM 实现全加器，画出阵列图，确定 ROM 的容量。

10. 用 ROM 实现下列多输出函数，画出阵列图。

$$F_1 = \overline{B}\,\overline{C}D + \overline{A}BC + A\,\overline{B}C + \overline{A}BD + ABD$$

$$F_2 = B\overline{D} + A\,\overline{B}D + \overline{A}C\,\overline{D} + \overline{ABD} + A\,\overline{B}\,C\,\overline{D}$$

$$F_3 = \overline{ABCD} + \overline{A}CD + AB\,\overline{C}D + A\,\overline{B}CD + A\,\overline{B}C$$

$$F_4 = BD + \overline{\overline{B}D} + ACD$$

第6章
数字电子电路及系统设计

引言

数字电子系统通常是指能够按照一定的步骤工作完成一项完整任务。数字电子电路的设计需要依托平台工具的支持，同时还要有设计者的理论知识和经验，经过对系统性能及各项指标的分析后，才能达到最佳设计。第1~5章介绍了一些基本数字电路的原理及应用。本章将利用这些数字电路构成典型的数字逻辑电路，如任意进制计数器设计、555时基电路及其应用、数字电子钟设计、智力竞赛抢答器设计。内容根据数字电子系统的设计步骤，按方案设计、单元电路设计、单元和方案验证等顺序进行介绍。

内容结构

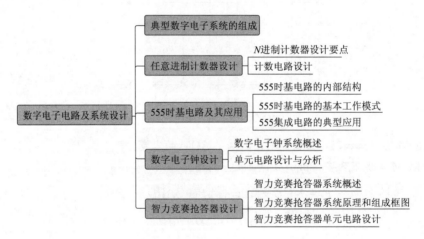

学习目标

通过本章内容的学习，掌握数字电子系统设计的一般方法，提升实践能力和创新能力。

6.1 典型数字电子系统的组成

数字电子系统尤其是微电子技术开发系统，是当今新技术应用领域之一。不论是数控电子系统、数测电子系统，还是数算电子系统、数字通信系统，都涉及数字电路及系统的设计问题。而所谓数字电子系统的设计，就是将已学过的各类数字单元的功能电路有机地综合起来，以完成实践要求的预期结果。

1. 典型数字系统的组成

任何一个数字电子系统，大多由五个基本部分组成，如图 6-1 所示。

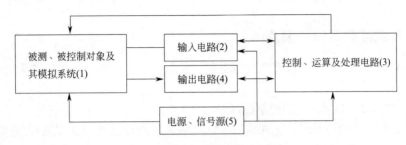

图 6-1 典型数字电子系统组成

其中包括：

（1）被测、被控制对象及其模拟系统是输入数字电子系统的电或非电的物理信息（如电信号电压、电流信息或非电物理量温度、压力、位移、流量等）。

（2）输入电路是用来接收被测、被控的信息，并进行必要的变换和处理（如接收的是温度，则要通过温度传感器变换成电信号，并应用模/数转换器转变成数字信息）。

（3）控制、运算及处理电路则是向输入/输出电路发出控制信号，接收输入电路送来的数字信息，按规定要求做必要的逻辑或算术的运算处理，将其结果送至输出电路，并发出相应控制信号，使输出电路对外送出结果。从图 6-1 中还可以看出模块（3）的信息传输具有双向功能，且对模块（1）还有起动控制功能。

（4）输出电路接收模块（3）送来的运算处理结果和控制信息、或按规定将某些中间结果返送回模块（3）进行再运算和处理、接收模块（3）送来的最终结果并做必要的变换——数/模变换、处理、放大去驱动模块（1）的被测、被控对象直接显示或经打印机输出终值。

（5）电源、信号源是向系统各部分提供直流稳压电源和必要的信号源。

综上所述，模块（3）部件为整个数字电子系统中的核心部件，且是数字电子系统设计的主体。通常这个核心部件又都是由相关的组合逻辑电路和时序逻辑电路所组成，故数字电子系统的课程设计，也就是被分解的组合逻辑电路、时序逻辑电路及其他特殊功能电路的设计。

2. 数字电子系统设计的步骤

数字电子系统的设计步骤是按方案设计、单元电路设计、单元和方案验证等顺序进行的。具体就是依据课题设计任务书规定的技术指标要求，应用综合的方法拟出系统结构框图，确定各功能框图的电路类型，选择合适的数字集成芯片的规格型号，按所选芯片引脚功能连接组合成一个完整的数字电子系统，搭接线路试验符合要求即可。由此可以看出，由于数字集成芯片的引入，使数字电子系统的设计方法大大简化，计算工作量大大减少（只用到一些逻辑设计计算），特别是中、大规模集成芯片的引入应用，使系统结构非常简单，可靠性大大提高，成本降低，质量减小，做到小型化、微型化。

当然，在数字电子系统中可能要用到一些特殊功能的数字单元电路，市场上没有现成的集成芯片供应，只好单独进行设计。但这部分电路数量不多，设计工作量也就不大。

6.2 任意进制计数器设计

6.2.1 N 进制计数器设计要点

用中规模集成计数器芯片可以实现任意进制计数器。有两种方法：其一为反馈清零法，其二为反馈置数法。

在设计 N 进制计数器时，一般要掌握以下几个关键点：

（1）芯片数量、类型的确定。若 $N \leqslant M$（M 是该芯片的计数器的状态数），只需一片模 M 计数器；若 $N > M$，则需要多片。若以十进制显示，则应选用十进制集成计数器，无此要求则可根据电路功能需要及选用方便程度进行选择。当电路对工作速度有要求时，则可选用同步计数器，否则可任选。

（2）掌握集成计数器功能：

① 计数器触发翻转时刻是在时钟脉冲的上升沿还是下降沿。

② 计数器清零、置数是同步还是异步，是高电平有效还是低电平有效。

③ 集成计数器的计数时序。

只有掌握这些关键之处才能正确选择用以反馈的某组输出代码，才能确定向高位进位的信号，才能采用合适的电路来实现 N 进制计数器。

6.2.2 计数电路设计

数字钟的计数电路是用两个六十进制计数电路和二十四进制计数电路实现的。数字钟的计数电路的设计可以用反馈清零法。当计数器正常计数时，反馈门不起作用，只有当进位脉冲到来时，反馈信号将计数电路清零，实现相应模的循环计数。以六十进制为例，当计数器从 00，01，02，…，59 计数时，反馈门不起作用，只有当第 60 个秒脉冲到来时，反馈信号随即将计数电路清零，实现模为 60 的循环计数。

下面将分别介绍六十进制分、秒计数器和二十四进制小时计数器。

1. 方案一：采用 74LS160 构成六十、二十四进制计数器

1）中规模集成同步计数器 74LS160

74LS160 是十进制计数器，具有异步清零、同步置数、加 1 计数及保持等功能。其引脚图如图 6-2 所示，其工作原理在本书第 4 章已详细讲述，此处不再讲解。（74LS161 的引脚结构与 74LS160 完全相同。）

2）利用 74LS160 构成六进制计数器（见图 6-3）

3）利用 74LS160、74LS161 构成六十进制和二十四进制计数器（见图 6-4、图 6-5）

74LS161 是常用的四位二进制可预置的同步加法计数器，可以灵活地运用在各种数字电路，以及单片机系统中实现分频器等很多重要的功能。74LS161 计数状态由 $(0000)_2$ 增加到 $(1111)_2$，其引脚结构与 74LS160 完全相同，构成六十进制计数器的方法与 74LS160 相同。

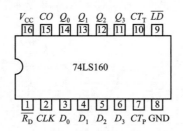

图 6-2 74LS160 引脚图

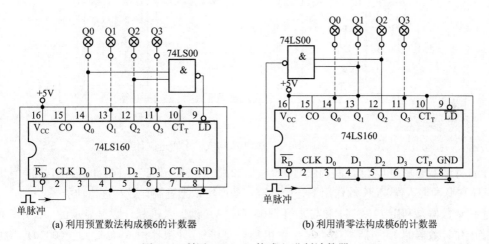

(a) 利用预置数法构成模6的计数器   (b) 利用清零法构成模6的计数器

图 6-3 利用 74LS160 构成六进制计数器

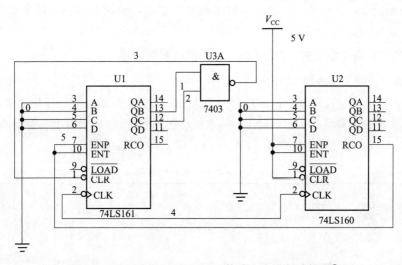

图 6-4 用 74LS160、74LS161 构成六十进制计数器[①]

工作原理：利用十进制计数器 74LS160 设计十进制计数器显示个位。计数器的 1 引脚接高电平，7 引脚及 10 引脚接高电平。因为 7 引脚和 10 引脚同时为 1 时计数器处于计数工作状态，

---

① 图 6-2 是计数器引脚图，图 6-4 是电路设计图，里面用的计数器是从电路设计软件库里调用的，二者的引脚名称肯定会存在不同。不同的设计软件调用的芯片引脚一般都不会完全相同。但其功能是通用的。

个位和十位的 2 引脚相接从而实现同步工作，15 引脚（串行进位输出端）接十位的 7 引脚和 10 引脚。

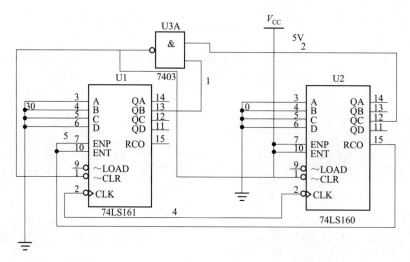

图 6-5　用 74LS160、74LS161 构成二十四进制计数器

个位计数器的输出 $Q_D Q_C Q_B Q_A$ 由 $(0000)_2$ 增加到 $(1001)_2$ 时产生向上的进位，同时十位计数器 U1 在脉冲输入端 CLK 的作用下开始计数，从而实现十进制计数和进位功能。

十位计数器是利用 74LS161 和与非门 7403（U3A）设计六进制计数器显示的。7 引脚和 10 引脚接个位计数器的 15 引脚（串行进位输出端），当个位计数器由 $Q_D Q_C Q_B Q_A$ $(0000)_2$ 增加到 $(1001)_2$ 时产生进位，同时十位计数器开始计数，当计数到达 $(0110)_2$ 时，通过 7403 对 $Q_C Q_B$ 与非后产生清零信号，并接入 U1 的 1 引脚进行清零复位，从而实现六十进制计数器和进位功能。

2. 方案二：采用 74LS390 构成六十、二十四进制计数器

1）中规模集成同步计数器 74LS390

74LS390 是双十进制计数器，具有双时钟输入，并具有下降沿触发、异步清零，以及二进制、五进制、十进制计数等功能，74LS390 的逻辑功能见表 6-1。其引脚图及逻辑符号如图 6-6 所示。$\overline{CLK}_A$、$\overline{CLK}_B$ 是时钟脉冲输入端，Q_3、Q_2、Q_1、Q_0 为输出端。

表 6-1　74LS390 的逻辑功能

输入			输出				逻辑功能
CR	$\overline{CLK}_A$	$\overline{CLK}_B$	Q_3	Q_2	Q_1	Q_0	
1	×	×	0	0	0	0	异步清零
0	↓	×	—	—	—	0~1	二进制计数器
0	×	↓	000	~	100	—	五进制计数器
0	↓	Q_0	0000	~	~	1001	十进制计数器

（1）异步清零：CR 为高电平时直接清 0，与时钟信号无关（即异步清零）。

（2）二进制计数器：CLK 接 $\overline{CLK}_A$ 端，为下降沿触发，Q_0 有相应的状态变化（0~1）。

（3）五进制计数器：CLK 接 $\overline{CLK}_B$ 端，为下降沿触发，Q_3、Q_2、Q_1 三个输出端有相应的状

态变化（000～100）。

（4）十进制计数器：将 Q_0 直接与 $\overline{CLK}_B$ 端相连接，由 $\overline{CLK}_A$ 作输入脉冲可构成8421 BCD码十进制计数器。

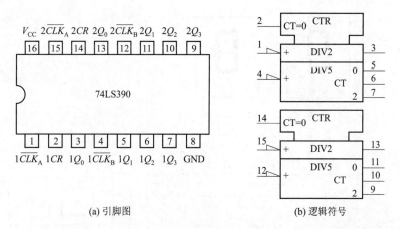

(a) 引脚图　　　　　　　　　　(b) 逻辑符号

图 6-6　74LS390 引脚图和逻辑符号

2）采用 74LS390 构成六十进制计数器

图 6-7 所示是用 74LS390 构成的六十进制计数器接线图，按图正确连接电路，两个计数器的 Q_0 接 $\overline{CLK}_B$（即 3 引脚接 4 引脚，13 引脚接 12 引脚）分别构成十进制计数器。而 $1Q_3$ 接至 $2\overline{CLK}_A$，$2Q_2$、$2Q_1$ 通过与门反馈到两个 CR 清零端（或 $2CR$ 清零端），构成六十进制计数器。

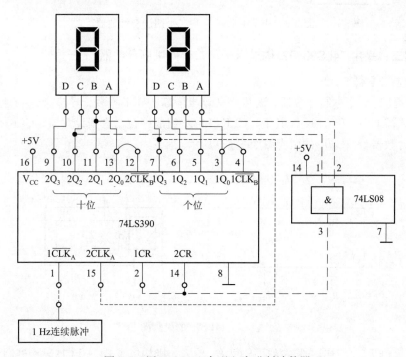

图 6-7　用 74LS390 实现六十进制计数器

3）用 74LS390 构成二十四进制计数器（见图 6-8）

图 6-8 所示是用 74LS390 构成的二十四进制计数器接线图，两个计数器的 Q_0 接 $\overline{CLK_B}$（即 3 引脚接 4 引脚，13 引脚接 12 引脚）分别构成十进制计数器，而 $1Q_3$ 接至 $2\overline{CLK_A}$，$2Q_1$、$1Q_2$ 通过与门反馈到两个 CR 清零端，构成二十四进制计数器。

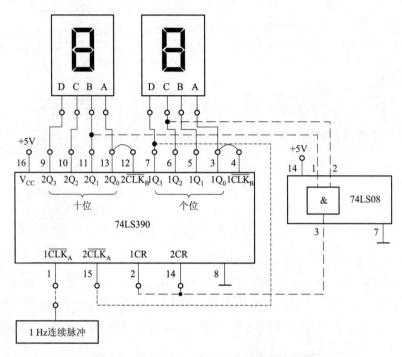

图 6-8　用 74LS390 实现二十四进制计数器

3. 方案三：采用 74LS90(92) 构成六十、二十四进制计数器

1）十进制计数器 74LS90

74LS90 是二-五-十进制计数器，该芯片是异步清零、异步置数、异步十进制计数器。它有两个时钟输入端 CLK_A 和 CLK_B。其中，CLK_A 和 Q_A 组成一位二进制计数器；CLK_B 和 Q_D Q_C Q_B 组成五进制计数器。74LS90 的引脚图如图 6-9 所示。

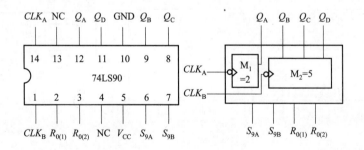

图 6-9　74LS90 的引脚图

若将 Q_A 与 CLK_B 相连，时钟脉冲从 CLK_A 输入，则构成了 8421 BCD 码十进制计数器。

74LS90 有两个清零端 $R_{0(1)}$、$R_{0(2)}$，两个置 9 端 S_{9A} 和 S_{9B}，其 BCD 码十进制计数时序见表 6-2，二-五混合进制计数时序见表 6-3，状态表见表 6-4。

表 6-2　BCD 码十进制计数时序

CLK_A	Q_D	Q_C	Q_B	Q_A
0	0	0	0	0
1	0	0	0	1
2	0	0	1	0
3	0	0	1	1
4	0	1	0	0
5	0	1	0	1
6	0	1	1	0
7	0	1	1	1
8	0	0	0	0
9	1	0	0	1

表 6-3　二-五混合进制计数时序

CLK_B	Q_A	Q_B	Q_C	Q_D
0	0	0	0	0
1	0	0	0	1
2	0	0	1	0
3	0	0	1	1
4	0	1	0	0
5	1	0	0	0
6	1	0	0	1
7	1	0	1	0
8	1	0	1	1
9	1	1	0	0

表 6-4　74LS90 状态表

输入					输出			
$R_{0(2)}$	S_{9A}	S_{9B}	CLK_A	CLK_B	Q_A^{n+1}	Q_B^{n+1}	C_C^{n+1}	Q_D^{n+1}
1	×	×	×	×	0	0	0	0(清零)
1	×	0	×	×	0	0	0	0(清零)
×	1	1	×	×	1	0	0	1(置9)
0	×	0	↓	0	二进制计数			
0	0	×	0	↓	五进制计数			
×	×	0	↓	Q_A	8421 码十进制计数			
×	0	×	Q_B	↓	5421 码十进制计数			

2）异步计数器 74LS92

异步计数器 74LS92 是十二进制计数器，即 CLK_A 和 Q_A 组成二进制计数器，CLK_B 和 $Q_D Q_C Q_B$ 在 74LS92 中为六进制计数器。当 CLK_B 和 Q_A 相连，时钟脉冲从 CLK_A 输入，74LS92 构成十二进制计数器。74LS92 的引脚图如图 6-10 所示。

3）用 74LS90（92）构成六十进制计数器

六十进制计数器个位由 74LS90 来实现，该芯片是具有异步清零的异步十进制计数器。当 CLK_B 和 Q_A 相连，时钟脉冲从 CLK_A 输入，74LS90 构成十进制计数器。

六十进制计数器十位由 74LS92 来实现，该芯片是具有异步清零的异步十二进制计数器。当 CLK_B 和 Q_A 相连，时钟脉冲从 CLK_A 输入，74LS92 构成十二进制计数器。

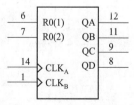

图 6-10　74LS92 的引脚图

用 74LS92 构成六进制计数的方法有两种：由 74LS92 的时序可知，$Q_C Q_B Q_A$ 输出 000～101 六个状态，在译码显示时，译码器的 D 不与 Q_D 相连而直接接地。另一种方法是，采用反馈清零法，由计数时序可见，当第六个时钟脉冲过后，$Q_D Q_C Q_B Q_A$ 翻转成 1000，Q_D 正好产生一个上跳，以此作为清零信号反馈到 74LS92 的清零端便实现了六进制计数。

　　如图 6-11 所示六十进制计数器电路中，74LS92 作为十位计数器，在电路中采用六进制计数；74LS90 作为个位计数器，在电路中采用十进制计数。当 74LS90 的 14 引脚接振荡电路的输出脉冲 1 Hz时，74LS90 开始工作，计满十次 74LS90 由 9 翻转到 0 时 Q_D 产生一个下跳，并由 74LS90 的 Q_D 向十位计数器 74LS92 提供时钟下降沿触发翻转，在此瞬间个位清零，十位被翻转计数。

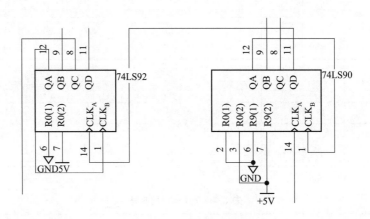

图 6-11　六十进制计数器

4) 用 74LS90（92）构成二十四进制计数器

74LS90 构成二十四进制的个位十进制计数器，74LS92 作二十四进制计数器的十位。74LS90 的 Q_D 作进位信号引入 74LS92 的 CLK_A 端。运用反馈清零法构建二十四进制。其原理图如图 6-12 所示。

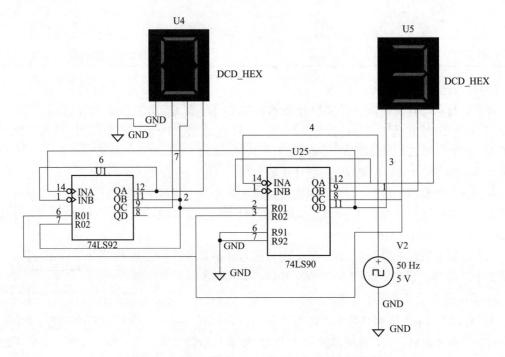

图 6-12　用 74LS90（92）构成二十四进制计数器

6.3　555 时基电路及其应用

555 时基电路是一种双极型的时基集成电路，工作电源为 4.5 V～18 V，输出电平可与 TTL、CMOS 和 HLT 逻辑电路兼容，输出电流为 200 mA，工作可靠，使用简便而且成本低，可直接推动扬声器、电感等低阻抗负载，还可以在仪器仪表、自动化装置及各种电器中作定时及时间延迟等控制，可构成单稳态触发器、无稳态多谐振荡器、脉冲发生器、防盗报警器、电压监视器等电路，应用极其广泛。

6.3.1　555 时基电路的内部结构

国产双极型定时器 CB555 的电路结构如图 6-13 所示。它由分压器、电压比较器 C_1 和 C_2、RS 锁存器、缓冲输出器和集电极开路的放电三极管 T_D 组成。下面将对电路各组成部分详细介绍。

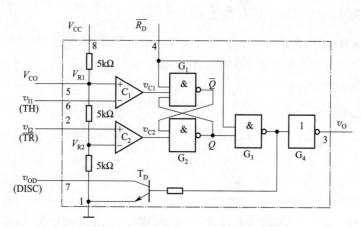

图 6-13　国产双极型定时器 CB555 的电路结构

1. 电压比较器

电压比较器 C_1 和 C_2 是两个相同的线性电路，每个电压比较器有两个信号输入端和一个信号输出端。C_1 的同相输入端接基准比较电压 V_{R1}，反相输入端（又称阈值端 TH）外接输入触发信号电压，C_2 的反相输入端接基准比较电压 V_{R2}，同相输入端（又称触发端 $\overline{TR}$）外接输入触发信号电压。

2. 分压器

分压器由三个等值电阻串联构成，将电源电压 V_{CC} 分压后分别为两个电压比较器提供基准比较电压。在控制电压输入端 V_{CO} 悬空时，C_1、C_2 的基准比较电压分别为 $V_{R1}=V_{CO}$，$V_{R2}=\frac{1}{2}V_{CO}$ 通常应将 V_{CO} 端接一个高频干扰旁路电容。如果 V_{CO} 外接固定电压，则

$$V_{R1}=\frac{2}{3}V_{CC},V_{R2}=\frac{1}{3}V_{CC}$$

3. RS 锁存器

RS 锁存器是由两个 TTL 与非门构成的，它的逻辑状态由两个电压比较器的输出电位控制，并有一个外引出的直接复位控制端 $\overline{R_D}$。只要在 $\overline{R_D}$ 端加上低电平，输出端 v_O 便立即被置成低电平，不受其他输入端状态的影响。正常工作时必须使 $\overline{R_D}$ 处于高电平。RS 锁存器有置 0（复位）、置 1（置位）和保持三种逻辑功能。电压比较器 C_1 的输出信号作为 RS 锁存器的复位控制信号，电压比较器 C_2 的输出信号作为 RS 锁存器的置位控制信号。

4. 集电极开路的放电三极管

放电三极管实际上是一个共发射极接法的双极型晶体管开关电路，其工作状态由 RS 锁存器的 $\overline{Q}$ 端控制，集电极引出片外，外接 RC 充放电电路。通常，把引出片外的集电极称为放电端（DISC）。

5. 输出缓冲器

输出缓冲器由反相器构成。其作用是提高时基集成电路的负载能力，并隔离负载与时基集成电路之间的影响。输出缓冲器的输入信号是 RS 锁存器 $\overline{Q}$ 的输出信号。

6.3.2 555 时基电路的基本工作模式

555 时基电路的应用十分广泛，用它可以轻易组成各种性能稳定的实用电路，但无论电路如何变化，若将这些实用电路按其工作原理归纳分类，其基本工作模式不外乎单稳态、双稳态、无稳态及定时这四种模式。

1. 单稳态工作模式

在实际应用中，并不总是需要连续重复波，有时只需要电路在一定长度时间内工作，这种电路只需要工作在单稳态工作模式。单稳态工作模式是指电路只有一个稳定状态，又称单稳态触发器。在稳定状态时，555 时基电路处于复位态，即输出低电平。当电路受到低电平触发时，555 时基电路翻转置位进入暂稳态，在暂稳态时间内，输出高电平，经过一段延迟后，电路可自动返回稳态。单稳态工作模式根据工作原理可分为脉冲启动的单稳和单稳型压控振荡器。

1）定时工作模式

定时工作模式实质上是单稳态工作模式的一种变形，其基本电路如图 6-14 所示，由于这种电路在应用电路中使用较为广泛，所以可以作为一种基本工作模式。

定时工作模式主要用于定时或延时电路中，其稳态时 $v_O=0$，暂稳态时 $v_o=1$，输出脉冲的宽度 t_w 等于暂稳态持续的时间，而暂稳态持续的时间取决于外接电阻 R 和电容 C 的大小。

$$t_w=RC\ln\frac{0-V_{CC}}{0-\frac{1}{3}V_{CC}}=RC\ln 3=1.1RC$$

图 6-14（a）是开机时产生高电平的定时电路，经延迟时间 t 后，时基电路输出端将保持输出低电平不变，如果要使 3 引脚再次输出高电平，只需按一下按钮 SB，电容 C 的存储电荷即通过 SB 泄放，2 引脚受低电平触发，555 置位，3 引脚输出高电平；松开 SB 后定时即开始。此时，电源 V_{CC} 就通过定时电阻 R 向 C 充电，使 C 两端的电压（555 的阈值端 6 引脚电平）不断升高，当升至 $\frac{2}{3}V_{CC}$ 时，时基电路复位，定时结束，3 引脚恢复输出低电平。

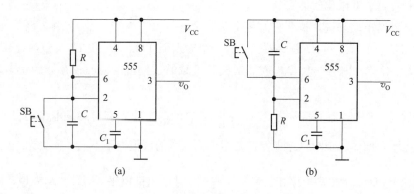

图 6-14 定时工作模式的基本电路

图 6-14(b) 是开机时产生低电平的定时电路，经延迟时间 t 后，时基电路输出端将保持输出高电平不变，因为开机时，由于电容 C 两端电压不能跃变，所以 555 的 TH 端（6 引脚）为高电平，555 复位，3 引脚输出低电平。然后电源经 R 向 C 充电，使 C 两端电压不断升高，从而使 555 的触发端 TR（2 引脚）电平不断下降，经延迟时间 t 后，2 引脚电平降至 $\frac{1}{3}V_{CC}$，时基电路置位，3 引脚则保持输出高电平不变。如要再次输出一个延迟时间为 t 的低电平，只需按一下按钮 SB 即可。

2）单稳型压控振荡器

由 555 时基电路组成的单稳型压控振荡器如图 6-15 所示，图 6-15(a) 所示电路中，端口 2 输入被调制脉冲 v_I，端口 5 加调制信号 V_{CO}。在图 6-15(b) 所示电路中，利用输出的脉冲，经低通滤波、直流放大后，闭环控制 555 的控制端（端口 5），使当触发频率升高时，自动减小其暂稳宽度，达到输出波形的占空比保持不变。单稳型压控振荡器主要用于脉宽调制、压频变化、A/D 转换等。

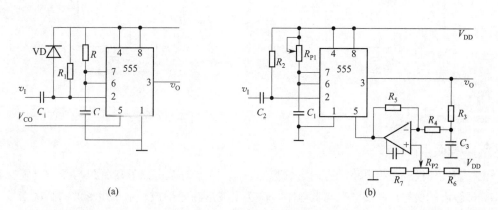

图 6-15 由 555 时基电路组成的单稳型压控振荡器

2. 双稳态工作模式

双稳态工作模式是指电路有两个输入端和两个输出端的电路，它的输出端有两个稳定状态，即置位态和复位态。这种输出状态是由输入状态、输出端原来的状态和锁存器自身的性能来决定的。双稳态工作模式根据工作原理可分为 RS 锁存器和施密特触发器。

1）RS锁存器（双限比较器）

对于555时基电路来说，按照它的逻辑功能完全可以等效于一个RS锁存器，如图6-16所示，只不过它是一个特殊的RS锁存器。它有两个输入端TH（R）和 $\overline{\text{TR}}$（$\overline{S}$），只有一个输出端 v_{o}（Q）而没有 $\overline{Q}$ 端。因为一个 Q 端就能解决和负载的连接以及说明锁存器的状态，所以省略了 $\overline{Q}$ 端。

这个特殊的RS锁存器的特殊之处有二：一是它的两个输入端对触发电平的极性要求不同，R 端要求高电平，而 $\overline{S}$ 端要求低电平；二是两个输入端的阈值电平不同，R 端为 $\frac{2}{3}V_{\text{CC}}$ 即对 R 端来说，$V_R \geqslant \frac{2}{3}V_{\text{CC}}$ 时，输出高电平1，而 $V_S < \frac{2}{3}V_{\text{CC}}$ 时输出低电平0；对 $\overline{S}$ 端来说，阈值电平为 $\frac{1}{3}V_{\text{CC}}$，即 $V_{\overline{S}} \geqslant \frac{2}{3}V_{\text{CC}}$ 时，输出低电平0，而 $V_{\overline{S}} \geqslant \frac{1}{3}V_{\text{CC}}$ 时输出高电平1。RS锁存器常用于比较器、电子开关、检测电路、家电控制器等。

2）施密特触发器（滞后比较器）

555时基电路中的两个电压比较器 C_1 和 C_2，由于它们的参考电压不同，C_1 为 $\frac{2}{3}V_{\text{CC}}$，C_2 为 $\frac{1}{3}V_{\text{CC}}$，因而RS锁存器的置0信号和置1信号必然发生在输入信号的不同电平。因此，输出电压由高电平变为低电平和由低电平变为高电平所对应的输入信号值也不同，利用这一特性，将它的两个输入端TH和TR相连作为总输入端便可得到施密特触发器，如图6-17所示。施密特触发器经常用于电子开关、监控告警、脉冲整形等。

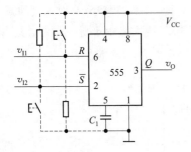

图6-16　RS锁存器

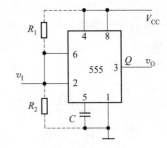

图6-17　施密特触发器

3. 无稳态工作模式

无稳态工作模式是指电路没有固定的稳定状态。555时基电路处于置位与复位反复交替的状态，即输出端交替出现高电平与低电平，输送出波形为矩形波。由于矩形波的高次谐波十分丰富，所以无稳态工作模式又称自激多谐振荡器。可分为直接反馈型多谐振荡器、间接反馈型多谐振荡器和无稳型压控振荡器。

1）直接反馈型多谐振荡器

555时基电路可以组成施密特触发器，利用施密特触发器的回差特性，在电路的两个输入端与地之间接入充放电电容 C 并在输出与输入端之间接入反馈电阻 R，就组成了一个直接反馈式多谐振荡器，如图6-18（a）所示。接通电源，电路在每次翻转后的充放电过程就是它的暂稳态时间，两个暂稳态时间分别为电容的充电时间 T_1 和放电时间 T_2。$T_1=T_2=0.69RC$，振荡周期 $T=T_1+T_2$，振荡频率 $f=1/T$，电路占空比为 50%。改变 R、C 的值则可改变充放电时间，即改变电路的振荡频率 f。

电路中充、放电电阻 R 的取值一般应不小于 10 kΩ，如取值过小，那么充、放电电流过大，会使输出电压下降过多，重负载时尤其如此。

2）间接反馈型多谐振荡器

直接反馈型多谐振荡器由于通过输出端向电容 C 充电，输出受负载因素的影响，会造成振荡频率的不稳定，所以常采用间接反馈型多谐振荡器，电路如图 6-18（b）所示。电路的工作过程不变，但它的工作性能得到很大改善。该电路充电时经 R_1 和 R_2 两只电阻，而放电时只经 R_2 一只电阻，两个暂稳态时间不相等，$T_1=0.69(R_1+R_2)C$，$T_2=0.69R_2C$，振荡周期 $T=T_1+T_2=0.69(R_1+2R_2)C$，振荡频率 $f=1/T$。

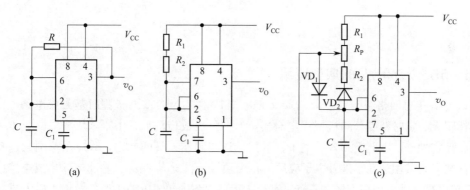

图 6-18　555 时基构成的多谐振荡器

如果将电路进行改进，接入二极管 VD_1 和 VD_2，电路如图 6-18（c）所示，电容的充电电流和放电电流流经不同的路径，充电电流只流经 R_1，放电电流只流经 R_2，因此电容 C 的充、放电时间分别为 $T_1=0.69R_1C$，$T_2=0.69R_2C$，振荡周期 $T=T_1+T_2=0.69(R_1+R_2)C$，振荡频率 $f=1/T$。若取 $R_1=R_2$，占空比为 50%。

555 时基电路要求 R_1 与 R_2 均应大于或等于 1 kΩ，但 R_1+R_2 应小于或等于 6.3 MΩ。外部元件的稳定性决定了多谐振荡器的稳定性，555 定时器配以少量的元件即可获得较高精度的振荡频率和具有较强的功率输出能力。多谐振荡器在脉冲输出、音响告警、家电控制、电子玩具、检测仪器、电源变换、定时器等方面有着广泛的应用。

3）无稳型压控振荡器

如果间接反馈型多谐振荡器的控制电压输入端不悬空，则构成无稳型压控振荡器，电路如图 6-19 所示。图 6-19(a) 电路电容 C 的充、放电时间分别为

$$T_1=(R_1+R_2)C\ln\frac{V_{CC}-\frac{1}{2}V_I}{V_{CC}-V_I} \qquad T_2=R_2C\ln\frac{V_I}{\frac{1}{2}V_I}$$

振荡周期 $T=T_1+T_2$，振荡频率 $f=1/T$。当输入控制电压 v_I 升高时，频率 f 将会降低。图 6-19(b) 所示电路是电压-频率转换电路（VFC），由运算放大器和 555 定时器构成，改变负载电阻 R_L 两端的电压降，就可改变 555 多谐振荡器的频率。若负载为 R_L，电流为 I_O，则其两端电压为 I_OR_L，该电压经差分放大器 A_1 放大 100 倍，A_1 输出加到 555 的控制端（5 引脚）对其进

行调制，这样，555 输出（3 引脚）信号频率就与输入电压 V_1 成比例。无稳型压控振荡器主要用于脉宽调制、电压频率变换以及 A/D 转换等。

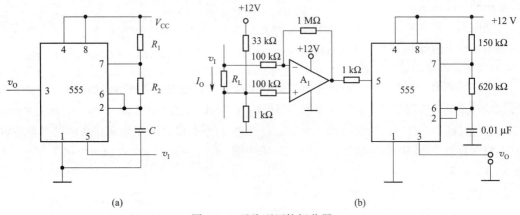

(a)　　　　　　　　　　　　　　　(b)

图 6-19　无稳型压控振荡器

6.3.3　555 集成电路的典型应用

1972 年，美思西格奈蒂克公司（Signetics）首次推出 NE555 双极型时基集成电路，原本旨在取代体积大、定时精度差的机械式定时器，但器件投放市场后，由于该集成电路成本低、使用方便、稳定性好，因此受到各界电子、电器设计与制作人员的欢迎，其应用范围远远超出了设计者的初衷，其用途几乎涉及电子应用的各个领域。自世界上第一块 NE555 集成电路诞生至今 40 多年以来，其市场一直经久不衰，直至今天世界各国集成电路生产厂商仍竞相仿制。

1. 555 时基电路构成电动机控制电路

NE556 双时基电路构成的电动机控制电路如图 6-20 所示，电路中 NE556（1）构成无稳态多谐振荡器，NE556（2）构成单稳态多谐振荡器。R_3 和 C_3 构成微分电路，VD_1 为限幅二极管，作用是吸收微分电路产生的正尖峰脉冲电压；NE556（2）的输出经 R_5 和 VT_2 激励达林顿晶体管 VT_1，使其通/断工作，从而驱动电动机使其运行。R_{P1} 用于调节激励 VT_1 的周期，R_{P2} 用于控制电动机的转速。

555 时基电路在控制电路与转换电路方面的应用还有：构成水位自动控制电路、上下限温度自动控制电路、电压-频率转换电路、频率-电压转换电路等。

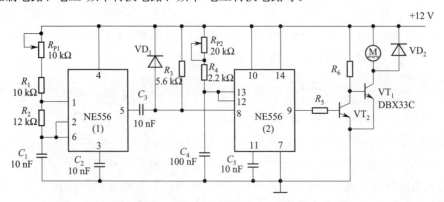

图 6-20　NE556 双时基电路构成的电动机控制电路

2. 555 时基电路构成电源电路

555 时基电路构成的正负双电源电路如图 6-21 所示，V_{CC} 为供电电压，合上电源开关 S 后，即可输出对等的正负双电源。555 时基电路和 R_1、C_1 接成占空比为 50％的无稳态多谐振荡器，振荡频率为 20 kHz 的方波。当输出端为高电平时，电容 C_4 被充电；当输出端为低电平时，电容 C_3 被充电。由于二极管 VD_1 和 VD_2 的存在，电容 C_3 和 C_4 在电路中只充电不放电，充电最大值为电源电压 V_{CC}。如果将 B 点接地，则在 A、C 点分别得到绝对值相等的正负双电源 V_{CC}。

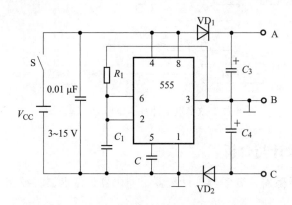

图 6-21　555 时基电路构成的正负双电源电路

555 时基电路除了构成正负双电源电路以外，还可以构成倍压直流电压升压器、正负电压转换器及构成各种充电器，如脉冲式快速充电器、镍镉电池充电器等。

555 时基电路除了应用于以上的自控开关电路、定时器电路、电源电路以外，在门铃电路、报警器、照明电路、仪器仪表电路、家用电器、充电器电路、玩具与休闲电路及其他电子电器等领域有着极其广泛的应用。这里所给出的应用实例电路结构合理，设计新颖，实用性强，具有一定的参考价值。

6.4　数字电子钟设计

6.4.1　数字电子钟系统概述

数字电子钟是由多块数字集成电路构成的，其中有振荡器、分频器、校时电路、计数器、译码器和显示器六部分。振荡器和分频器组成标准秒信号发生器，不同进制的计数器产生计数，译码器和显示器进行显示，通过校时电路实现对时、分的校准。

数字电子钟基本原理的逻辑框图如图 6-22 所示。

由图 6-22 可以看出，振荡器产生的信号经过分频器作为秒脉冲，秒脉冲送入计数器，计数结果经过 "时"、"分"、"秒" 译码器，显示器显示时间。其中，振荡器和分频器组成标准秒脉冲信号发生器，由不同进制的计数器、译码器和显示器组成计时系统。秒脉冲送入计数器进行计数，把累计的结果以 "时"、"分"、"秒" 的数字显示出来。"时" 显示由二十四进制计数器、译码器、显示器构成；"分"、"秒" 显示分别由六十进制的计数器、译码器、显示器构成；校时电路实现对时、分的校准。

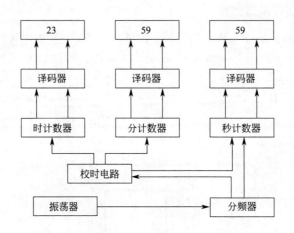

图 6-22   数字电子钟基本原理的逻辑框图

6.4.2   单元电路设计与分析

时钟系统主要由振荡器、分频器、计数器、译码器、显示器、校正电路组成。下面依次介绍。

1. 振荡器设计

秒发生电路——振荡器是计时器的核心。振荡器的稳定度和频率的精确度决定了计时器的准确度。一般来说，振荡器的频率越高，计时精度就越高，但耗电量将越大。所以，在设计电路时要根据需要而设计出最佳电路。

在本设计中，采用的是精度不高的，由集成电路 555 与 RC 组成的多谐振荡器。其具体电路如图 6-23 所示[①]。

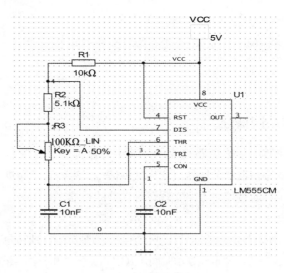

图 6-23   多谐振荡器

① 本节中的电路图均为软件制图，其中图中的 VCC 对应正文中的 V_{CC}，C1 对应正文中的 C_1，余同。

接通电源后，电容 C_1 被充电，v_c 上升，当 v_c 上升到大于 $\frac{2}{3}V_{CC}$ 时，触发器被复位，放电管导通，此时 v_O 为低电平，电容 C_1 通过 R_2 和 T 放电，使 v_c 下降。当 v_c 下降到小于 $\frac{1}{3}V_{CC}$ 时，触发器被置位，v_O 翻转为高电平。电容 C_1 放电结束，所需的时间为

$$t_{PL}=R_2 C\ln\frac{0-\dfrac{2}{3}V_{CC}}{0-\dfrac{1}{3}V_{CC}}=R_2 C\ln 2\approx 0.7R_2 C$$

当 C_1 放电结束时，T 截止，V_{CC} 将通过 R_1、R_2 向电容 C_1 充电，v_c 由 $\frac{1}{3}V_{CC}$ 上升到 $\frac{2}{3}V_{CC}$ 所需的时间为

$$t_{PH}=(R_1+R_2)C\ln\frac{V_{CC}-\dfrac{1}{3}V_{CC}}{V_{CC}-\dfrac{2}{3}V_{CC}}=(R_1+R_2)C\ln 2\approx 0.7(R_1+R_2)C$$

当 v_c 上升到 $\frac{2}{3}V_{CC}$ 时，触发器又被复位发生翻转，如此周而复始，在输出端就得到一个周期性的方波，其频率为

$$f=\frac{1}{t_{PH}+t_{PL}}\approx\frac{1.43}{(R_1+2R_2)C}$$

在本设计中，由电路图 6-23 和 f 的公式可以算出，微调 $R_3=60$ kΩ 左右，其输出的频率 $f=1\,000$ Hz。

除了上面介绍的振荡器外，如果对精度有较高要求的话，还可以用石英晶体构成的振荡器，如图 6-24 所示。

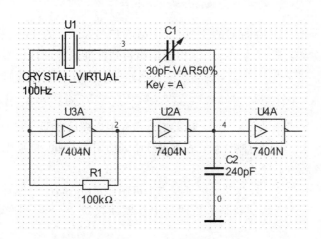

图 6-24　石英晶体振荡器

电路振荡频率为 100 kHz，把石英晶体串联在由非门 U2A/U3A 组成的振荡反馈电路中，非门 U4A 是振荡器整形缓冲级。借助与石英晶体串联的微调电容，可以对振荡器的频率进行微量的调节。

2. 分频器设计

分频器的功能主要有两个：一是产生标准秒脉冲信号；二是提供功能扩展电路所需的信号，如电台报时用的 1 000 Hz 的高音频信号和 500 Hz 的低音频信号等。

在本设计中，由于振荡器产生的信号频率太高，要得到标准的秒信号，就需要对所得的信号进行分频。这里所采用的分频电路是由三个中规模计数器 74LS90 构成的三级1/10分频。其电路如图 6-25 所示。

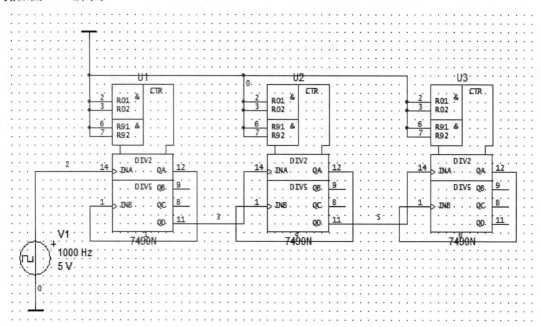

图 6-25　分频电路

从图 6-25 可以看出，由振荡器的 1 000 Hz 高频信号从 U_1 的 14 引脚输入，经过三片74LS90 的三级 1/10 分频，就能从 U_3 的 11 引脚输出得到标准的秒脉冲信号。相应的，如果输入的是 100 kHz 信号，就需要五片进行五级分频，电路图画法和图 6-25 类似，同理依次类推。

3. 计数器设计

计数器需要显示"时"、"分"、"秒"，因此需要六片中规模计数器；其中"分"、"秒"各为六十进制计数，"时"为二十四进制计数。在本设计中，均用 74LS90 来实现。

1）六十进制计数器

"秒"计数器电路与"分"计数器电路都是六十进制，它由一级十进制计数器和一级六进制计数器连接构成，如图 6-26 所示，是采用两片中规模计数器 74LS90 串联起来构成的"秒"、"分"计数器。

由图 6-26 可知，U_1 是十进制计数器，U_1 的 Q_D 作为十进制的进位信号，74LS90N（简写为7490N）计数器是十进制异步计数器，用反馈清零法来实现十进制计数，U_2 和与非门组成六进制计数。74LS90N 是在时钟信号的下降沿触发下进行计数的，U_2 的 Q_A 和 Q_C 相与后产生信号的下降沿（此时 $Q_D Q_C Q_B Q_A = 0101$），作为"分（时）"计数器的输入信号。U_2 的输出 0110 高电平 1 分别送到计数器的 R_{01}、R_{02} 端清零，74LS90N 内部的 R_{01}、R_{02} 与非后清零而使计数器归零，完成六进制计数。由此可见，U_1 和 U_2 串联实现了六十进制计数。

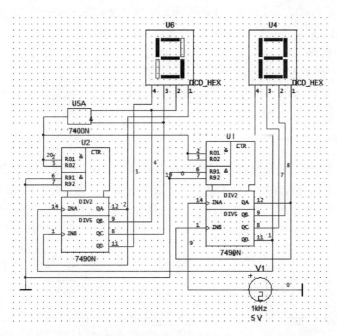

图 6-26 六十进制计数器实现"分"和"秒"计数电路

2) 二十四进制计数器

"时"计数为二十四进制的。在本设计中,二十四进制的计数电路也是由两个 74LS90 组成的,如图 6-27 所示。

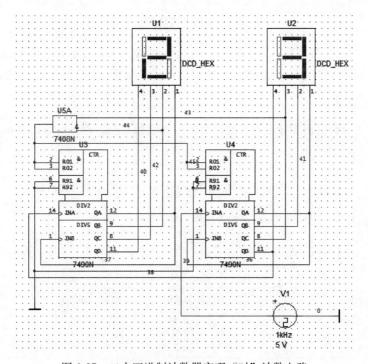

图 6-27 二十四进制计数器实现"时"计数电路

由图 6-27 可知，当"时"个位 U_4 计数器输入端 A（14 引脚）来到第 10 个触发信号时，U_4 计数器清零，进位端 Q_D 向 U_3"时"十位计数器输入进位信号，当第 24 个"时"（来自"分"计数器输出的进位信号）脉冲到达时，U_3 计数器的状态为"0100"，U_4 计数器的状态为"0010"，此时，"时"个位计数器的 Q_C 和"时"十位计数器的 Q_B 输出都为"1"，相与后为"1"。把它们分别送入 U_3 和 U_4 计数器的清零端 R_{01} 和 R_{02}，通过 74LS90N 内部与非后清零，计数器复位，从而完成二十四进制计数。

4. 显示器设计

显示器是用七段发光二极管来显示译码器输出的数字。显示器有两种：共阴极显示器和共阳极显示器。74LS48 译码器译码的是高电平，所以对应的显示器应为共阴极显示器。在本设计中用的是解码七段排列显示器，即包含译码器的七段显示器，如图 6-28 所示。

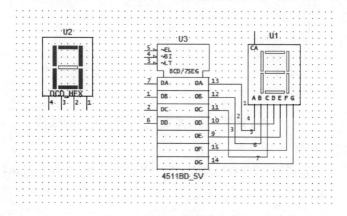

图 6-28　解码七段排列显示器

U_2 是一个解码七段排列显示器，由 1、2、3、4 引脚输入二进制数，即可显示数字；而 U_3 是一个译码器，和未解码的七段显示管 U_1 也可以构成显示器，连接如图 6-28 所示。

5. 校正电路设计

当刚接通电源或计时出现错误时，都需要对时间进行校正。校正电路如图 6-29 所示。

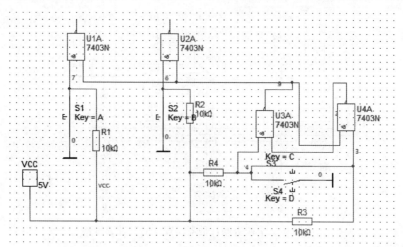

图 6-29　校正电路

6.5　智力竞赛抢答器设计

6.5.1　智力竞赛抢答器系统概述

随着我国抢答器市场的迅猛发展，与之相关的核心生产技术应用与研发必将成为业内企业关注的焦点。技术工艺是衡量一个企业是否具有先进性、是否具备市场竞争力、是否能不断领先于竞争者的重要指标依据。了解国内外抢答器生产核心技术的研发动向、工艺设备、技术应用及趋势对于企业提升产品技术规格，提高市场竞争力十分关键。目前市场上抢答器种类繁多、功能各异、价格差异也很大。那么选择一款真正适合的抢答器就非常重要。

抢答器一般分为电子抢答器和电脑抢答器。电子抢答器的中心构造一般都是由数字电子集成电路组成的。按其搭配的配件不同又分为非语音记分抢答器和语音记分抢答器。非语音记分抢答器构造很简单，是由一个抢答器的主机和一个抢答按钮组成的，在抢答过程中选手是没有记分的显示屏。语音记分抢答器是由一个抢答器的主机、主机的显示屏以及选手的记分显示屏等构成的，具有记分等功能。电子抢答器多适用于学校和企事业单位举行的简单的抢答活动。电脑抢答器又分为无线电脑抢答器和有线电脑抢答器。无线电脑抢答器是由主机和抢答器专用的软件和无线按钮构成的。无线电脑抢答器利用电脑和投影仪，可以把抢答气氛活跃起来，一般多使用于电视台等大型的活动。有线电脑抢答器也是由主机和电脑配合起来，电脑再和投影仪配合起来，利用专门研发的配套的抢答器软件，可以十分完美地表现抢答的气氛。

抢答器作为一种电子产品，早已广泛应用于各种智力和知识竞赛场合，但目前所使用的抢答器有的电路较复杂不便于制作，可靠性低，实现起来很困难；有的则用一些专用的集成块，而专用集成块的购买又很困难。而这里所设计的多功能抢答器——简易逻辑数字抢答器具有电路简单、元件普通、易于购买等优点，很好地解决了制作者制作困难和难于购买的问题。在国内外已经开始了普遍的应用。

6.5.2　智力竞赛抢答器系统原理和组成框图

1. 智力竞赛抢答器系统原理

根据要求，抢答器应具有锁存、定时、显示功能，即当抢答开始后，选手抢答按动按钮，锁存器锁存相应的选手编码，同时用 LED 数码管把选手的编码显示出来，并且开始抢答时间的倒计时，同时用 LED 数码管把选手所剩抢答时间显示出来，以提醒主持人和选手。抢答时间可设定为 30 s。接通电源后，主持人将开关拨到"清除"状态，抢答器处于禁止状态，编号显示器灭灯，定时器显示设定时间；主持人将开关置"开始"状态，宣布"开始"，抢答器工作。定时器倒计时，选手在定时时间内抢答时，抢答器完成优先判断、编号锁存、编号显示。当一轮抢答之后，定时器停止、禁止二次抢答、定时器显示剩余时间。如果再次抢答，必须由主持人再次操作"清除"和"开始"状态开关。

2. 智力竞赛抢答器的组成框图

定时抢答器的总体框图如图 6-30 所示。它主要由主体电路和扩展电路两部分组成。主体电路完成基本的抢答功能，即开始抢答后，当选手按动抢答键时，能显示选手的编号。同时，能封锁输入电路，禁止其他选手抢答。扩展电路完成定时抢答的功能。

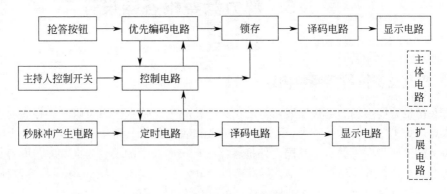

图 6-30   定时抢答器的总体框图

图 6-30 所示定时抢答器的工作过程是：接通电源时，主持人将开关置于"清除"位置，抢答器处于禁止工作状态，编号显示器灭灯，定时器显示设定的时间，当主持人宣布抢答题目后，说一声"抢答开始"，同时将控制开关拨到"开始"位置，抢答器处于工作状态，定时器倒计时，当定时时间到，却没有选手抢答时，输入电路被封锁，禁止选手超时后抢答。当选手在定时时间内按动抢答按钮时，抢答器要完成下面几项工作：

（1）优先编码电路立即分辨出抢答者的编号，并由锁存器进行锁存，然后由译码显示电路显示编号。

（2）控制电路要对输入编码电路进行封锁，避免其他选手再次进行抢答。

控制电路要使定时器停止工作，显示器上显示抢答时间，并保持到主持人将系统清零为止，以便进行下一轮抢答。

6.5.3   智力竞赛抢答器单元电路设计

1. 抢答电路原理图设计

抢答器电路设计电路如图 6-31 所示。电路选用优先编码器 74LS148 和锁存器 74LS279 来完成。该电路主要完成两个功能：一是分辨出选手按键的先后，并锁存优先抢答者的编号，同时译码显示电路显示编号（显示电路采用七段数字数码显示管）；二是禁止其他选手按键，其按键操作无效。工作过程：当开关 S 置于"清除"端时，RS 触发器的 R、S 端均为 0，四个触发器输出置 0，使 74LS148 的优先编码工作标志端（图 6-31 中 5 号端）为 0，使之处于工作状态；当开关 S 置于"开始"端时，抢答器处于等待工作状态，当有选手将抢答按钮按下时（如按下 S5），74LS148 的输出经 RS 锁存后，$CTR=1$，$\overline{RBO}=1$，七段显示电路 74LS148 处于工作状态，$4Q3Q2Q=101$，经译码显示为"5"。此外，$CTR=1$，使 74LS148 优先编码工作标志端（图 6-31 中 5 号端）为 1，处于禁止状态，封锁其他按键的输入。当按键按下时，74LS148 此时由于仍为 $CTR=1$，使优先编码工作标志端为 1，所以 74LS148 仍处于禁止状态，确保不会出现二次按键时输入信号，保证了抢答者的优先性。如要再次抢答，需由主持人将开关 S 重新置"清除"端，然后再进行下一轮抢答。

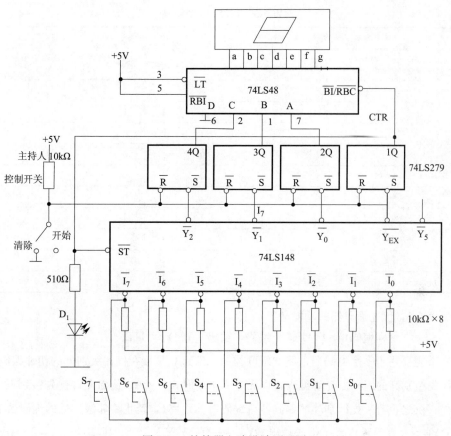

图 6-31　抢答器电路设计原理图

2. 抢答器电路组成

1）编码、锁存电路

编码、锁存电路由优先编码器 74LS148 和 RS 锁存器 74LS279 组成。优先编码器 74LS148 是 8 线输入 3 线输出的二进制编码器（简称 8 线-3 线二进制编码器），其作用是将输入 $\overline{I_0} \sim \overline{I_7}$ 这 八个状态分别编成八个二进制码输出。优先编码器允许同时输入两个以上的编码信号，不过在 优先编码器中将所有的输入信号按优先顺序排了队，当几个输入信号同时出现时，只对其中优 先权最高的一个进行编码。其功能表见表 2-9。由表 2-9 看出，74LS148 的输入为低有效。优先 级别从 $\overline{I_7}$ 至 $\overline{I_0}$ 递降。另外，它有输入使能 $\overline{ST}$，输出使能 $\overline{Y_S}$ 和 $\overline{Y_{EX}}$。

74LS148 引脚图如图 6-32 所示，功能表见表 6-5。

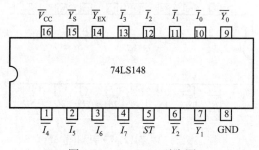

图 6-32　74LS148 引脚图

表 6-5　74LS148 功能表

输入									输出				
$\overline{ST}$	$\overline{I_0}$	$\overline{I_1}$	$\overline{I_2}$	$\overline{I_3}$	$\overline{I_4}$	$\overline{I_5}$	$\overline{I_6}$	$\overline{I_7}$	$\overline{Y_2}$	$\overline{Y_1}$	$\overline{Y_0}$	$\overline{Y_{EX}}$	$\overline{Y_s}$
1	×	×	×	×	×	×	×	×	1	1	1	1	1
0	1	1	1	1	1	1	1	1	1	1	1	1	0
0	×	×	×	×	×	×	×	0	0	0	0	0	1
0	×	×	×	×	×	×	0	1	0	0	1	0	1
0	×	×	×	×	×	0	1	1	0	1	0	0	1
0	×	×	×	×	0	1	1	1	0	1	1	0	1
0	×	×	×	0	1	1	1	1	1	0	0	0	1
0	×	×	0	1	1	1	1	1	1	0	1	0	1
0	×	0	1	1	1	1	1	1	1	1	0	0	1
0	0	1	1	1	1	1	1	1	1	1	1	0	1

根据表 6-5，优先编码器的功能分析如下：

（1）$\overline{ST}=0$ 允许编码，$\overline{ST}=1$ 禁止编码，输出 $\overline{Y_2}\,\overline{Y_1}\,\overline{Y_0}=111$。

（2）$\overline{Y_S}$ 主要用于多个编码器电路的级联控制，即 $\overline{Y_S}$ 总是接在优先级别低的相邻编码器的 $\overline{ST}$ 端。当优先级别高的编码器允许编码，而无输入申请时，$\overline{Y_S}=0$，从而允许优先级别低的相邻编码器工作；反之，若优先级别高的编码器有编码时，$\overline{Y_S}=1$，禁止相邻级别低的编码器工作。

（3）$\overline{Y_{EX}}=0$ 表示 $\overline{Y_2Y_1Y_0}$ 是编码输出，$\overline{Y_{EX}}=1$ 表示 $\overline{Y_2Y_1Y_0}$ 不是编码输出。$\overline{Y_{EX}}$ 为输出标志位。单片 74LS148 组成 8 线-3 线输出的编码器，其输出 8421BCD 码。由表 6-5 中不难看出，在 $\overline{ST}=0$ 电路正常工作状态下，允许 $\overline{I_0}\sim\overline{I_7}$ 当中同时有几个输入端为低电平，即有编码输入信号。$\overline{I_7}$ 的优先权最高，$\overline{I_0}$ 的优先权最低。当 $\overline{I_7}=0$ 时，无论其余输入端有无输入信号（表中以×表示），输出端只给出 $\overline{I_7}$ 的编码，即 $\overline{Y_2Y_1Y_0}=000$。当 $\overline{I_7}=1$、$\overline{I_6}=0$ 时，无论其余输入端有无输入信号，只对 $\overline{I_6}$ 编码，输出为 $\overline{Y_2Y_1Y_0}=001$。

74LS279 具有锁存器的功能，其内部是由四个 JK 触发器组成的。当有一个人优先抢答后其他的就不能抢答了，其他的虽然有电平输入，但是输入的电平保持原态不变。其引脚图如图 6-33 所示、功能表见表 6-6。

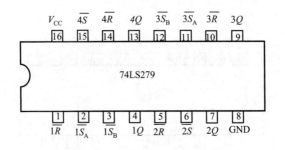

图 6-33　74LS279 引脚图

表 6-6　74LS279 功能表

$\overline{S_A}$	$\overline{S_B}$	$\overline{R}$	Q
0	0	0	1
0	×	1	1
×	0	1	1
1	1	0	0
1	1	1	没改变

2）译码、显示电路

译码电路由 74LS48 组成。译码是编码的逆过程，其任务是恢复编码的原意。按内部连接方式不同，七段数字显示器分为共阴极和共阳极两种。

（1）74LS48 七段显示译码器（简称 7448）。74LS48 芯片是一个十进制（BCD）译码器，可用来驱动共阴极发光二极管显示器。74LS48 的内部有升压电阻，因此无须外接电阻（可直接与显示器相连接）。74LS48 引脚排列如图 6-34 所示。

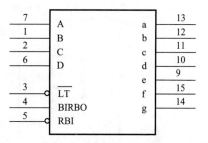

图 6-34　74LS48 引脚排列

74LS48 功能表见表 6-7。其中，$DCBA$ 为 8421BCD 码输入端，$a \sim g$ 为 7 段译码输出端。

表 6-7　74LS48 功能表

十进制数或功能	输入						$\overline{BI}/\overline{RBO}$	输出							备注
	$\overline{LT}$	$\overline{RBI}$	D	C	B	A		a	b	c	d	e	f	g	
0	H	H	0	0	0	0	H	1	1	1	1	1	1	0	
1	H	×	0	0	0	1	H	0	1	1	0	0	0	0	
2	H	×	0	0	1	0	H	1	1	0	1	1	0	1	
3	H	×	0	0	1	1	H	1	1	1	1	0	0	1	
4	H	×	0	1	0	0	H	0	1	1	0	0	1	1	
5	H	×	0	1	0	1	H	1	0	1	1	0	1	1	
6	H	×	0	1	1	0	H	0	0	1	1	1	1	1	
7	H	×	0	1	1	1	H	1	1	1	0	0	0	0	显示
8	H	×	1	0	0	0	H	1	1	1	1	1	1	1	
9	H	×	1	0	0	1	H	1	1	1	0	0	1	1	
10	H	×	1	0	1	0	H	0	0	0	1	1	0	1	
11	H	×	1	0	1	1	H	0	0	1	1	0	0	1	
12	H	×	1	1	0	0	H	0	1	0	0	0	1	1	
13	H	×	1	1	0	1	H	1	0	0	1	0	1	1	
14	H	×	1	1	1	0	H	0	0	0	1	1	1	1	
15	H	×	1	1	1	1	H	0	0	0	0	0	0	0	
BI	×	×	×	×	×	×	L	0	0	0	0	0	0	0	灭灯消隐
RBI	H	L	0	0	0	0	L	0	0	0	0	0	0	0	动态灭零
LT	L	×	×	×	×	×	H	1	1	1	1	1	1	1	灯测试

（2）常用的七段显示器件。半导体数码管将十进制数码分成七个字段，每段为一发光二极管。半导体数码管（又称 LED 数码管）的基本单元是 PN 结，目前较多采用磷砷化镓做成的 PN 结，当外加正向电压时，就能发出清晰的光线。单个 PN 结可以封装成发光二极管，多个 PN 结可以按分段式封装成半导体数码管，其引脚排列如图 6-35 所示。七段数字显示器发光段组合如图 6-36 所示。

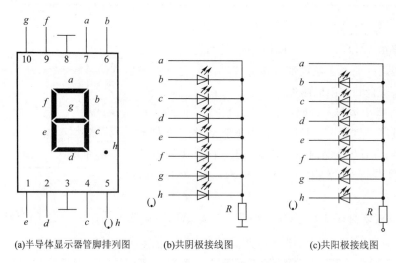

(a)半导体显示器管脚排列图　　(b)共阴极接线图　　(c)共阳极接线图

图 6-35　七段显示器件引脚排列及接线图

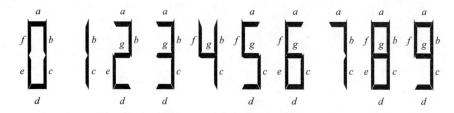

图 6-36　七段数字显示器发光段组合

本设计用到共阴极显示器和 74LS48。74LS48 可以驱动共阴极显示器，其内部有升压电阻，无须外接电阻（可以直接与显示器相连接）。

由 74LS48 功能表（表 6-7）可获知 74LS48 所具有的逻辑功能如下：

① 七段译码显示功能（$\overline{LT}=1$，$\overline{RBI}=1$）。在灯测试输入端（$\overline{LT}$）和动态灭零输入端（$\overline{RBI}$）都接无效电平时，输入 DCBA 经 74LS48 译码，输出高电平有效的七段字符显示器的驱动信号，显示相应字符。除 DCBA=0000 外，$\overline{RBI}$ 也可以接低电平，见表 6-7 中 1～16 行。

② 灭灯消隐功能（$\overline{BI/BRO}=0$）。此时 $\overline{BI/BRO}$ 端作为输入端，该端输入低电平信号时，表 6-7 倒数第 3 行，无论 $\overline{LT}$ 和 $\overline{RBI}$ 输入什么电平信号，不管输入 DCBA 为什么状态，输出全为"0"，七段字符显示器熄灭。该功能主要用于多显示器的动态显示。

③ 动态灭零功能（$\overline{LT}=1$，$\overline{RBI}=0$）。此时 $\overline{BI/RBO}$ 端也作为输出端，$\overline{LT}$ 端输入高电平信号，$\overline{RBI}$ 端输入低电平信号，若此时 DCBA=0000，表 6-7 倒数第 2 行，输出全为"0"，显示器熄灭，不显示这个零。$\overline{DCBA}\neq0$，则对显示无影响。该功能主要用于多个七段字符显示器同时显示时熄灭高位的零。

④ 灯测试功能（$\overline{LT}=0$）。此时$\overline{BI}/\overline{RBO}$端作为输出端，输入低电平信号时，表 6-7 最后一行，与$\overline{RBI}$及 $DCBA$ 输入无关，输出全为"1"，显示器七个字段都点亮。该功能用于七段字符显示器测试，判别是否有损坏的字段。

3. 定时器电路设计

定时器电路原理图如图 6-37 所示。

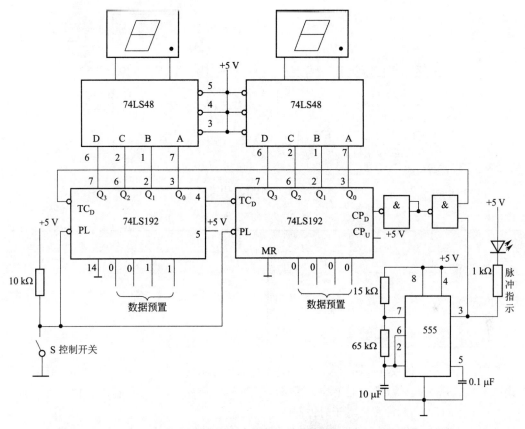

图 6-37　定时器电路原理图

定时器电路主要由 555 定时器秒脉冲产生电路、十进制同步加减计数器、74LS192 减法计数电路、74LS48 译码电路和两个七段数码管及相关电路组成。具体电路如图 6-37 所示。两块 74LS192 实现减法计数，通过译码电路 74LS48 显示在数码管上，其时钟信号由时钟产生电路提供。74LS192 的预置数控制端实现预置数，设定一次抢答的时间。通过预置时间电路对计数器进行预置，计数器的时钟脉冲由秒脉冲电路提供。按键弹起后，计数器开始减法计数工作，并将时间显示在共阴极七段数码显示管 DPY ＿ 7-SEG 上，当有人抢答时，停止计数并显示此时的倒计时时间；如果没有人抢答，且倒计时时间到时，TC_D 输出低电平到时序控制电路，以后选手抢答无效。下面具体介绍一下标准秒脉冲产生电路的原理。555 定时器秒脉冲产生电路中的电容 C 的放电时间和充电时间分别为

$$t_1=R_2 C\ln 2\approx 0.7R_2 C,\ t_2=(R_1+R_2)C\ln 2\approx 0.7(R_1+R_2)C$$

于是，从 NE555 的 3 端输出的脉冲的频率为

$$f = \frac{1}{t_1 + t_2} \approx \frac{1.43}{(R_1 + 2R_2)C}$$

结合实际经验并考虑到元器件的成本，选择的电阻及电容值为 $R_1 = 15 \text{ k}\Omega$，$R_2 = 68 \text{ k}\Omega$，$C = 10 \text{ }\mu\text{F}$，代入上式中即得 $f \approx 1 \text{ Hz}$，即秒脉冲。

对计数器进行预置是通过 74LS192 芯片实现的。74LS192 的引脚图和功能表如图 6-38 和表 6-8 所示。

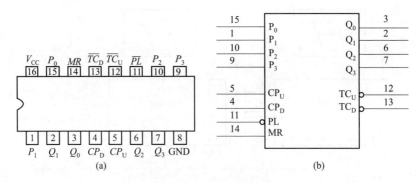

图 6-38　74LS192 引脚图

表 6-8　74LS192 功能表

输入								输出			
MR	$\overline{PL}$	CP_U	CP_D	P_3	P_2	P_1	P_0	Q_3	Q_2	Q_1	Q_0
1	×	×	×	×	×	×	×	0	0	0	0
0	0	×	×	d	c	b	a	d	c	b	a
0	1	1	×	×	×	×	×	加计数			
0	1	1	×	×	×	×	×	减计数			

其中，CP_U 是加计数进位输出端，当加计数到最大数值时，CP_U 发出一个低电平信号（平时为高电平）；CP_D 是减计数借位输出端，当减计数到 0 时，CP_D 发出一个低电平信号（平时为高电平），CP_U 和 CP_D 负脉冲宽度等于时钟低电平宽度。

关于 74LS192 的预置数按照如下方法计算。根据要求使用两片 74LS192 的异步置数功能构成三十进制减法计数器。三十进制计数器的预制数为 $N = (0011 \ 0000)_{8421BCD} = (30)_D$。74LS192 (1) 计数器从 0011 状态开始计数，因此，就取 $P_3 P_2 P_1 P_0 = 0011$。74LS192 (2) 计数器从 0000 状态开始计数，那么，就取 $P_3 P_2 P_1 P_0 = 0000$。计数脉冲从 CP_D 端输入。它的计数原理是，每当低位计数器的 IC_D 端发出负跳变借位脉冲时，高位计数器减 1 计数。当高位计数器处于全 0，同时在 $CP_D = 0$ 期间，高位计数器 $BO = LD = 0$，计数器完成异步置数，之后 $BO = LD = 1$，计数器在 CP_D 时钟脉冲作用下，进入下一轮减计数。

4. 时序控制电路的设计

时序控制电路是抢答器设计的关键，它要完成以下三项功能：

（1）主持人将控制开关拨到"开始"位置时，抢答电路和定时电路进入正常抢答工作状态。

（2）当参赛选手按动抢答按钮时，抢答电路和定时电路停止工作。

（3）当设定的抢答时间到，无人抢答时表示此次抢答无效。

根据上面的功能要求以及抢答电路，设计的时序控制电路如图 6-39 所示。图中，与门 G_1

的作用是控制时钟信号的放行与禁止，门 G_2 的作用是控制 74LS148 的输入使能端。工作原理是：主持人控制开关从"清除"位置拨到"开始"位置时，来自于图 6-33 中的 74LS279 的输出 $1Q$，即 $CTR=0$，经 G_3 反相，输出为 1，则 555 产生的时钟信号能够加到 74LS192 的 CP_D 输入端（图 6-39 中用 $CLCK$ 表示接入 74LS192 CP_D 端的信号），定时电路进行递减计时。同时，在定时时间未到时，则"定时到信号"为 1，门 G_2 的输出为 0，使 74LS148 处于正常工作状态，从而实现功能（1）的要求。当选手在定时时间内按动抢答按钮时，$CTR=1$，经 G_3 反相，输出为 0，封锁时钟信号，定时器处于保持工作状态；同时，门 G_2 的输出为 1，74LS148 处于禁止工作状态，从而实现功能（2）的要求。当定时时间到时，则"定时到信号"为 0，$\overline{ST}=1$，74LS148 处于禁止工作状态，禁止选手进行抢答。同时，门 G_1 处于关门状态，封锁时钟信号，使定时电路保持 00 状态不变，从而实现功能（3）的要求。

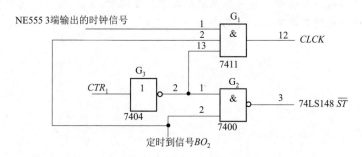

图 6-39　时序控制电路

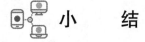

小　　结

　　数字电子系统设计是一个系统工程，电路中既有常规的设计实现方法，又含有一定的设计和创新部分。当然完成这些设计还需要辅助的计算机软件完成。本章首先介绍数字电子电路的组成，并通过几个典型数字电路的设计分析，给出数字系统的设计方法和规则。既要做好充分的准备工作，对电路即将实现的功能做好充分的了解和分析，做好成本分析，尽可能做成最小成本设计，又要做好设计文档，以便于后期进行改进和完善，理顺设计内容的层次关系。这些电路设计涉及本书中的大部分章节知识点，通过这些实例可提升读者的工程实践能力。

习　　题

　　1. 设计一个节拍速度渐变的彩灯控制器。设计要求如下：

　　（1）控制红、黄、绿、蓝一组彩灯，按如下所示的规律（实际上为四位循环码）循环闪亮：
全灭—蓝—绿蓝—绿—黄绿—黄绿蓝—黄蓝—黄—红—红蓝—红绿蓝—红绿—红黄绿—红黄绿

蓝—红黄蓝—红黄—全灭。如此循环，产生"流水"般的效果。

（2）彩灯白天不亮，夜晚自动亮。

（3）实现不同的速度，交替完成每一循环"流水"过程。如在"流水"中，前7s速度快，后7s速度慢。

2. 设计一个钟控定时电路。本系统中的控制器应能完成如下功能：电路的清零（包括保持电路）、输入定时时间、启动计数器工作。设计要求如下：

（1）定时控制时间的输入方式为串行输入（可用计数器实现），范围是0～99 s，用两位LED分别显示。

（2）手动开关控制系统的复位、时间的寄存及启动，定时时间到要有声响报警，报警时间为5 s。

（3）在计时开始前不应报警，只有在启动后时间到才报警。

（4）全部电路的控制开关不能超过两个。

第 7 章
基于 Proteus 的数字
电子技术仿真实验

引 言

EDA（电子设计自动化）技术是进行数字电子电路设计过程中产生的一门新技术。它广泛用于电路结构设计和运行状态仿真、集成电路板图的设计、印制电路板的设计以及可编程逻辑器件的编程设计等所有设计环节中。Proteus 软件的电路原理图设计系统不仅能做电路基础实验、模拟电路实验与数字电路实验，而且能做单片机与接口实验。为进行理论验证提供综合系统仿真。

内容结构

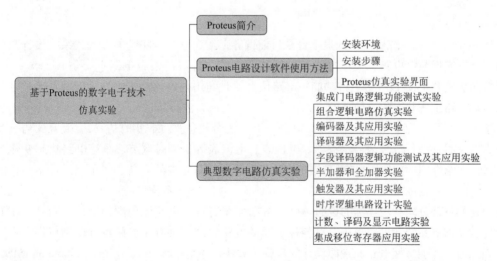

学习目标

（1）了解并能熟练运用 Proteus 软件；

（2）通过仿真实验，掌握典型数字电子技术仿真实验并能结合实验进行拓展分析；

（3）通过仿真实验提升实践创新能力。

7.1　Proteus 简介

Proteus 软件是英国 Lab Center Electronics 公司出品的 EDA 工具软件（该软件中国总代理为广州风标电子技术有限公司）。它不仅具有其他 EDA 工具软件的仿真功能，还能仿真单片机及外围器件。它是目前比较好的仿真单片机及外围器件的工具。它受到了单片机爱好者、从事单片机教学的教师、致力于单片机开发应用的科技工作者的青睐。

Proteus 是英国著名的 EDA 工具（仿真软件），从原理图布图、代码调试到单片机与外围电路协同仿真，一键切换到 PCB（印制电路板）设计，真正实现了从概念到产品的完整设计，是目前世界上唯一将电路仿真软件、PCB 设计软件和虚拟模型仿真软件三合一的设计平台，其处理器模型支持 8051、HC11、PIC10/12/16/18/24/30/DSPIC33、AVR、ARM、8086 和 MSP430 等，2010 年又增加了 Cortex 和 DSP 系列处理器，并持续增加其他系列处理器模型。在编译方面，它也支持 IAR、Keil 和 MATLAB 等多种编译器。

7.2　Proteus 电路设计软件使用方法

Proteus 嵌入式系统仿真与开发平台是目前世界上最先进、最完整的嵌入式系统设计与仿真平台，可以实现数字电路、模拟电路及微控制器系统与外设的混合电路系统仿真、软件仿真、系统协同仿真和 PCB 设计等全部功能。电路仿真就是利用电路软件建立数学模型，通过计算分析来表现电路工作状态的一种手段。

按仿真类型分为交互式仿真（实时仿真）与图表分析仿真（非实时仿真）。交互式仿真是主要用虚拟仪器（函数信号源、示波器、电压表、电流表等）实时调节、跟踪电路状态变化的仿真模式。本章介绍的内容则以交互式仿真为主线。通过对软件的安装、使用到设计步骤，逐级展开。实验中软件版本为 Proteus 8.0，在 Proteus 8.0 的 ISIS 系统帮助菜单中，对电路原理图设计与仿真的各部分均有较详细的说明，可以帮助使用者进行电路原理图的设计。同时，在 Proteus 8.0 的 ISIS 系统帮助菜单中，对各种不同的电路原理图都有正确的设计图例可供参考。只有加强练习，才能掌握电路原理图设计的步骤与方法。学好 Proteus 8.0 Professional 的 ISIS（电路原理图设计与仿真），才能进一步学习并掌握 Proteus 8.0 Professional 的 ARES（印制电路板的设计）。

7.2.1　安装环境

该软件可运行在 Windows XP、Windows 2003 Server、Win 7、Win 8 等系统之上。以下安装过程在 Win 7 系统中进行。

7.2.2　安装步骤

插入 Proteus 安装光盘，打开光盘，可以看到如图 7-1 所示内容，每个文件的说明见表 7-1。

图 7-1　安装光盘文件

表 7-1　安装盘文件说明

文件名称	功能
C++2008	系统配置文件
Keil	32KB 限制版 Keil 软件
ProteusKeyServer_1.7.4	Proteus 服务器 Licence 服务端软件安装包及服务器配置文件
Proteus 安装说明	Proteus 软件安装说明文本文档
Proteus 教程	最新 V8 中文说明书文档
VSM 帮助文档	最新 VSM 文档
XP 系统配置文件	XP 系统配置文件
加密狗驱动	32 位系统加密狗安装程序；64 位系统加密狗安装程序
中文语言包	中文版 Proteus 语言包
proteus8.4.SP0.exe	安装包

Proteus 有单机版和网络版。这里主要介绍单机版的安装。安装过程中请勿插入加密狗，直到安装提示后再插入加密狗。安装过程和一般的软件类似，双击 proteus8.4.SP0.exe 进行软件安装，弹出 Proteus 软件安装向导如图 7-2（a）所示，选中 I accept the terms of…之类的复选框，单击 Next 按钮弹出界面，选择第一个 Use a locally installed license key，单击 Next 按钮进入下一步。请仔细阅读 Labcenter 的授权条款，如果都同意，选中 I accept the terms of this agreement，然后单击 Next 按钮。其中，要注意的是，当出现选择 Use a locally installed Licence key，单击 Next 按钮，进入 Product Licence Key 设置，如果以前没有安装过 Licence，可以按照下面的步骤进行：

（1）单击 Next 按钮进入 Licence Manager 进行 Licence Key 的安装。

（2）单击 Browse For Key File 寻找 Licence（扩展名为 .LXK 的文件），选中对应的 Licence。

（3）单击 Install 按钮。当 Licence 显示于右边视窗中，表示 Licence 安装完毕，单击 Close

按钮回到安装向导界面。余下的步骤即可按照向导进行。安装完成即可得到图 7-2(b)、（c）所示界面及图标。

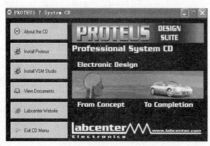

(a) 自动安装界面

(b) 启动界面

Proteus 8
Professi...

(c) 快捷图标

图 7-2   Proteus 8 启动界面

7.2.3 Proteus 仿真实验界面

Proteus 是目前在高校的实验教学中应用较多的软件。由于 Proteus 的元件库以真实生产厂家及时更新的参数建模，所以仿真分析与实验数据真实可信。在 Proteus 8.0 的交互式仿真中，还能直观地用颜色表示电压的大小，用箭头表示电流的方向。电路原理图设计流程如图 7-3 所示。

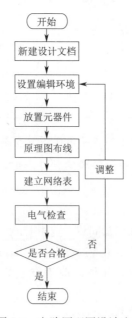

图 7-3   电路原理图设计流程

按照图 7-3 所示电路原理图设计流程，则 Proteus/ISIS 仿真实验步骤如下：

（1）在 ISIS 下创建仿真实验电路：

①从元件库调用电路元件（基本元件参数可以修改）。

②将元件连接组成待测电路。

（2）从调试工具库中调用仪器（信号源、示波器）与实验电路组成交互式仿真测量电路。

（3）根据实验要求，在主窗口操作交互式仿真按键进行仿真。

下面分别以电路分析、模拟电路、数字电路等应用为例，对基于 Proteus 的仿真实验界面给予展示。

例 7.1　电路分析实验实例。

图 7-4 所示为基于 Proteus 实验室的一阶 RC 电路响应实验仿真界面。

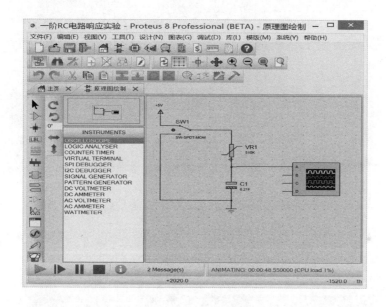

图 7-4　电路分析实验（一阶 RC 电路响应实验仿真界面）

利用工具自带的示波器可以非常方便地观察电路的输出情况，如图 7-5 所示。

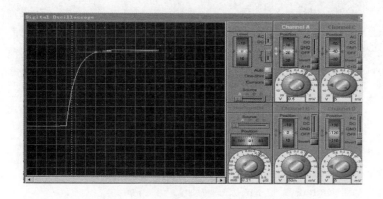

图 7-5　电路分析实验（一阶 RC 电路响应曲线）

例7.2   模拟电路实验实例。

图7-6所示为基于Proteus实验室的 RC 正弦波发生电路仿真界面。

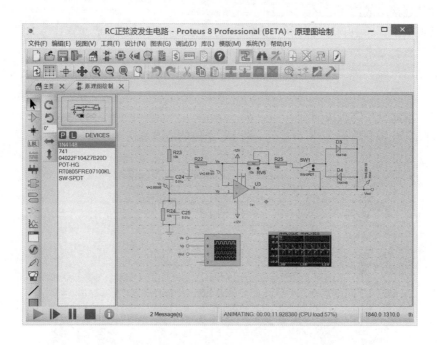

图7-6   模拟电路实验（RC 正弦波发生电路仿真实验实例）

其 RC 正弦波发生电路输出波形可以通过工具提供的虚拟示波器查看，如图7-7所示。

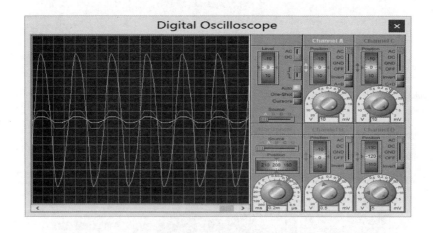

图7-7   模拟电路实验（RC 正弦波发生电路输出波形）

例7.3   数字电路实验实例。

图7-8所示为基于Proteus实验室的数字钟实验仿真界面。

上述实验过程包括：全数字器件实验电路图的创建、仿真调试。在调试完毕后，还可以基于电路图生成PCB，可以直接利用生成的PCB工艺文件制作PCB。

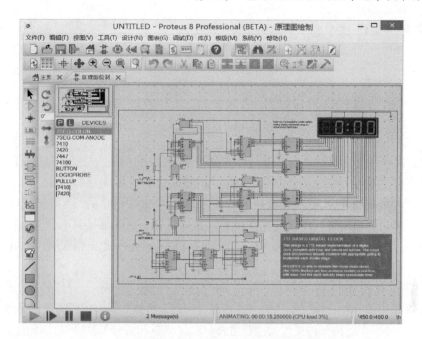

图 7-8 数字电路实验（数字钟实验仿真界面）

7.3 典型数字电路仿真实验

Proteus 数字电子技术仿真实验可采用软件仿真与硬件仿真相结合的方式。硬件仿真采用 USB 接口的 ICE 在线仿真器，并配合 Proteus 仿真开发环境进行，学生既可以通过该实验系统的仿真，了解相应实验的技术细节，又可以通过实际硬件电路的运行结果，建立对实验的感性认识。本节主要结合第 1 章～第 5 章的内容，介绍一些基本数字电子电路的原理及应用，采用 Proteus 软件，构成一些典型的数字电路（采用 Proteus 软件绘制的电路图，其逻辑门等的图形符号与国家标准符号不一致，二者对照关系参见附录 A。）同时给出硬件实验连接要求及测试问题，进一步增强读者对数字电路知识的理解。

实践建议：

本节在讲述仿真实验实现过程时，将硬件环节引入其中。有利于读者构建一个从虚拟到实际、从软件到硬件全过程设计的多功能实验平台思维，可提升读者的动手能力及工程应用能力。

7.3.1 集成门电路逻辑功能测试实验

本实验针对本书第 1 章和第 5 章中介绍的非门、与门、或门、或非门、与非门及三态门的逻辑功能，用 Proteus 软件对其进行仿真并分析。通过实验复习逻辑代数以及逻辑表达式之间的转换。

1. 实验目的

（1）熟悉集成门电路的工作原理和主要参数。

（2）熟悉集成门电路的外引脚排列及应用事项。

（3）验证和掌握门电路的逻辑功能。

2. 实验内容及步骤

1）TTL 门电路和 CMOS 门电路的工作原理（使用最广泛的数字集成门电路为 TTL 和 CMOS 两种）

（1）TTL 门电路：

① TTL 门电路主要有与非门、集电极开路与非门（OC 门）、三态输出与非门（三态门）、异或门等。为了正确使用门电路，必须了解它们的逻辑功能及其测试方法。

② OC 门与线逻辑。OC 门是指集电极开路 TTL 门，这种电路的最大特点是可以实现线逻辑，即几个 OC 门的输出端可以直接连在一起，通过一只上拉电阻接到电源 V_{CC} 上。此外，OC 门还可以用来实现电平移位功能。与 OC 门相对应，CMOS 电路也有漏极开路输出的电路。其特点也和 OC 门类似。

③ 集电极开路的与非门可以根据需要来选择负载电阻和电源电压，并且能够实现多个信号间的相与关系（称为线与）。使用 OC 门时必须注意合理选择负载电阻，才能实现正确的逻辑关系。

④ 三态输出与非门是一种重要的接口电路，在计算机和各种数字系统中应用极为广泛，它具有三种输出状态。除了输出端为高电平和低电平（这两种状态均为低电阻状态）外，还有第三种状态，通常称为高阻状态或称为开路状态。改变控制端（又称选通端）的电平可以改变电路的工作状态。三态门可以同 OC 门一样把若干个门的输出端并联到同一公用总线上（称为线或），分时传送数据，成为 TTL 系统和总线的接口电路。

⑤ TTL 集成电路除了标准形式外，还有其他四种结构形式：高速 TTL（74H 系列），低功耗 TTL（74L 系列），这两种结构与标准 TTL 主要区别是电路中各电阻阻值不同；另外两种是超高速 TTL（74S 系列）和低功耗肖特基 TTL（74LS 系列）。

（2）CMOS 门电路。CMOS 门电路是在 TTL 门电路问世之后，所开发出的第二种广泛应用的数字集成器件。从发展趋势来看，CMOS 门电路的性能将超越 TTL 门电路而成为占主导地位的逻辑器件。CMOS 门电路的功耗和抗干扰能力远优于 TTL 门电路，工作速度可与 TTL 门电路相比拟。

CMOS 门电路产品有 4000 系列和 4500 系列。近几年有与 TTL 兼容的 CMOS 器件，如 74HCT 系列等产品可与 TTL 器件交换使用。

（3）使用注意事项：

① TTL 门电路：

a. 通常 TTL 电路要求电源电压 $V_{CC} = (5 \pm 0.25) \mathrm{V}$。

b. TTL 电路输出端不允许与电源短路，但可以通过上拉电阻连到电源，以提高输出高电平。

c. TTL 电路不使用的输入端，通常有两种处理方法：一是与其他使用的输入端并联；二是把不用的输入端按其逻辑功能特点接至相应的逻辑电平上，不宜悬空。

d. TTL 电路对输入信号边沿的要求。通常要求其上升沿或下降沿小于 $50 \sim 100$ ns/V。当外加输入信号边沿变化很慢时，必须加整形电路（如施密特触发器）。

② CMOS 门电路：

a. 不用的输入端不允许悬空，应根据逻辑需要接 V_{DD} 或 V_{SS} 端，或将它们与使用的输入端并联。

b. 在工作或测试时，必须先接通电源，再加入信号。工作结束后，应先撤除信号，再关闭电源。

c. 不可在接通电源的情况下插入或拔出组件。

d. 输入信号不可大于 V_{DD} 或小于 V_{SS}。

e. 焊接时，电烙铁接地要可靠，或使电烙铁断电后，用余热快速焊接。储存时，一般用金属箔或导电泡棉将组件各脚短路。

2）74LS 系列集成门外形及引脚（以 74LS 系列为主）

74LS 系列集成门外形及引脚如图 7-9 所示。

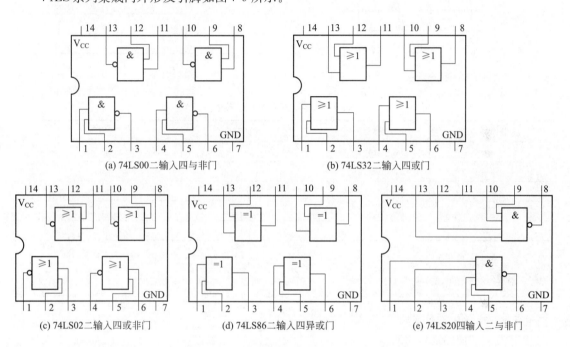

图 7-9　74LS 系列集成门外形及引脚

3）双列直插型 TTL 集成门电路

本实验中使用的 TTL 集成门电路是双列直插型的集成电路，其引脚识别方法：将 TTL 集成门电路正面（印有集成门电路型号标记）正对自己，有缺口或有圆点的一端置向左方，左下方第一引脚即为引脚“1”，按逆时针方向数，依次为 1、2、3、4……如图 7-10 所示。具体的各个管脚的功能可通过查找相关手册得知。

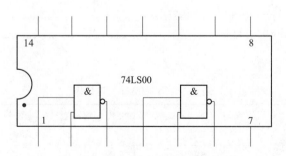

图 7-10　双列直插型 TTL 集成门电路

4）测或门的逻辑功能

（1）将 74LS32（二输入四或门）放到 DIP14 插槽中固定好，按图 7-11 接线，检查无误后接通实验仪电源，按表 7-2 中给出的输入端不同情况，测输出端的逻辑状态并填入表中。

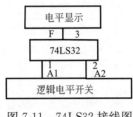

图 7-11　74LS32 接线图

表 7-2　74LS32 逻辑状态记录表

输入端	输出电压	输出逻辑
0　0		
0　1		
1　0		
1　1		

（2）硬件连接见表 7-3。

表 7-3　74LS32 硬件连接表

芯片 74LS32	拨码开关	逻辑电平	电源
1	SW1		
2	SW2		
3		D1	
7			GND
14			+5V

注意：

芯片栏目下的数字表示该芯片的引脚数字标号，实验时确保给芯片上电，接线检查无误后打开实验箱电源，进行实验。

5）测或非门的逻辑功能

（1）将 74LS02（二输入四或非门）放到 DIP14 插槽中固定好，按图 7-12 接线，检查无误后接通实验仪电源，按表 7-4 中给出的输入端不同情况，测输出端的逻辑状态并填入表中。

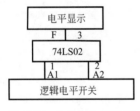

图 7-12　74LS02 接线图

表 7-4　74LS02 逻辑状态记录表

输入端	输出电压	输出逻辑
0　0		
0　1		
1　0		
1　1		

（2）硬件连接见表 7-5。

表 7-5　74LS02 硬件连接表

芯片 74LS02	拨码开关	逻辑电平	电源
1		D1	
2	SW1		
3	SW2		

续表

芯片 74LS02	拨码开关	逻辑电平	电源
7			GND
14			+5 V

6）测异或门的逻辑功能

（1）将 74LS86（二输入四异或门）放到 DIP14 插槽中固定好，按图 7-13 接线，检查无误后接通实验箱电源，然后按表 7-6 中给出的输入端不同情况，测输出端的逻辑状态并填入表中。

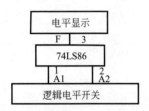

图 7-13　74LS86 接线图

表 7-6　74LS86 逻辑状态记录表

输入端	输出电压	输出逻辑
0　0		
0　1		
1　1		
1　1		

（2）硬件连接见表 7-7。

表 7-7　74LS86 硬件连接表

芯片 74LS86	拨码开关	逻辑电平	电源
1	SW1		
2	SW2		
3		D1	
7			GND
14			+5V

7）测与非门的逻辑功能

（1）将 74LS20（四输入二与非门）放到 DIP14 插槽中固定好，按图 7-14 接线，检查无误后接通实验仪电源，按表 7-8 中给出的输入端不同情况，测输出端的逻辑状态并填入表中。

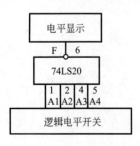

图 7-14　74LS20 接线图

表 7-8　74LS86 输出端逻辑状态

输入端	输出电压	输出逻辑
0　0　0　0		
0　0　0　1		
0　0　1　1		
0　1　1　1		
1　0　0　0		
1　0　1　1		
1　1　1　1		

（2）硬件连接见表 7-9。

表 7-9　74LS20 硬件连接表

芯片 74LS20	拨码开关	逻辑电平	电源
1	SW1		
2	SW2		
4	SW3		
5	SW4		
6		D1	
7			GND
14			+5 V

7.3.2　组合逻辑电路仿真实验

本实验针对本书第 2 章组合逻辑电路中所用讲到的中规模集成芯片的功能、引脚排列及使用方法，用 Proteus 软件对其进行仿真并分析。

1. 实验目的

（1）熟悉组合逻辑电路的特点。

（2）掌握组合逻辑电路的分析、设计方法及功能测试方法。

2. 实验内容及步骤

1）组合逻辑电路的分析

分析的任务是：对给定的电路求解其逻辑功能，即求出该电路的输出与输入之间的逻辑关系，通常是用逻辑式或真值表来描述，有时也加上必要的文字说明。

分析的步骤如下：

（1）逐级写出逻辑表达式，最后得到输出逻辑变量与输入逻辑变量之间的逻辑函数式。

（2）化简。

（3）列出真值表。

（4）文字说明。

上述四个步骤不是一成不变的。除第（1）步外，其他三步根据实际情况的要求而采用。

根据以上步骤分析可得出图 7-15 实现的逻辑功能。

（1）写出逻辑表达式并化简为最简逻辑函数。

（2）自己拟定逻辑真值表并填写相应的逻辑值。

（3）用文字表述逻辑电路图实现的逻辑功能，在实验箱上验证其得出的结论。

（4）A、B、C 端口接拨动开关，Y_0、Y_1 接逻辑电平 LED。

说明：实验时都需要给芯片接电源，即芯片上 V_{CC} 引脚接 +5 V，GND 引脚接地（GND）。

2）组合逻辑电路的设计

设计的任务是：由给定的功能要求，设计出相应的逻辑电路。

设计的步骤如下：

（1）通过对给定问题的分析，获得真值表。在分析中要特别注意实际问题如何抽象为几个输入变量和几个输出变量之间的逻辑关系问题，其输出变量之间是否存在约束关系，从而获得真值表或简化真值表。

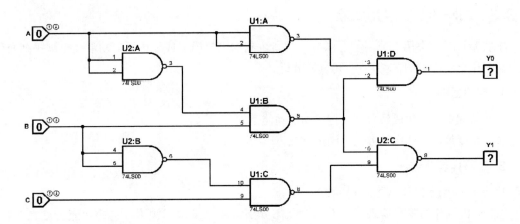

图 7-15 仿真实验电路图

（2）通过化简得出最简与或式。

（3）必要时进行逻辑式的变更，最后画出逻辑电路图。

在步骤（1）中，通过对实际问题的分析，往往可以直接获得具有一定简化程度的逻辑函数表达式，后面的步骤不变。

例 7.4 自己动手设计一个组合逻辑电路来监视交通信号灯的工作状态。要求每一组信号灯都由红、黄、绿三盏灯组成。正常工作时，任何时刻必须有一盏灯点亮，且只允许有一盏灯点亮；否则，电路发生故障。发生故障时应立即提醒维修人员进行及时修理，避免交通事故的发生。仿真电路如图 7-16 所示。

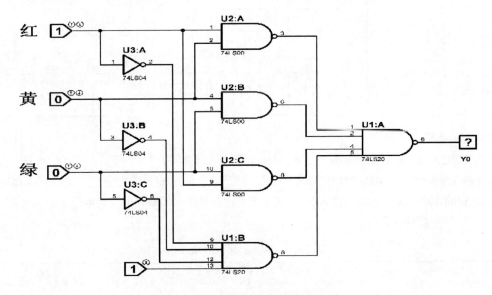

图 7-16 监视交通信号灯仿真电路

在实验箱上根据设计的逻辑电路连线，验证其结论。实验时都需要给芯片接电源，即芯片上 V_{CC} 引脚接 $+5$ V，GND 引脚接地（GND）。

7.3.3 编码器及其应用实验

本实验针对本书第 2 章组合逻辑电路中所讲到的中规模集成编码器的功能、引脚排列及使用方法，用 Proteus 软件对其进行仿真并分析。

1. 实验目的

（1）掌握中规模集成编码器的逻辑功能和使用方法。

（2）掌握编码器的级联方法及测试方法。

2. 实验内容及步骤

1）8 线-3 线优先编码器 74LS148

74LS148 的作用是将输入 $I_0 \sim I_7$ 八个状态分别编成二进制码输出，它的功能表见表 7-10。它有八个输入端、三个二进制码输出端、输入使能端 EI、输出使能端 EO 和优先编码工作状态标志 GS。优先级分别从 I_7 至 I_0 递降。

表 7-10 优先编码器 74LS148 功能表

输入									输出				
EI	0	1	2	3	4	5	6	7	A_2	A_1	A_0	GS	EO
H	×	×	×	×	×	×	×	×	H	H	H	H	H
L	H	H	H	H	H	H	H	H	H	H	H	H	L
L	×	×	×	×	×	×	×	L	L	L	L	L	H
L	×	×	×	×	×	×	L	H	L	L	H	L	H
L	×	×	×	×	×	L	H	H	L	H	L	L	H
L	×	×	×	×	L	H	H	H	L	H	H	L	H
L	×	×	×	L	H	H	H	H	H	L	L	L	H
L	×	×	L	H	H	H	H	H	H	L	H	L	H
L	×	L	H	H	H	H	H	H	H	H	L	L	H
L	L	H	H	H	H	H	H	H	H	H	H	L	H

2）实验步骤

（1）在实验箱上找到 DIP16 插槽，将芯片 74LS148 插到插槽中并固定，并在 DIP16 插槽的第 8 脚接上实验箱的地（GND），第 16 脚接上电源（+5 V）。八个输入端 $I_0 \sim I_7$ 及 EO、EI 接拨动开关（实验箱的逻辑开关单元），输出端接发光二极管进行显示（实验箱的逻辑电平显示单元）。

（2）硬件连接见表 7-11。

表 7-11 74LS2148 硬件连接

74LS148	拨动开关	逻辑电平	电源
10	SW1		
11	SW2		

续表

74LS148	拨动开关	逻辑电平	电源
12	SW3		
13	SW4		
1	SW5		
2	SW6		
3	SW7		
4	SW8		
6		D3	
7		D2	
9		D1	
16,15			+5 V
8,5			GND

 注意：

芯片栏目下的数字表示该芯片的引脚数字标号。由于拨动开关不够用，因此根据其逻辑功能将 15，5 引脚接到相应的逻辑电平，实验时确保给芯片加电，接线检查无误后打开实验箱电源，进行实验。

7.3.4　译码器及其应用实验

本实验针对本书第 2 章组合逻辑电路中所讲到的中规模集成译码器的功能、引脚排列及使用方法，用 Proteus 软件对其进行仿真并分析。

1. 实验目的

（1）掌握中规模集成译码器的逻辑功能和使用方法。

（2）掌握译码器的级联方法及测试方法。

2. 实验内容及步骤

（1）在实验箱上找到 DIP16 插槽，将芯片 74LS138 插到插槽中并固定，并在 DIP16 插槽的第 8 脚接上实验箱的地（GND），第 16 脚接上电源（+5 V）。将 74LS138 的输入端 A、B、C、E_1、E_2、E_3 接波动开关（实验箱的逻辑开关单元），74LS138 的输出端 $Y_0 \sim Y_7$ 分别接到八个发光二极管上（实验箱的逻辑电平显示单元），逐次拨动对应的拨动开关，根据发光二极管显示的变化，测试 74LS138 的逻辑功能。

（2）硬件连接见表 7-12。

表 7-12　74LS138 硬件连接表

74LS138	拨动开关	逻辑电平	电源
1	SW1		
2	SW2		
3	SW3		
4	SW4		

续表

74LS138	拨动开关	逻辑电平	电源
5	SW5		
6	SW6		
7		D8	
9		D7	
10		D6	
11		D5	
12		D4	
13		D3	
14		D2	
15		D1	
16			+5 V
8			GND

注意:

芯片栏目下的数字表示该芯片的引脚数字标号，实验时确保给芯片加电，接线检查无误后打开实验箱电源，进行实验。

7.3.5   字段译码器逻辑功能测试及其应用实验

本实验针对本书第 2 章所讲到的七段显示译码器的功能、引脚排列及使用方法。通过用Proteus 软件对实验进行仿真并分析。

1. 实验目的

（1）掌握七段译码驱动器 74LS47 的逻辑功能。

（2）掌握 LED 七段数码管的判别方法。

（3）熟悉常用字段译码器的典型应用。

2. 实验内容及步骤

1）七段发光二极管（LED）数码管

LED 数码管是目前最常用的数字显示器。图 7-17（a）、（b）分别为共阴管和共阳管的连接电路，图 7-17（c）为两种不同出线形式的引脚功能图。一个 LED 数码管可用来显示一位 0～9十进制数和一个小数点。小型数码管（16.7 mm 和 12 mm）每段发光二极管的正向压降，随显示光（通常为红、绿、黄、橙）的颜色不同略有差别，通常为 2～2.5 V，每个发光二极管的点亮电流为 5～10 mA。LED 数码管要显示 BCD 码所表示的十进制数字就需要有一个专门的译码器，该译码器不但要完成译码功能，还要有相当的驱动能力。

2）BCD 码七段译码驱动器

此类译码器型号有 74LS47（共阳）、74LS48（共阴）、CC4511（共阴）等。本实验采用74LS47 七段译码驱动器驱动共阳极 LED 数码管。图 7-18 所示为 74LS47 引脚排列。表 7-13 为74LS47 功能表。

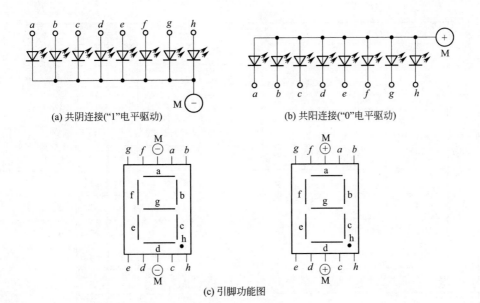

(a) 共阴连接("1"电平驱动)　　　　　　　　(b) 共阳连接("0"电平驱动)

(c) 引脚功能图

图 7-17　LED 数码管

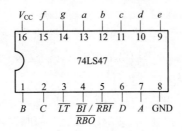

图 7-18　74LS47 引脚排列

表 7-13　74LS47 功能表

输入							输出							
$\overline{RBI}$	$\overline{LT}$	$\overline{BI}/\overline{RBO}$	D	C	B	A	a	b	c	d	e	f	g	字形
×	×	0	×	×	×	×	1	1	1	1	1	1	1	消隐
×	0	1	×	×	×	×	0	0	0	0	0	0	0	8
1	1	1	0	0	0	0	0	0	0	0	0	0	1	0
×	1	1	0	0	0	1	1	0	0	1	1	1	1	1
×	1	1	0	0	1	0	0	0	1	0	0	1	0	2
×	1	1	0	0	1	1	0	0	0	0	1	1	0	3
×	1	1	0	1	0	0	1	0	0	1	1	0	0	4
×	1	1	0	1	0	1	0	1	0	0	1	0	0	5

续表

输入							输出							
$\overline{RBI}$	$\overline{LT}$	$\overline{BI}/\overline{RBO}$	D	C	B	A	a	b	c	d	e	f	g	字形
×	1	1	0	1	1	0	1	1	0	0	0	0	0	b
×	1	1	0	1	1	1	0	0	0	1	1	1	1	7
×	1	1	1	0	0	0	0	0	0	0	0	0	0	8
×	1	1	1	0	0	1	0	0	0	1	1	0	0	9
×	1	1	1	0	1	0	1	1	1	0	0	1	0	
×	1	1	1	0	1	1	1	1	0	0	1	1	0	
×	1	1	1	1	0	0	1	0	1	0	0	1	0	
×	1	1	1	1	0	1	1	0	1	1	0	1	0	
×	1	1	1	1	1	0	1	1	1	0	0	0	0	
×	1	1	1	1	1	1	1	1	1	1	1	1	1	消隐
0	1	0	0	0	0	0	1	1	1	1	1	1	1	灭零

其中，A、B、C、D 为 BCD 码输入端。

a、b、c、d、e、f、g 为译码输出端。输出"0"有效，用来驱动共阳极 LED 数码管。

$\overline{BI}$ 为消隐输入端，$\overline{BI}=0$ 时，译码输出全为 1；

$\overline{LT}$ 为测试输入端，$\overline{BI}=1$，$\overline{LT}=0$ 时，译码输出全为 0；

$\overline{RBI}$：当 $\overline{BI}=\overline{LT}=1$，$\overline{RBI}=0$ 时，输入 DCBA 为 0000，译码输出全为"1"。而 DCBA 为其他各种组合时，正常显示。它主要用来熄灭无效的前零和后零。

$\overline{RBO}$：灭零输出端，它和灭灯输入端 $\overline{RBI}$ 共用一端，两者配合使用，可以实现多位数码显示的灭零控制。

3）LED 七段数码管的判别方法

（1）共阳共阴的判别及好坏判别：先确定显示器的两个公共端，两者是相通的。这两端可能是两个地端（共阴极），也可能是两个 V_{CC} 端（共阳极），然后用万用表像判别普通二极管正、负极那样判断，即可确定是共阳还是共阴，好坏也随之确定。

（2）字段引脚判别：将共阴显示器接地端和万用表的黑表笔相接触，万用表的红表笔接触七段引脚之一，则根据发光情况可以判别出 a、b、c 等七段。对于共阳显示器，先将它的 V_{CC} 和万用表的红表笔相接触，万用表的黑表笔分别接显示器各字段引脚，则七段之一分别发光，从而判断之。

4）集成七段显示译码器的功能测试

硬件连接图如图 7-19 所示。

5）实验步骤

（1）在实验箱上找到 DIP16 插槽，将芯片 74LS47 插到插槽中并固定，并在 DIP16 插槽的第 8 脚接上实验箱的地（GND），第 16 脚接上电源（＋5 V）。按照图 7-19 连线，A、B、C、D、$\overline{LT}$、$\overline{RBI}$、$\overline{BI}$ 接拨动开关（实验箱的逻辑开关单元），输出端接数码管 SA～SG（实验箱的共阳数码管单元），对照功能表逐项进行测试，并将实验结果与功能表进行比较。

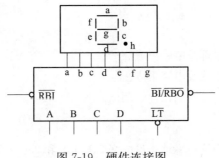

图 7-19 硬件连接图

（2）硬件连接见表 7-14（参照仿真电路）。

表 7-14 74LS147 硬件连接

74LS47	拨动开关	数码管	电源
7	SW1		
1	SW2		
2	SW3		
6	SW4		
4	SW5		
5	SW6		
3	SW7		
13		SA	
12		SB	
11		SC	
10		SD	
9		SE	
15		SF	
14		SG	
16		COM1	+5 V
8			GND

注意：

芯片栏目下的数字表示该芯片的引脚数字标号，实验时确保给芯片加电，接线检查无误后打开实验箱电源，进行实验。

7.3.6 半加器和全加器实验

查找中规模集成芯片资料，了解芯片 74LS86、74LS00 的引脚图及其各引脚功能，并能根据前面章节中的讲述推导由与非门构成半加器、全加器的逻辑表达式。从而借助实验实现设计半加器、全加器的实验电路图。

1. 实验目的

（1）掌握半加器的工作原理及电路组成。

（2）掌握全加器的工作原理及电路组成。

（3）学习并掌握组合逻辑电路的设计、调试方法。

2. 实验内容及步骤

关于半加器和全加器的理论内容请参见前文 2.6.1 节和 2.6.2 节。

（1）半加器。用异或门 74LS86 及与非门 74LS00 设计一个半加器，并在 Proteus 上验证所设计的半加器电路是否正确。

① 列出真值表。

② 由真值表用卡诺图写出逻辑表达式。

③ 画出逻辑电路接线图。

④ 自拟记录表格，根据自己设计的逻辑电路图在硬件上验证逻辑功能。

⑤ 根据自己设计的逻辑电路图连接硬件，实验时需要给芯片加电，即芯片上 V_{CC} 引脚接 +5 V，GND 引脚接地（GND）。接线检查无误后打开实验箱电源，进行实验。

⑥ 仿真接线图如图 7-20 所示。

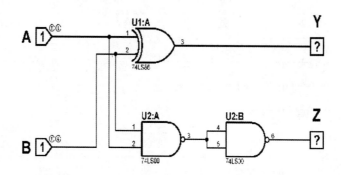

图 7-20　半加器逻辑电路仿真接线图

（2）全加器。用异或门 74LS86 及与非门 74LS00 设计一个全加器，并在 Proteus 上验证所设计的全加器电路是否正确。

① 列出真值表。

② 由真值表用卡诺图写出逻辑表达式。

③ 画出逻辑电路接线图。

④ 自拟记录表格，根据自己设计的逻辑电路图在硬件上验证逻辑功能。

⑤ 根据自己设计的逻辑电路图连接硬件，实验时需要给芯片加电，即芯片上 V_{CC} 引脚接 +5 V，GND 引脚接地（GND）。接线检查无误后打开实验箱电源，进行实验。

⑥ 仿真接线图如图 7-21 所示。

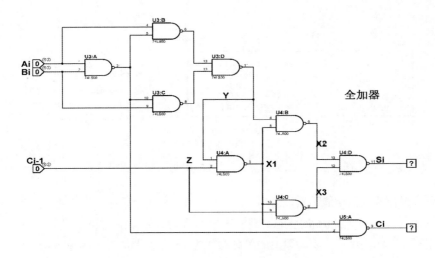

图 7-21　全加器逻辑电路仿真电路图

7.3.7　触发器及其应用实验

触发器是具有存储记忆功能的元件，常见的有 RS 触发器、D 触发器、JK 触发器。触发器具有两个稳定状态，用以表示逻辑状态"1"和"0"，在一定的外界信号作用下，可以从一个稳定状态翻转到另一个稳定状态，它是一个具有记忆功能的二进制信息存储器件，是构成多种电路的最基本逻辑单元。

1. 实验目的

（1）掌握基本 RS 触发器、JK 触发器、T 触发器和 D 触发器的逻辑功能。

（2）掌握集成触发器的功能和使用方法。

（3）熟悉触发器之间相互转换的方法。

2. 实验内容及步骤

1）测试基本 RS 触发器的逻辑功能（自己参照仿真电路搭建电路验证）

按图 7-22，用 74LS00 芯片上的两个与非门组成基本 RS 触发器，将测试结果记录于表7-15中。

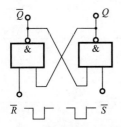

图7-22　基本 RS 触发器

表 7-15　基本 RS 触发器测试表

$\bar{S}$	$\bar{R}$	Q	$\bar{Q}$
0	0		
0	1		
1	0		
1	1		

2）测试双 JK 触发器 74LS76 的逻辑功能

在输入信号为双端输入的情况下，JK 触发器是功能完善、使用灵活和通用性较强的一种触发器。本实验采用 74LS76 双 JK 触发器，它是下降沿触发的边沿触发器。引脚功能及逻辑符号如图 7-23 所示，JK 触发器的状态方程为

$$Q^{n+1} = J\,\bar{Q}_n + \bar{K}Q_n$$

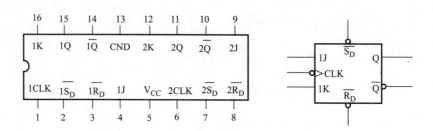

图 7-23　74LS76 双 JK 触发器引脚功能及逻辑符号

（1）异步置位及复位功能的测试：用 74LS76 芯片的一个 JK 触发器，将 J、K、CLK 端断开（或任意状态），改变 $\overline{S_D}$ 和 $\overline{R_D}$ 的状态。观察输出 Q 和 $\overline{Q}$ 的状态，记录于表 7-16 中。

（2）逻辑功能的测试：用实验箱上的单脉冲作为 JK 触发器的时钟脉冲源，当将触发器的初始状态置 1 或置 0 时，将测试结果记录于表 7-17 中。

表 7-16　异步置位及复位功能的测试

$\overline{S_D}$	$\overline{R_D}$	Q	$\overline{Q}$
1	0→1		
	1→0		
1→0	1		
0→1			
0	0		

表 7-17　JK 触发器逻辑功能测试实验表

J	K	CLK	Q^{n+1}	
			$Q^n=1$	$Q^n=0$
0	0	0→1		
0	0	1→0		
0	1	0→1		
0	1	1→0		
1	0	0→1		
1	0	1→0		
1	1	0→1		
1	1	1→0		

（3）硬件连接见表 7-18（参照仿真电路）。

表 7-18　74LS76 硬件连接

芯片 74LS76	拨动开关	逻辑电平	脉冲	电源
1			单次脉冲	
2	SW1			
3	SW2			

续表

芯片 74LS76	拨动开关	逻辑电平	脉冲	电源
4	SW3			
16	SW4			
14		D1		
15		D2		
5				+5V
13				GND

 注意:

芯片栏目下的数字表示该芯片的引脚数字标号，实验时确保给芯片加电，接线检查无误后打开实验箱电源，进行实验。

3）测试双 D 触发器 74LS74 的逻辑功能

在输入信号为单端的情况下，D 触发器用起来最为方便，其状态方程为 $Q^{n+1}=D_n$，其输出状态的更新发生在时钟脉冲的上升沿，故又称上升沿触发的边沿触发器。D 触发器的状态只取决于时钟脉冲到来前 D 端的状态。D 触发器应用很广，可作为数字信号的寄存、移位寄存、分频和波形发生等。D 触发器有很多种型号可供各种用途需要选用。图 7-24 所示为 74LS74 双 D 触发器的引脚排列图和逻辑符号。

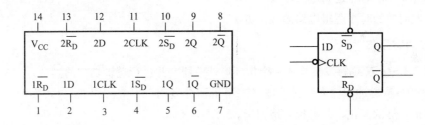

图 7-24　74LS74 双 D 触发器的引脚排列图和逻辑符号

（1）异步置位及复位功能的测试：用 74LS74 芯片的一个触发器，改变 $\overline{S_D}$ 和 $\overline{R_D}$ 的状态，观察输出 Q 和 $\overline{Q}$ 的状态，自拟表格记录。

（2）逻辑功能的测试：用单次脉冲作为 D 触发器的时钟脉冲源，测试 D 触发器的功能，自拟表格记录。

（3）硬件连接见表 7-19（参照仿真电路）。

表 7-19　74LS74 硬件连接

芯片 74LS74	拨码开关	逻辑电平	脉冲	电源
1	SW1			
2	SW2			
3			单次脉冲	
4	SW3			
5		D1		

续表

芯片 74LS74	拨码开关	逻辑电平	脉冲	电源
6		D2		
14				+5 V
7				GND

 注意：

芯片栏目下的数字表示该芯片的引脚数字标号，实验时确保给芯片加电，接线检查无误后打开实验箱电源，进行实验。

7.3.8　时序逻辑电路设计实验

时序逻辑电路任何时刻的输出不仅与当时的输入信号有关，而且还和电路原来的状态有关。从电路的组成上来看，时序逻辑电路一定含有存储电路（触发器）。时序逻辑电路的功能可以用状态方程、状态转换表、状态转换图或时序图来描述。本实验利用同步时序逻辑电路和异步时序逻辑电路的设计方法，设计用 74LS74 构成异步四进制减法计数器的逻辑电路图和用 74LS112 构成同步四进制加法计数器的逻辑电路图，由时序逻辑电路设计来验证电路的逻辑功能。

1. 实验目的

（1）掌握简单的时序逻辑电路的设计方法。

（2）掌握简单的时序逻辑电路的调试方法。

2. 实验内容及步骤

（1）用 74LS74 双 D 触发器构成一个扭环形计数器，并进行逻辑功能的测试。

① 时钟用单次脉冲源输入，触发器状态用指示灯显示（发光二极管）。观察两个触发器输出端所接的指示灯的变化，并自拟表格记录。

② 时钟用连续脉冲源输入，用示波器观察并比较各触发器 Q 端与时针脉冲源的相对波形，并记录。

③ 自己根据提供的 IC 搭建硬件电路验证。实验时需要给芯片加电，即芯片上 V_{cc} 引脚接＋5 V，GND 引脚接地（GND）。接线检查无误后打开实验箱电源，进行实验。

④ 仿真接线图如图 7-25 所示。

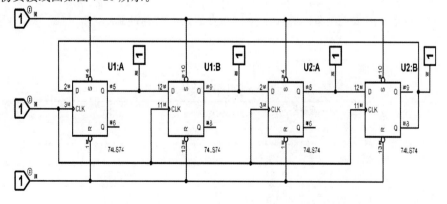

图 7-25　74LS74 双 D 触发器扭环形计数器逻辑电路仿真接线图

（2）设计一个用 74LS112 双 JK 触发器构成三进制加法计数器。（提示：加入"反馈复位"环节）。

① 时钟用单次脉冲源输入，触发器状态用指示灯显示。观察两个触发器输出端所接的指示灯的变化，并自拟表格记录。

② 时钟用连续脉冲源输入，用示波器观察并比较各触发器 Q 端与时针脉冲源的相对波形，并记录。

③ 自己根据提供的 IC 搭建硬件电路验证。实验时需要给芯片加电，即芯片上 V_{CC} 引脚接＋5 V，GND 引脚接地（GND）。接线检查无误后打开实验箱电源，进行实验。

④ 仿真接线图如图 7-26 所示。

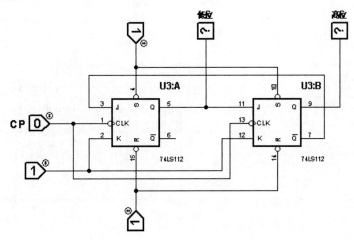

图 7-26　74LS112 双 JK 触发器构成三进制加法计数器仿真接线图

7.3.9　计数、译码及显示电路实验

结合本书相关章节中对计数器、译码器及显示电路的介绍，采用中规模集成芯片 74LS90、74LS47 和 BT5161，拟用 74LS90 构成 8421BCD 码十进制计数器的实验电路图。拟用 74LS90、74LS47 和 BT5161（数码管）构成计数、译码、显示电路的电路图。

1. 实验目的

（1）熟悉常用中规模计数器的逻辑功能。

（2）掌握计数、译码、显示电路的工作原理及其应用。

2. 实验内容及步骤

（1）用 74LS90 芯片分别构成五分频、六分频、九分频、十分频（5421）计数器。

① 画出四种工作方式的实验电路图。

② 输入连续脉冲信号，用示波器观察并记录输出波形。

（2）用 74LS90 构成 8421BCD 码十进制计数器。

① 画出实验电路图。

② 输入时钟端接单次脉冲信号源，Q_D、Q_C、Q_B、Q_A 分别接指示灯（发光二极管）。观察在单次脉冲源作用下，Q_D、Q_C、Q_B、Q_A 按 8421BCD 码变化的规律。

③输入时钟端接连续脉冲源，用示波器观察 Q_D 和输入端相对波形，并记录。

（3）计数、译码、显示：

①用 74LS90、74LS47 及数码管 BT5161（数码管）构成计数、译码、显示电路。

②硬件连接见表 7-20（参照仿真电路）。

表 7-20   计数、译码、显示电路硬件连接

74LS90	74LS47	拨码开关	数码管	脉冲	电源
1,12	7				
2		SW1			
3		SW2			
6		SW3			
7		SW4			
8	2				
9	1				
11	6				
14				单次脉冲	
	3	SW5			
	4	SW6			
	5	SW7			
	13		SA		
	12		SB		
	11		SC		
	10		SD		
	9		SE		
	15		SF		
	14		SG		
5	16		COM1		+5 V
10	8				GND

注意：

芯片栏目下的数字表示该芯片的引脚数字标号，实验时确保给芯片加电，接线检查无误后打开实验箱电源，进行实验。

7.3.10 集成移位寄存器应用实验

在数字电路系统中，由于运算（如二进制的乘除法）的需要，常常要求实现移位功能。移位寄存器除了具有存储数码的功能外，还具有移位功能。移位功能是指寄存器中所存数据可以在移位脉冲作用下逐位左移或右移。移位寄存器是由移位寄存器和反馈逻辑电路构成的。反馈逻辑电路由门电路构成，其输入是移位寄存器的输出，其输出是移位寄存器的输入。

1. 实验目的

(1) 掌握移位寄存器的工作原理及逻辑功能。

(2) 掌握移位寄存器的典型应用。

(3) 熟悉移位寄存器的调试方法。

2. 实验内容及步骤

(1) 测试四位双向移位寄存器 74LS194 的逻辑功能。

①存数功能：将 74LS194 芯片接好电源及地线，控制端 S_1、S_0 置 11 状态，数据输入端 A、B、C、D 分别接 1011，输出端 Q_A、Q_B、Q_C、Q_D 分别接电平指示灯，观察在时钟端加单次脉冲后输出的变化，并记录。

②动态保持功能：将控制端 S_1、S_0 置 00 状态，输出端 Q_A、Q_B、Q_C、Q_D 分别接指示灯，数据输入 A、B、C、D 接 0 电平，在时钟端加单次脉冲，观察 Q_A、Q_B、Q_C、Q_D 的状态变化，并记录。

③左移功能：将控制端 S_1 接 "1" 电平、S_0 接 "0" 电平，输出端 Q_A、Q_B、Q_C、Q_D 分别接指示灯，将 Q_A 接至 D_{SL}，在时钟端加单次脉冲的条件下，观察 Q_A、Q_B、Q_C、Q_D 的状态变化，并记录。

④右移功能：将控制端 S_1 接 "0" 电平、S_0 接 "1" 电平，输出端 Q_A、Q_B、Q_C、Q_D 分别接指示灯，将 Q_D 接至 D_{SR}，在时钟端加单次脉冲的条件下，观察 Q_A、Q_B、Q_C、Q_D 的状态变化，并记录。

用 74LS194 和 74LS00 构成七进制计数器：将控制端 S_1 接 "0" 电平、S_0 接 "1" 电平，用与非门 74LS00 实现 $\overline{Q_C Q_D} = D_{SR}$，$R_D$ 端先清零，然后在时钟端输入连续脉冲，观察 CLK 和 Q_D、Q_C 的相对波形，并记录。

(2) 四位双向移位寄存器 74LS194 的逻辑功能硬件验证。

硬件连接见表 7-21 (参照仿真电路图)。

表 7-21　四位双向移位寄存器 74LS194 硬件连接

74LS194	拨码开关	逻辑电平	脉冲	电源
1	SW1			
2,12		D4		
3	SW2			
4	SW3			
5	SW4			
6	SW5			
9	SW6			
10	SW7			
11			单次脉冲	
13		D3		
14		D2		

续表

74LS194	拨码开关	逻辑电平	脉冲	电源
15		D1		
8				GND
16				+5 V

注意：

芯片栏目下的数字表示该芯片的引脚数字标号，实验时确保给芯片加电，接线检查无误后打开实验箱电源，进行实验。

小　结

随着微电子技术和计算机技术的发展，现代数字电子系统普遍采用 EDA 技术。本章引入 Proteus 虚拟仿真软件，介绍了如何使用 Proteus 软件。并重点结合本书各章节的知识点，介绍了如何采用 Proteus 软件建立仿真模型并进行实验分析。读者从实验中可掌握相关知识点及中规模集成芯片的特性，从电路结构更好地掌握数字电路的逻辑功能，更增强了数字电子技术的实践性。

习　题

1. TTL 门电路和 CMOS 门电路有什么区别？用与非门实现其逻辑功能的方法、步骤是什么？

2. 总结分析、设计组合逻辑电路的步骤和方法。

3. 74LS148 的输入信号 EI 和输出信号 GS、EO 的作用是什么。

4. 用两片 74LS138 组成 4 线-16 线译码器。

5. 画出共阴共阳七段数码管的原理图。

6. 时序逻辑电路分析设计的步骤是什么？

7. 用 74LS112 双 JK 触发器构成一个同步四进制加法计数器。

（1）画出逻辑电路图。

（2）用示波器观察其输入、输出波形，并加以记录。

8. 用 74LS74 双 D 触发器设计一个异步八进制加法计数器。

（1）画出逻辑电路图。

（2）加连续脉冲信号，记录输入、输出波形。

附录 A
图形符号对照表

图形符号对照表见表 A-1。

表 A-1　图形符号对照表

序号	名称	国家标准的画法	软件中的画法
1	与非门		
2	非门		
3	异或门		

参 考 文 献

[1] 阎石，王红. 数字电子技术基础 [M]. 6 版. 北京：高等教育出版社，2016.

[2] 阎石，王红. 数字电子技术基础（第五版）习题解答 [M]. 北京：高等教育出版社，2006.

[3] 康华光. 电子技术基础：数字部分 [M]. 6 版. 北京：高等教育出版社，2014.

[4] 王克义. 数字电子技术基础 [M]. 北京：清华大学出版社，2013.

[5] 蔡惟铮. 基础电子技术 [M]. 北京：高等教育出版社，2004.

[6] 张莉萍，李洪芹. 电路电子技术及其应用 [M]. 北京：清华大学出版社，2010.

[7] 张莉萍，李洪芹. 电子技术课程设计实用教程 [M]. 北京：清华大学出版社，2014.

[8] 夏路易，高文华，田建艳，等. 数字电子技术基础 [M]. 北京：科学出版社，2012.

[9] 邬书跃. 数字电子技术基础 [M]. 北京：清华大学出版社，2012.

[10] 唐治德. 数字电子技术基础 [M]. 北京：科学出版社，2015.

[11] 焦素敏. 数字电子技术基础 [M]. 2 版. 北京：人民邮电出版社，2012.

[12] 张宏群. 数字电子技术基础 [M]. 北京：清华大学出版社，2014.

[13] 王义军，韩学军. 数字电子技术基础 [M]. 2 版. 北京：中国电力出版社，2014.

[14] 沈任元. 数字电子技术基础 [M]. 北京：机械工业出版社，2010.

[15] 林涛. 数字电子技术基础 [M]. 北京：清华大学出版社，2006.

[16] 张金艺，李娇，朱梦尧，等. 数字系统集成电路设计导论 [M]. 北京：清华大学出版社，2017.

[17] 杨春玲，王淑娟. 数字电子技术基础 [M]. 北京：高等教育出版社，2011.

[18] 卓郑安，高飞. 电路与电子技术实验及 Proteus 仿真 [M]. 上海：上海科学技术出版社，2015.

[19] 刘德全. Proteus 8：电子线路设计与仿真 [M]. 2 版. 北京：清华大学出版社，2017.

[20] 朱清慧，陈绍东，牛军，等. Proteus 实例教程 [M]. 北京：清华大学出版社，2013.